RHODESIAN RIDGEBACK HEUTE

Stig Carlson

KYNOS VERLAG

Englische Originalausgabe

Aus dem Englischen übertragen von Dr. D. und H. Fleig

Titelbild: Michael Bernkopf, Pet Pictures
Rücktitel: Rens Trappel

Alle Fotos stammen, wenn nicht anders angegeben, vom Autor

Am Remelsbach 30, D-54570 Mürlenbach/Eifel
Telefon: 06594/653, Telefax: 06594/452

Internet: http://www.kynos-verlag.de
e-mail: info@kynos-verlag.de

ISBN: 3-933228-15-8

Herstellung: Ringpress Books Ltd., Lydney, England
Gestaltung Rob Benson

DANKSAGUNG

Es gibt ein Sprichwort, das besagt »Desillusionen entstehen aus dem Lernen aus eigenen Fehlern, Erfahrungen aus den Fehlern, die andere machten.« Meine Frau Bea hat mich über einen 18 Monate langen schöpferischen Prozess begleitet, konzentrierte meine Aufmerksamkeit auf die Stärken und positiven Erlebnisse, weniger auf negative. Sie half mir genau anzuschauen, welche Vorteile aus dem Lesen dieses Buches für eine breite Leserschaft von Hundeliebhabern, Ridgeback Besitzern, Ausstellungsfans, aber auch Züchtern und Richtern gezogen werden können.

Es ist unmöglich, alle die Menschen oder Clubs aufzulisten, die zu diesem Buch beigetragen haben. Besonderen Dank schulde ich Katja Vogelsinger, der herausragenden österreichischen Fotografin, ebenso Susan Clayborough in Norwegen, die mir sowohl großartige Fotos wie Informationen zukommen ließ. Meine künstlerisch begabte Tochter Sandra hat mich angetrieben, mich in die afrikanische Natur und die Geschichte des Rhodesian Ridgebacks zu vertiefen. Dank Mrs. Ulla-Britt Ekengren und Dr. Pamela Rosman kamen mir viele Inspirationen von der anderen Seite des Atlantiks zu, sie hatten eine nie endende Bereitschaft zu helfen. Viele kleine Clubs im »Neuen Europa« haben sich als wissend und sehr hilfreich erwiesen. Besonders bedanke ich mich beim deutschen RRCD, der sogar eine Fahrt über 1.600 Kilometer investierte um sicherzustellen, dass ich das, was ich brauchte, rechtzeitig bekam. Meine Freunde und Verleger bei Ringpress haben Dank für ihre Flexibilität und Kreativität verdient, nicht zuletzt wissend, dass ich am Ende eine Mischung von zu viel und zu wenig Daten hatte und einen großen Reichtum an Illustrationen, die wir gemeinsam sortieren mussten.

Zum Schluss werde ich mich immer an mein »altes Schlachtross« *Lance* erinnern, der zu Ende meines Schreibens nahezu neuneinhalb Jahre war. Er schlief während der gesamten Textgestaltung zu meinen Füßen. Und immer, wenn entweder mein Rücken oder mein Kopf versagte, war er bereit, mich auf einer erfrischenden Fahrradtour zu begleiten.

Die Zukunft des Ridgebacks liegt in den Händen verantwortungsbewusster und weitsichtiger Züchter. Foto: Linda Wolden, Norwegen.

INHALTSVERZEICHNIS

EINLEITUNG

Die Hundefreunde, welche die Ridgeback World Kongresse besucht haben, die seit 1984 alle vier Jahre stattfinden, wissen, dass es keinen besseren Ort für das Zusammenkommen, Unterhaltungen, Meinungen austauschen, Zuhören und Lernen gibt. Diese Weltkongresse wären nicht ohne die hingebungsvolle Arbeit von zwei Menschen zustande gekommen - Liz und Brian Meggison aus Südafrika - und die künftige Rhodesian Ridgeback Welt ist ihnen für ihre Pionierarbeit zu Dank verpflichtet.

Zurück im Jahre 1922 gab es eine Gruppe von Enthusiasten, angeführt von Francis Richard Barnes, dazu eine Anzahl von Hunden aller Formen, Größen und Farben - aber alle mit Ridge - die die Idee hatten, aus diesen *ridged canines* eine eigene Rasse zu schaffen. Im Jahre 1984 wurde in Johannesburg der erste Schritt unternommen, den Rhodesian Ridgeback in eine Rasse zu verwandeln, die über die ganze Welt anerkannt, geehrt und bewundert werden sollte. Dieses Ziel haben wir aber noch nicht erreicht! Mein Ziel beim Schreiben dieses Buches war festzustellen, wo wir heute stehen, wie weit die Verbreitung unserer Rasse fortgeschritten ist.

Mit tatkräftiger Hilfe meiner Frau Bea habe ich mit Hundefreunden in mehr als 130 Ländern Briefe und Meinungen ausgetauscht, um mehr über den Rhodesian Ridgeback herauszufinden. Dabei habe ich deutlich erkannt, wie wertvoll alle diese Informationen sind.

Meine Hoffnung ist, dass der großzügige Einsatz von Fotos zum Herzen dieses Buches wird. Dabei habe ich mir die Freiheit genommen, viele dieser Bilder zu kommentieren. Natürlich handelt es sich dabei um eine subjektive, persönliche Auffassung. Der echte Wert liegt letztendlich darin, was Sie, liebe Leser, davon aufnehmen, aus diesen Illustrationen zu lernen vermögen.

Um die Rasse in ihre historische Perspektive zu stellen, ist es immer wichtig daran zu denken, dass der Ridgeback ein afrikanischer Hund ist, mit Eigenschaften, die schon vor langer Zeit entstanden sind. In seinem Aussehen jedoch werden viele in dieser Rasse eine relativ junge Entwicklung sehen. Dies sollte Sie nicht schockieren. Auch viele andere Rassen, von denen wir glauben, sie seien schon über lange Zeit um uns herum, verdanken moderner Zucht sehr viel. Beispielsweise erhielt der St. Hubertus- oder Bloodhound seinen Namen von den Nachkommen von Wilhelm, dem Eroberer, der sie »das echte - reine - Blut« nannte. Die Rasse aber, so wie wir sie heute kennen, ist erst im letzten Teil des 19. Jahrhunderts entstanden.

Hundeausstellungen begannen vor mehr als 150 Jahren. Kein Zweifel, die Explosion von rassespezifischem Interesse, die daraus entstand, hat ihren Ursprung in England, dann Frankreich und den USA, gefolgt von anderen Ländern. Dies alles führte zu wachsender Begeisterung, eigene, im Lande entstandene Rassen zu finden. Der afrikanische Kontinent wurde erforscht, dabei der Rhodesian Ridgeback entdeckt. Er bildet eine eigene Rasse, verwurzelt in der Geschichte von

Afrika, und es ist wichtig, dass diese eigene Identität geschützt und bewahrt wird. Genauso notwendig ist, dass andere Hunde mit *ridge* - beispielsweise der Thai Ridgeback - einen ihm angemesseneren Namen erhalten sollte, beispielsweise *Thai Ridged Spitz* oder *Thai Ridged Dog*. Dies sind mit Sicherheit *keine engen Verwandten* des Rhodesian Ridgeback.

Eine andere besonders wichtige und moralisch zwingende Frage lautet: Wer trägt die Verantwortung, ein gesundes und spezialisiertes Zuchtprogramm zu planen, um die Zukunft des Ridgebacks zu sichern? Die Antwort ist recht klar und kompromisslos. Die Verantwortung, über die Rasse alles zu lernen, sie immer besser zu verstehen, unser Wissen mit anderen zu teilen, liegt bei jedem einzelnen von uns. Clubs sind nur Katalysatoren. Sie bestehen aus Mitgliedern, die sich zu ihrer Hunderasse bekennen, sie alle tragen eine persönliche Verantwortung. Aber keiner Clubstruktur sollte man je gestatten, individuelle Verantwortungen und individuelle Rechte zu übernehmen. Genauso wenig sollte ein Club die Ideen und Wünsche seiner Mitglieder negieren oder sogar gegen diese arbeiten.

Alle Clubs wie auch individuelle Züchter sammeln Wissen. Einige Länder nähern sich dem Ridgeback systematisch, dank erfahrener RR-Clubs mit einer breiten Basis an Hunden, für die sie verantwortlich sind, andere scheinen das richtige Gefühl im *grünen Daumen* zu haben, das für eine erfolgreiche Zucht so wesentlich ist. Einer der vielen Aspekte des Ridgebacks ist seine Vielseitigkeit. Für mich war es eine große Freude, so vielfältige Informationen, Vorschläge, Hinweise, selbst Anekdoten zu erhalten, die viele verschiedene Diszipline abdecken. Wer mehr über den Ridgeback lernen möchte, wird durch neues Material gut bedient, gleich ob es eine Gesundheitsstatistik, Information über Coursing, Agilitytraining, Unterordnungsarbeit oder den Ausstellungsring ist.

Es ist das unbestreitbare Recht jedes Hundebesitzers, seine eigenen Träume zu haben. Der *Parent Club* in Harare, Simbabwe und seine Leiter - die Wallace Familie - waren lange Zeit die personifizierten Wurzeln des Rhodesian Ridgebacks. Gemeinsam mit den Zuchtvereinen und Kennel Clubs in Südafrika haben sie für uns die Fäden geknüpft, die bis zu den Ursprüngen der Rasse zurückgehen. Die Brücke in die Zukunft liegt aber bei Ihnen, liebe Leser, den heutigen Ridgeback-Enthusiasten. Meine Hoffnung ist, dass das vorliegende Buch ein Mauerstein für diese Brücke sein wird, dass wir in Zukunft auf eine sich immer mehr verstärkende Rhodesian Ridgeback-Welt in immer mehr Ländern schauen können.

Stig G. Carlson

Die Wurzeln des Rhodesian Ridgebacks liegen tief in Afrika, aber seine Entwicklung als eigenständige Rasse mit eigenen Rechten bildet ein verhältnismäßig junges Phänomen.

Foto: T. Morgan.

Kapitel 1

GESCHICHTE DES RHODESIAN RIDGEBACKS

Als klar und formal definierte Hunderasse geht der Rhodesian Ridgeback nur bis in die frühen 1920er Jahre zurück, seine Vorfahren sind im Dunkel vergangener Jahrhunderte verborgen. Seit der Geburt des Ridgebacks als anerkannte Hunderasse wurde über den Ursprung dieses Hundes sehr viel gesagt und sehr viel spekuliert.

Der Rhodesian Ridgeback ist eine Rasse gemischter Ahnen - genau wie viele andere heutige rassereine Hunde. In dem Jahr, da diese Zeilen geschrieben werden, sollte man darauf hinweisen, dass diese Rasse gerade ein dreiviertel Jahrhundert alt ist. Dies macht sie aber in keiner Weise zu einer einmalig jungen Rasse. Selbst wenn Jagdhunde mehr oder weniger systematisch von organisierten Gesellschaften bis ins Mittelalter zurück eingesetzt wurden, sind dennoch viele unserer modernen Jagdhunderassen ziemlich neu. Die Funktionen unserer heutigen Jagdgefährten entwickelten sich parallel zu den Fortschritten der Feuerwaffen für die Jagd.

Die ersten *Zuchtvereine für Hunde* - es gibt keinen besseren Namen - wurden in den 1860er Jahren in Europa gegründet. Ein Beispiel planmäßiger Entwicklung funktioneller Jagdhunde ist die Pointerfamilie, sie trägt britisches, französisches, portugiesisches, italienisches und - wahrscheinlich - auch einen guten Teil spanisches Jagdhundeblut in sich. Von anderen Rassegruppen sah der Airedale Terrier Mitte des 19. Jahrhunderts das Licht der Welt, der Dobermann wurde Ende des gleichen Jahrhunderts züchterisch aufgebaut.

URSPRUNG DES RIDGEBACKS

Wenn wir davon ausgehen, dass der Geburtsort des heutigen Ridgebacks im Gebiet Südafrika liegt, müssen wir mit unserer Forschung nach diesem Ursprung bei den Ureinwohnern dieser Region beginnen, den so genannten *Buschmännern - San people.* Über ihre Frühgeschichte ist wenig bekannt, nur dass es sich um jagende und sammelnde Stämme handelt. Etwa vor zweitausend Jahren drang ein anderer Stamm - die *Khoikhoi* (Alternativschreibweise *Xoixhoi*) in das Gebiet der Sans ein. Diese Khoikhoi brachten Schafe als Haustiere mit, aber alle Ausgrabungen lassen darauf schließen, dass keiner dieser frühen Stämme gezähmte Hunde besaß. Dies wiederum ist eine vage Schlussfolgerung, denn die Domestikation des Hundes war ein langer und schrittweiser Prozess, erfolgte zum wechselseitigen Vorteil.

Die Wildkaniden lernten, dass ein Besuch der menschlichen Wohnstätten Futter bedeutete, sie selbst boten ihren Dienst der Abfallbeseitigung an und dienten als Frühwarnsystem. Es besteht

»Seine Geschichte ist Legende.« Sandra Carlson.

absolut kein Grund für die Annahme, dass die frühen Kaniden als Partner des Menschen in den menschlichen Wohnstätten lebten. Entsprechend unwahrscheinlich ist es, dass Skelette in der Nachbarschaft der menschlichen Überreste zu finden sind.

Nachgewiesen ist, Kaniden gab es in Südafrika bereits in prähistorischen Tagen, beispielsweise Schakale und der von Mysterien umwobene *Lycaon pictus* oder *Hyänenhund (Cape Hunting dog).* Interessanterweise hat der Hyänenhund den gleichen Chromosomenaufbau wie die heutigen Hunde, es gibt dennoch viele Unterschiede. Wissenschaftler behaupten, der Hyänenhund sei kein direkter Nachkomme des Wolfs (*Familie Canis lupus*), vielmehr eine ältere Abzweigung von den Vorfahren, welche auf das gleiche Originaltier zurückgehen wie Bären, Katzen und Hunde. Moderne Studien des Hyänenhunds, dem geschicktesten und effektivsten Jäger unter allen Säugetieren, gleichzeitig die zweite am höchsten gefährdete Spezies in Südafrika, haben begonnen, die Vorstellungen über diesen Caninoiden zu verändern. Er verfügt über eine strenge Sozialstruktur, lernt schnell und vermochte Lektionen über die letzten sieben oder acht Generationen zu übernehmen. Er ist nicht die bösartige Tötungsmaschine wie sie die frühe Literatur beschreibt. Legende oder Fiktion - kann dies ein Zweig der Vorfahren des so genannten *Hottentot hunting dog* sein, einem Tier, über das wir so viel gelesen haben, aber nie fähig waren, es auf seinen Ursprung zurückzuführen?

EINMALIGE QUALITÄTEN

Legenden beziehen sich immer auf Einmaligkeiten. Der wahre Ursprung der Ridgebacks war die erste Hundegruppe, die auf ihrem Rücken Haarbüschel trug. Mit Sicherheit fiel diese seltsame Haarbildung ins Auge. Von Vasco da Gama berichtet man, er habe solche einheimischen Hunde getroffen, es wird behauptet, dass die Portugiesen - zu Beginn des neuen Zeitalters - hundeähnliche Tiere gesehen haben, die seltsame Haarbildungen aufwiesen. Dieselben Erkenntnisse werden auch den ersten holländischen Seefahrern zugeschrieben. In ihrem Buch über *Ridged Dogs in Africa* berichtet Mrs. Mylda Arsenis, dass der österreichische Professor Schulmuth, kurz vor dem Zweiten Weltkrieg, Überreste von gut erhaltenen Hunden in den Schlammschichten afrikanischer Flüsse gefunden habe. Und diese Hunde hätten ridgeähnliche Haarformen auf ihrem Rücken gehabt. Frühe Namen dieser Hunde - beispielsweise *Verkeerdehaar* oder *Maanhaar (Mähnenhaar)* zeigen, dass der Sprachschatz der Afrikabesucher diese hundlichen Eigenarten aufgenommen hat. Ich selbst habe Statuen gesehen und erhalten, die vom inneren Bereich des westlichen Zentralafrikas stammen - aus dem heutigen *Benin* - die auf dem Rücken der Tiere eine solche symbolische Haarbildung zeigen. Sie erinnern den Beobachter an kräftige Hunde vom Typ der Basenji.

Zumindest in vier weiteren Gebieten hat man Hunde mit Ridge gefunden. Da gibt es zum Einen die mit Ridge ausgestatteten Hunde von Phu Quoc, einer Insel vor Vietnam. Wenn dies die Vorfahren des heutigen *Thai Ridgeback* sind, dann sollte man die daraus entstandene Rasse den *Thai Ridged Spitz* nennen - dies ist ein Vorschlag! Man hat auch Hunde mit Ridge in Kambodscha gefunden, die *Riscas dogs* auf der alten portugiesischen Inselkolonie von Timor, weiterhin rund um den Tiger Bay Bereich im heutigen Angola.

PORTUGIESISCHE BEOBACHTUNGEN

Interessanterweise begegnen wir einem bekannten portugiesischen Forscher, der Obiges zusammenführt. Professor Vitorino Nemesio, Dichter und Historiker, hat enthüllt, dass die Portugiesen Hunde an Bord ihrer Schiffe mitführten, um die Ratten kurz zu halten, denn diese Hunde konnten Schiffsteile erreichen, die Menschen nicht zugänglich waren. Die Portugiesen, Meister der Seefahrt der letzten Dekaden des Mittelalters und noch viele Jahre danach, sind die einzigen bekannten Seefahrer, die Hunde aus anderen Gründen mitführten, als sie möglicherweise zu verzehren.

Der Persische Golf und seine arabische Verbindung als mögliche Transportstraße früher Ridgehunde vom Mittleren Osten oder Asien nach Afrika haben mich immer gestört. Diese Theorie widerspricht der logischen Frage, warum in diesen Gebieten so wenige Hunde mit Ridge überlebt haben, auch der Tatsache, dass dies Menschen sind, die niemals Hunde als wertvolle Tiere und Partner des Menschen sahen oder heute bewerten.

Ich zitiere nachstehend Herrn Cesar M. de Castro Martines, einen begeisterten portugiesischen Reisenden, Forscher und Züchter. Mit etwas Glück könnten wir dank ihm innerhalb weniger Jahre einige heute lebende Hunde mit Ridge vom Tiger Bay bei uns in Europa haben. Herrn Martines fiel besonders die Tatsache auf, dass portugiesische Seefahrer für die Wasser- und Nahrungsaufnahme im angolischen Gebiet von Mocamedes Station machten, ehe sie den Indischen Ozean überquerten. Dies ist das Land des Stammes der Kamussekelen. Die Kamussekelen sind einer von vier Stämmen aus Namibia in Angola. Sie sind vom Ursprung der Khoikhoi, ebenso wie die Mukubaios und die Guenguelas. Der vierte Stamm - die Kwanhamas - sind Krieger und Schafhirten von Zuluabstammung. Nachstehend einige Notizen von Herrn Martines:

»Im 18. Jahrhundert gab es in der Stadt Mocamedes (heutiges Namibia-Angola) eine Tollwutseuche. Die Behörden ordneten an, alle Hunde müssten getötet werden. Einige Tierliebhaber waren schockiert und beschlossen, ihre Hunde in ein Gebiet zu bringen, aus dem sie nicht wiederkehrten.

Ein Proviantboot wurde in eine veritable Arche Noah für Hunde umgewandelt, offen für alle Rassen, Formen und Größen, Rüden wie Hündinnen, einschließlich der Hunde der Kamussekelen. Diese kamussekelischen Hunde, Gefährten des Khokhoi-Volkes, das in der namibischen Wüste lebt, dem Tor zum großen Kalahari, tragen auf ihren Rücken Haare in Form eines Ridge. *Das Schiff setzte Segel, fuhr Richtung Süden und hielt Ausschau nach einem sicheren Gebiet, um die Hunde auszusetzen. Sie erreichten die Halbinsel Tiger Bay, luden ihre Hunde an den Stränden aus und ließen sie in der Hoffnung, sie würden hier überleben, zurück.*

Naturgemäß gibt es keine genauen Berichte, was nach diesem Rettungsversuch passierte. Man kann sich aber den Schrecken und wilden Kampf ums Überleben vorstellen. Was wir wirklich wissen ist, dass trotz dieses Dramas, das sich in jenen Tagen abspielte, sich die überlebenden Hunde den neuen harten Lebensbedingungen anpassten. Sie entwickelten sich zu einer neuen Hunderasse - dem robusten, wilden und tapferen Tiger Bay Dog. *Etwa neunzig Prozent dieser Hunde tragen auf ihrem Rücken einen Ridge, genau wie die* Kamussekelen Hunde.

Man sollte annehmen, dass sie von Anfang an merkten, dass um zu überleben sie eigene Rudel bilden mussten. Sie mussten lernen, durch Kauen von Krabben ihren Durst zu löschen, sie gebrauchten an den Rändern des Meerwassers ihre Zungen, absorbierten mikroskopisch kleine Perlen von Frischwasser, das sich hier durch Verdunstung angesammelt hatte. Nur durch Perfektion dieser Technik wurde ihnen das Überleben möglich.

Bald fanden die Hunde heraus, dass Seehunde eine Delikatesse sind, dass letztendlich jedes Tier zum Fressen gut war einschließlich der Fische, die den Strand entlang schwammen. Sie lernten auch, dass sie die in Überfluss vorhandenen Albatrosse nicht alleine jagen konnten, entsprechend entwickelten sie eine Rudeljagdtechnik. Schnell merkten sie, dass der Albatros aufgrund seines hohen Gewichtes mehrere Meter gegen den Wind laufen musste, um abzuheben. Die Hunde stellten ihre Beute, warteten dann, bis zwei Hunde schnell hinaus geschwommen waren. Sie reihten sich gegen den Wind auf, um den Abflugweg des Vogels abschneiden zu können Die Albatrosse griffen die Hunde an, versuchten nach deren Augen zu hacken, während diese einen Scheinkampf führten, nur um ihre Beute abzulenken. Inzwischen griff der echte Jäger - in der Regel eine Hündin - von hinten an, und brach dem Albatros das Genick.

Diese Hunde gibt es noch heute, ich habe sie selbst sowohl 1993 wie 1995 gesehen. Die meisten dieser Hunde sind gestromt, aber man trifft dazwischen auch goldfarbene an. Und die Mehrheit dieser Hunde trägt einen Ridge.

Viele Schlussfolgerungen lassen sich aus diesem Bericht ziehen, nicht zuletzt über die Dominanz des Ridge und die jagdlichen Qualitäten der *Ridged Dogs* - absichtlich habe ich das Wort *Ridgeback* nicht verwandt. Waren diese Kamussekelen-Hunde die Vorfahren gemischter Gruppen von Hunden mit Ridge im südlichen Afrika? Mit Bestimmtheit werden wir dies nie wissen Die Frühgeschichte ist Legende, aber wir können auch aus Legenden lernen.

LÖWENJAGD

Ein wichtiger Grund, weshalb Ridgebacks heute viel Aufmerksamkeit, Interesse und Bewunderung finden, ist ihre nachgewiesene jagdliche Qualität. In späteren Kapiteln werden wir uns diese Eigenschaften näher ansehen. Natürlich gab es viele Hunde, die gute Jäger sind, das Schicksal aber bestimmte, dass ein Typ gegenüber allen anderen bevorzugt wurde - das waren Hunde, die dem Menschen auch bei der Großwildjagd zur Seite standen.

Die Jagd auf die majestätischste Beute von Afrika - das Erlegen von Löwen - vor und nach der Wende des 19. Jahrhunderts war das großartigste Zeichen der Mannbarkeit. Dieses brutale Abschlachten von wunderschönen wild lebenden Tieren ist aus unserer modernen Perspektive kaum zu rechtfertigen, aber in jenen Tagen wurden die Löwenjäger weltberühmt. Frederick Courtney Selous, wahrscheinlich der berühmteste von allen, zählte den Präsidenten der USA, den Deutschen Kaiser und führende Industriemagnate zu seinen persönlichen Freunden. Führende Autoren wie Rider Haggard - ebenso Wilbur Smith - zeichneten ihn in ihren Arbeiten als Musterbild. Obgleich wir heutzutage dies nur noch als erstaunlich empfinden, insbesondere wenn man - wie ich selbst - einige Jahre mit dem World-Wildlife Fund for Nature (WWF) zusammengearbeitet hat, sollten wir aber zugeben, dass sich die Zeiten ändern - und wir müssen die historische Realität als das, was sie ist, respektieren.

Es ist unklar geblieben, ob Selous bewusst Jagdhunde mit einem *Ridge* einsetzte. Aber einer seiner wichtigsten Nachfolger - Cornelius van Rooyen - tat dies wirklich, und eine Zeit lang wurden die Hunde mit Ridge sogar »van Rooyen's dogs« genannt. Die Großwildjagd führte dazu, dass Jäger in Südafrika besonders auf Hunde mit Ridge - aufgrund ihrer großartigen jagdlichen Fähigkeiten - aufmerksam wurden. Die Löwenjagd schuf hohes Ansehen, was auch zum Ge-

»The African homeland«. Sandra Carlson.

brauch des Namens *Löwenhund* führte, ein Name, der der Rasse in Europa ziemlich großen und unfairen Schaden zufügte. Ich werde dieses Thema noch unter dem Kapitel »Ridgebacks in unserer modernen Gesellschaft« näher darstellen. Ob Großwildjagd eine Tugend oder ein Verbrechen ist, der legendäre Ruf der Menschen, welche als Könige der Jagd galten, den König der Tiere jagten, ging auch auf die Hunde über, die sie einsetzten. Und unter diesen Legenden wurde nach und nach der moderne Ridgeback geboren.

DAS AFRICAN HOMELAND

Afrika ist - wie wir heute wissen - die Heimat der frühesten menschlichen Entwicklungsgeschichte. Die Vermutung besteht, dass menschliche Wesen irgendwo zwischen Äthiopien und Tansania entstanden. Erste jagdliche Geschicklichkeiten entwickelten sich wahrscheinlich vor 20.000 bis 60.000 Jahren, frühe Jagdwerkzeuge fand man in der Region Tansania und im Bereich des Kaps. Frühe Höhlenzeichnungen entstanden vor etwa 20.000 Jahren unserer Geschichtsrechnung in Namibia, kurz danach in Südafrika. Der Gebrauch von Keramik und das Pflanzen von Saaten wurden um 7.000 v. Chr. im nördlichen Afrika bekannt, in Ostafrika hielt man 3.000 v. Chr. Rinder und eine Eisenproduktion eigneten sich die Menschen in Westafrika schon vor 1.000 v. Chr. an. Ab 100 n. Chr. exportierten die Menschen des heutigen Mosambiks Eisenprodukte in großem Umfang, schufen damit die Grundlagen für die Entwicklung von Stadtstaaten im sub-äquatorialen Afrika, beispielsweise in Simbabwe.

Hunde entwickelten sich neben der menschlichen Rasse schon lange vor Anbruch der Zeit, die wir heute Geschichte nennen. Einige archäologische Funde datieren die frühesten nachgewiesenen Haushunde in Ägypten auf etwa 7.000 v. Chr. Ob es in diesen frühen Tagen Hunde mit Ridge gab, wissen wir nicht. Bilder im *Hutchinson's Dog Encyclopaedia* Anfang des 20. Jahrhunderts zeigen in einem vor 1900 gemachten Foto drei Sloughis, die auf dem Rücken eine ridgeartige Formation trugen, sie sollten aber unsere Fantasie nicht zu weit abheben lassen.

Die frühen Stämme, vor etwa 2.000 Jahren - die Sans und die Khoikhois - mögen Hunden in ihrem Umfeld gegenüber eine recht zurückhaltende Beziehung gehabt haben.

STAMMESWANDERUNGEN

Etwa 500 v. Chr. begann eine Stammeswanderung der Bantustämme Richtung Süden. Ursprünglich erstreckten sich die Bantukulturen zwischen 3.000 und 2.000 v. Chr. über das heutige Nigeria. Man schätzt, dass diese Bantu-sprechenden Stämme ab Beginn unserer Zeitrechnung den südlichen Bereich des afrikanischen Kontinents zu beeinflussen begannen. Etwa 900 n. Chr. blühte der Handel zwischen den ostafrikanischen Häfen und den Kulturen am Persischen Golf. Mombasa wurde zum Umschlagshafen für Gold aus Simbabwe und bereits im

15. Jahrhundert erreichte dieses Gold auch Europa. Das große Königreich von Simbabwe existierte etwa 1.000 bis 1.400 n. Chr., schuf Städtebildungen, die sich noch heute großer Bewunderung erfreuen. Vom Ende des 15. Jahrhunderts an dominierten über etwa 200 Jahre die Portugiesen den Handel mit Ostafrika und segelten über den Indischen Ozean.

Es gibt portugiesische Berichte, die Haushunde im südwestlichen Afrika bestätigen. Alte Missionargeschichten - so behauptet man - haben die Existenz von *ridged dogs* in Afrika nachgewiesen. Die Bantubewegung Richtung Süden könnte den Sanstämmen und Khoikhoistämmen Hunde gebracht haben, sogar mit erblich bedingten Ridgebildungen. Theoretisch betrachtet könnten auch Handeltreibende diese Mutation aus dem Osten hereingebracht haben. Es scheint aber, dass *ridged dogs* mehr im Südwesten als im Osten existierten.

DIE ENTWICKLUNG AM KAP

Die Holländer errichteten ständig neue Ansiedlungen als Dienstleistungsstationen für ihre Handelsschiffe im Kapbereich, mieden dadurch die portugiesischen Schiffsstationen auf der Namibiaseite von Afrika. Jan van Riebeeck's Landung im Jahre 1652 leitete die Gründung einer holländischen Kolonie ein. Parallel hierzu wurden Feuerwaffen in Europa entwickelt, wurde die Jagd zu einer neuen Form der Nahrungsbeschaffung und gleichzeitig zur willkommenen Freizeitbeschäftigung für den Adel.

Ursprünglich betrieben die Holländer mit den eingeborenen Völkern (häufig von ihnen generell *Khoisan* genannt) Handel. Später aber begannen Kämpfe um Rinder und Land. Mitte des 18. Jahrhunderts wurde eine neue holländische Grenze zu den Bantu-sprechenden Stämmen, repräsentiert durch die Xhosas, errichtet.

Wir wissen natürlich, dass die Holländer Vieh und Haustiere mitbrachten. Sie hatten auch klare Weisung, schnell örtliche natürliche Resourcen zu nutzen. Zweifelsohne wurden Hunde nach Südafrika gebracht. Die wahrscheinlichsten Rassen in den Anfangszeiten der Besiedlung waren verschiedene europäische Jagdhunde, Typ Bloodhound und möglicherweise als Wächter auch Hunde vom Mastifftyp. Zur gleichen Zeit lebten die örtlichen Stämme im Süden Afrikas mit ihren eigenen domestizierten Hunden.

Die Kapgebiete sahen sich bald einem Ansturm von Emigranten aus England, auch aus Frankreich - nicht zuletzt Hugenotten - und Holland ausgesetzt. Im Jahre 1795 landeten die Engländer - zu dieser Zeit im Krieg mit Frankreich - im Süden Afrikas, machten nach und nach bis 1814 die Kapprovinz zu einem Teil des englischen Empires.

Der Bereich südlich von Limpopo erlebte das Aufstreben neuer Mächte Anfang des 19. Jahrhunderts in Form der viel bewunderten Zulukrieger, angeführt von Shaka, dem großen Zuluführer. Im heutigen Simbabwe, mit Verbindungen zum großen Königreich von Simbabwe und dem späteren Königreich Monomotapa, trafen Nicht-Zulus, sondern shona-sprechende Menschen bald auf Zulustämme, welche sich von dem Zulukönig abgespaltet hatten. Im heutigen Simbabwe sind etwa 80 Prozent der Population Shonas, 16 Prozent Ndebeles - das sind Zulunachkommen - der Rest in erster Linie weiße Siedler. Die Zulus besiegten das Ngunivolk 1820.

Zur gleichen Zeit empfanden die Holländer am Kap die britische Politik immer mehr als Unterdrückung, was Auslöser dafür war, dass etwa 15.000 Männer, Frauen und Kinder (und Hunde) aus ihren Wohnungen am Kap flohen und sich Richtung Norden bewegten. Die Burenbewegungen und die Zulumigrationen verliefen in entgegengesetzten Richtungen.

Es kam zu blutigen Schlachten mit den Southbound Zulus, die gelegentlich noch Unterstützung von den Engländern erfuhren. Die entscheidende Schlacht wurde im Dezember 1836 am *Blood River* geschlagen und begründete das, von dem die holländischen Buren hofften, es werde zu ihrem ständigen Heimatland.

DIE BURENREPUBLIKEN

Gemälde, Teppiche und auch Reliefs im Vortrekker Museum in Pretoria beweisen, dass die Buren von ihren Hunden begleitet wurden. Dabei gibt es keinen Nachweis irgendwelcher Hunde mit Ridge, die dabei auffielen, aber wir sehen das Aufkommen einer neuen Hauptaufgabe der Hunde im 19. Jahrhundert in Südafrika, der Rolle als Wächter.

In den 1850er Jahren erreichten die Buren in ihren Freistaaten von Urania und Transvaal die Unabhängigkeit. Das Farmerleben entwickelte sich zu einem Stadium hin, das in einigen Teilen noch heute existiert, moderne Erleichterungen des elektrischen Zeitalters ausgeschlossen hat. Dies waren auch die frühen Tage dessen, was als *Goldpolitik* bekannt wurde. Im Jahre 1888 gelang es Cecil Rhodes einen Vertrag mit dem örtlichen König Lobengula abzuschließen, er schuf damit einen neuen Staat, bald als Rhodesien bekannt. Nach zwei Aufständen wurden die örtlichen Widerstandskräfte 1900 niedergeschlagen. Die Buren andererseits akzeptierten den Druck durch die Engländer nicht, und die Burenkriege zwischen der britischen Armee und den freiheitsliebenden Buren forderten zwischen 1899 und 1902 einen schrecklichen Blutzoll. Lithografien von Wagenburgen und Burenverteidigungsstationen zeigen das Vorhandensein von Hunden.

Die Reichtümer, geschaffen von Gold und die Vorteile schneller Kommunikationen einschließlich Dampfschiffe, Eisenbahnen und auch Telegrafen und Zeitungen, führten zu einem Menschenzustrom nach Afrika. Der globale Fluss von Nachrichten und Informationen und die erhöhte Mobilität des Menschen und - wahrscheinlich - der Hunde der Menschen wirkten sich aus. Es entstand die Zeit, in der sich die Großwildjagd entwickelte, es kamen die Tage, da sich Jäger und Hunde mit Ridge erstmals begegneten.

ENTWICKLUNG VON RHODESIEN

Während aus den Burenkolonien *Crown Colonies* entstanden, die dann 1910 in die *South African Union* eingegliedert wurden, nahm das Leben im Protektorat von Southern Rhodesia seinen eigenen Weg. Im Jahre 1922 versammelte sich eine Gruppe enthusiastischer Hundefreunde, inspiriert von den Erzählungen von Jägern wie van Rooyen, um die Formung einer Hunderasse aus den eingeborenen Hunden zu diskutieren - alle diese Hunde trugen auf ihrem Rücken einen Ridge. Dies fand ein Jahr ehe Rhodesien zur unabhängigen Kronkolonie Southern Rhodesia wurde statt. Man beschloss, dass der *Sohn von Afrika* rot bis weizenfarben sein sollte, beweglich, stolz, stark, ein kraftvoller Hund, wie er eben heute ist. Diese Entscheidung fiel auf einer Farm in Bulawayo im heutigen Simbabwe.

Der Rhodesian Ridgeback ist heutzutage eine eigenständige, unabhängige Hunderasse. Dies ist keine Rasse, die man beispielsweise mit einem Basenji oder einem Thai Ridged Spitz vergleichen - oder danach richten - darf, vielmehr ein Hund, der in den Entwicklungsjahren Afrikas entstand. Genauso wie der Ridgeback eine unabhängige, selbstständige Hunderasse ist, so ist er auch ein echter Sohn Afrikas.

Afrika, der zweitgrößte Kontinent, wurde manchmal auch der schwarze Kontinent genannt. Für mich ist Afrika der Regenbogenkontinent und - vor allem - die Heimat blutroter Sonnenuntergänge, warmer, rötlicher Weizenfelder, der magischen grünen Dschungel und der klarblauen Wolken. Die Frühgeschichte Afrikas mag im Dunkeln liegen, aber die Umwelt, die den Geburtsplatz des Ridgebacks darstellt, ist farbiger als man zu träumen wagt. Wir können nie genau wissen, welche Teile der Legenden über den frühen Ridgeback wahr sind, aber jeder Ridgeback-Liebhaber sollte sich die Aufgabe stellen, den südlichen Teil des afrikanischen Kontinents zu besuchen, durch Gras und Sand wandern, die Atmosphäre von Afrika riechen und in sich aufnehmen. Sie alle sind ein Teil des Erbes des Ridgebacks.

Kapitel 2

DAS WESEN DES RIDGEBACKS

»Lionheart«. Sandra Carlson.

»LIONHEART UND FLYING PAWS«

Der Jäger hielt sein Pferd an, versuchte nach vorn durch das dichte Buschland zu blicken. Das Gras war mannshoch, die allererste Morgensonne begann den Tau vom Boden aufzusaugen. Er blickte zurück, stellte fest, dass die Träger noch nicht in Sicht waren. Mit einer Kombination von Stimme und Handzeichen schickte er die drei Hunde, die mit Leichtigkeit dem Pferd nachgefolgt waren, in die vor ihnen liegende Vegetation. Er wusste, weniger als eine Meile entfernt gab es eine Wasserstelle für Großwild. Geräuschlos machten sich die Hunde auf den Weg.

Der männliche Löwe bewegte sich langsam von der Wasserstelle weg. Er hatte am vorausgegangenen Abend gefressen, war nicht jagdlustig. Plötzlich tauchten zwei Hunde auf, und der Löwe brüllte mehr aufgrund der Störung als aus Ärger. Die zwei Hunde machten sofort Angriffsbewegungen Richtung Hinterhand des Löwen, je ein Hund von jeder Seite. Der Löwe wirbelte herum, schlug mit den Pranken Richtung des nächsten rotbraunen, ihn bedrohenden Hundes. Der Hund hielt sich außer Reichweite, unternahm einen neuen Angriff auf den Löwen, wieder von hinten, etwa zur gleichen Zeit, wie die große Löwenpranke auf dem Boden auftraf. Plötzlich tauchte ein dritter Hund, grau-

»Flying paws«. Sandra Carlson.

farben und recht hässlich, auf kurze Entfernung vor dem Löwen auf, bellte mit tiefer, aggressiver Stimme.

Die zwei schlanken, rotbraunen Hunde, elegant mit ihren femininen, jedoch kraftvollen Bewegungen, führten ihren anscheinend kühnen Tanz mit Scheinangriffen in Richtung Hinterhand des Löwen fort. Der größere Hund versuchte die Aufmerksamkeit des Löwen auf sich zu lenken, seine Aggression auszulösen. Er bewegte sich im Zickzack vor dem Löwen hin und her. Plötzlich berührte ein schneller Schlag der Löwenpranke die Flanke des größeren Hundes, dieser rollte auf dem Boden und knurrte vor Schmerzen. Dann stand er wieder auf, begann hinwegzuhinken, aber nur wenige Sekunden später erneuerte er seine Angriffe, jetzt aber aus größerer Entfernung. Völlig überrascht hielt der Löwe für einen Augenblick inne, drehte nur den Kopf, als wolle er sich entscheiden, in welche Richtung er seine nächste Verteidigungsattacke richten sollte. Ein einzelner Schuss erklang und erweckte ringsum das Echo. Der große Löwe fiel langsam zur Seite, seine Läufe knickten ein. Die eleganteren Hunde setzten ihren seltsamen Tanz rund um den Löwen fort, kamen ihm näher und näher, ohne ihn zu berühren. Der größere, grau gefärbte Hund zog sich zurück, um seine Wunden zu lecken. Die Stimme des Jägers rief die Hunde, die, während er näher kam, etwas zögerlich auf ihn zuliefen. Alle Hunde waren wiederum völlig stumm, ihre Körper jedoch waren angespannt, vibrierten nahezu vor Erregung.

»DER SCHUTZHUND, DER KEINEN STREIT SUCHT«

Es war im Spätherbst und es herrschte völlige nordische Finsternis. Nasser Schnee fiel schwer vom Himmel. Der junge Mann ging einen schmalen Weg entlang, passierte immer wieder eine der sparsam aufgestellten Laternen. Sein goldbrauner Rüde folgte ihm etwas zögerlich durch den Schnee. Der Mann hatte den Hund nicht angeleint. So kurz vor Mitternacht waren wenige Menschen in dieser Gegend wach, noch umso weniger, wenn sich das Dezemberwetter immer mehr verschlechterte. Plötzlich hielt der Mann an und sah, dass fünf oder sechs Menschen im Bereich der nächsten Laterne herumstanden. Im dichten Schneesturm war er nur noch wenige Meter von ihnen entfernt. Lederjacken spiegelten das schwache Licht. Einer der Männer drehte sich nach dem Spaziergänger um, sagte etwas, was er nicht verstand. Aber der Tonfall der Stimme war bestimmt nicht freundlich. Plötzlich drückte sich der Hund seitlich neben seinen Besitzer als wollte er ihn zwingen, still zu stehen, verschwand dann ohne einen Ton in der Dunkelheit. Der Hundebesitzer fühlte mehr Neugier als Bedrohung.

Der späte nächtliche Wanderer drehte etwas nach rechts ab, um die Gruppe von Jugendlichen zu passieren, die mit Sicherheit kein Gespräch mit ihm wünschten. Einige aus der Gruppe bewegten sich im Kegel des Laternenlichtes auf ihn zu. Plötzlich tauchte aus der Dunkelheit neben dem Hundebesitzer das Gesicht des Hundes auf, man sah nur seinen grollenden Fang und große weiße Zähne. Der Rest des Hundes blieb halb abgeduckt in der Dunkelheit verborgen, als sei er im Sprung. Das Grollen klang tief und bedrohlich.

Die Gruppe junger Männer rückte dichter aneinander als wollten sie sich gegenseitig schützen. Der Hund machte einen kleinen Schritt nach vorn, knurrte erneut. Da zogen sie sich alle zurück, halb laufend, man hörte nur noch einzelne Wortfetzen im Schneesturm, außerhalb des Lichtes, außerhalb der Sicht. Der Hundebesitzer ging in gleicher Richtung weiter wie zuvor. »Komm her, Douglas, lass es gut sein!« war sein Befehl. Und der Ridgeback Rüde drehte sich langsam um und folgte seinem Herrn. Wiederum blickte der Hund nahezu uninteressiert, und beide setzten ihren ruhigen, entspannten Gang durch die kalte Nacht fort.

»Perfekte Balance«. Sandra Carlson.

SMARTE, SCHNELLE JÄGER

Beide Erzählungen vermitteln ein Bild typischen Ridgeback-Verhaltens. Die Jagdszene ist ein Fantasieprodukt, basiert auf Artikeln, Briefen und Erzählungen aus dem alten Afrika. Die moderne, kleine Geschichte ist in jeder Einzelheit wahr. Die Hunde, die auf der Großwildjagd ihr Bestes gaben, waren nicht sich auf alles stürzende, aggressive Hunde, genauso wenig Feiglinge, welche dem Großwild zu viel Freiraum ließen. Viele dieser merkwürdigen Hunde mit den Haarwirbeln auf dem Rücken waren für ihre außergewöhnliche Schnelligkeit, nicht zuletzt bei Seitwärtsbewegungen bekannt. Sie waren auch Überlebenskünstler, Hunde, welche Großwild beschäftigt hielten, es stellten und trotzdem die Gefahren dieser Jagd mieden. Der rasserein gezüchtete Ridgeback von heute bleibt unverändert ein echter Repräsentant seiner Rasse, besitzt jene wunderbaren Eigenschaften der Tapferkeit, Vorsicht und - vor allem - Smartness und Schnelligkeit. Die meisten Erzählungen über die Großwildjagd berichten, dass Hündinnen die beweglicheren und geschickteren Jäger waren. Völlig natürlich ergab sich mit der Zeit zwischen Hündinnen und Rüden eine logische Arbeitsteilung. Die Letzteren sah man bald als die perfekten Schutzhunde, wobei sie unverändert auch auf der Jagd gute Dienste leisteten. Eine der großen Herausforderungen der Ridgebackzucht im 21. Jahrhundert ist, noch mehr über diese rassetypischen Verhaltenseigenschaften zu erfahren, welche der Rasse bei den afrikanischen Großwildjägern so hohe Anerkennung brachten.

Es wäre ein Missverständnis anzunehmen, dass Großwildjäger nur Hunde mit Ridge einsetzten. Ebenso falsch wäre die Annahme, dass diese Meisterjäger mit Ridge ausschließlich auf Löwen jagten. In den USA wurden Ridgebacks auf der Pumajagd eingesetzt. Aus Skandinavien gibt es Berichte über Ridgebacks, die für die Elchjagd erprobt wurden. Und es ist Tatsache, in Afrika waren Ridgebacks mehr als Schutzhunde als für die Großwildjagd eingesetzt. Sie waren bekannt dafür, dass sie auf den Farmen mit einer Vielfalt von Eindringlingen fertig wurden. Aber trotz dieser wunderbaren, natürlichen Qualitäten als Schutzhund wurden die Ridgebacks von Löwenjägern wie Lewis Christian eingesetzt, dem man nachsagt, er habe mehr Löwen getötet als irgendein anderer bekannter Jäger. Auch R. H. Fraser setzte die Tradition fort und benutzte für die Löwenjagd die »van Rooyen's dogs«. Auf diese Art verloren nicht nur viele Löwen ihr Leben gegen die Jagdgemeinschaft Jäger und Ridgeback, vielmehr gewann die Hunderasse auch den Ruhm des *Kinghunters - Jäger des Königs der Tiere.*

»Der natürliche Beschützer«. Sandra Carlson.

DER NATÜRLICHE BESCHÜTZER

Schauen wir in frühe Dokumente über das Leben in den südlichen afrikanischen Regionen, erkennen wir schnell den enormen Bedarf an Wächtern für die Farmen, der in jenen Jahren der Unruhe und direkten Nachbarschaft zur Wildnis herrschte. Von meinen zahlreichen Kontakten - insbesondere zu tabakanbauenden Farmerfamilien in Südafrika - waren viele Farmer in der zweiten oder dritten Generation. Es war faszinierend zu hören, wie viele dieser Menschen sich daran erinnern, dass sie mit Hunden aufwuchsen, die auf dem Rücken einen Ridge trugen. Einige nannten sie fachkundig *Ridgebacks,* andere sprachen einfach über *dogs with ridges,* und die meisten von ihnen hätten nie eine andere Hunderasse haben wollen.

Zwei Schlussfolgerungen lassen sich hieraus ziehen. Zum einen, dass ein echter Ridgeback ein großartiger Schutzhund ist, mit natürlicher Veranlagung, aufgewecktem Wesen und energisch genug, bedrohliche Situationen zu bereinigen, wenn sich hierfür die Notwendigkeit ergibt. Der Ridgeback ist bekannt dafür, kein wilder Wächter zu sein, der nur selten einen Kampf beginnt, der nicht notwendig ist und der wenig oder gar keine Ausbildung als Schutzhund braucht. Ein Hund, der schützende Eigenschaften mit all den Aufgaben eines wundervollen Familienhundes, des Lieblings der Kinder, problemlos verbinden kann. Zum Zweiten erfahren wir, Ridgebacks - zumindest Hunde mit Ridge - wurden über ein viel größeres Gebiet als Farmerhunde eingesetzt als wir Anfang des 20. Jahrhunderts annahmen. Wir müssen als Tatsache sehen, dass als Francis Richard Barnes die Enthusiasten zusammenrief, um den Standard des echten eingeborenen afrikanischen Hundes festzulegen, er nur einige Musterhunde eines Phänomens auswählte, das bereits fest verankert war und dadurch ihm das formale Existenzrecht in der Familie der Rassehunde sicherte.

DAS GENPOOLSPEKTRUM

Schauen wir uns die Beschreibungen der verschiedenen Farben und Größen der Hunde mit dem verhältnismäßig einfachen Ridge an und verbinden diese Informationen mit der breiten geografischen Verteilung zu der Zeit, als die Rasse begründet wurde. Dann müssen wir akzeptieren, dass der Genpool unserer heutigen Ridgebacks große Variationen aufweist. Wir sollten dadurch weder geschockt noch übermäßig erstaunt sein, dass in einzelnen Würfen noch immer Welpen geboren werden, die recht unterschiedlich sind.

Immer aufmerksam und neugierig.

Foto: Rens Trappel, Niederlande.

Nehmen wir ein einziges Beispiel! Schauen Sie sich alte Bilder an, sicher finden Sie Anfang des 20. Jahrhunderts viele Hunde, die halb aufrecht getragene Ohren haben. Selbst heute kann die Ohrstellung bedeutend variieren, obgleich die moderne Zucht es geschafft hat, die Ohrhaltung in weitem Umfang zu harmonisieren. Wir haben auch den eleganten, zeitgenössischen »Ausstellungsridge« geschaffen, ein Merkmal, das mit absoluter Sicherheit den Ridges wenig ähnlich ist, die sich auf den Rücken der frühen Jäger und Wachhunde abzeichneten. Die originale Ridgeformation bestand aus Haar, das mehr oder weniger vom Rücken abstand. Darüber hinaus war wenig, wenn überhaupt etwas bekannt über die Entwicklung von zwei *Kronen* oder gar des *arch,* die heute so verbreitet sind.

Als sich Barnes entschied, den alten Dalmatinerstandard als Grundlage für die allererste Beschreibung des Ridgeback zu wählen, fällte er dabei - bewusst oder unbewusst - die klare Entscheidung, dass dies eine Rasse von klassischen Jagdhundeproportionen sein sollte. Der Ridgeback ist ein Hund, der sich über große Entfernungen zu bewegen weiß, deshalb hat er die rechtwinkligen, nicht quadratischen Körperproportionen eines echten Jagdhundes.

Ob die Farbdefinition von hell bis rotweizen einfach ein Geniestreich war oder ein Tribut an das, was afrikanisch aussah und dem Auge gefiel, ist etwas, das wir gleichfalls nie mit Sicherheit

Der Ridgeback in Aktion.

Foto: Radislav Viktorin, Tschechische Republik.

wissen werden. Wenn beispielsweise Gestromt - warum nicht auch Dunkelmahagoni oder Weimaranersilber - gestattet worden wäre, man hätte dadurch wohl mehr echte alte Jagd- und Farmhunde in die Rasse eingegliedert, die Ridges trugen. Aber die Entscheidung über die Farbe sollte sich als glücklich erweisen. Durch Verankerung verhältnismäßig fester Standards über die Fellfarbe haben die Gründerväter dazu beigetragen, den Genpool zu harmonisieren. Nach all dem muss als höchstwahrscheinlich eingeräumt werden, dass jene Hunde mit Ridge, die entsprechende Farben hatten, auch andere Gemeinsamkeiten besaßen.

So haben wir letztendlich einen *Löwenhund - Lion Dog* - der in seiner Farbe nicht weit abweicht vom rötlichen afrikanischen Boden - oder auch vom Löwen selbst.

RIDGEBACK-CHARAKTER

Genauso wie wir festgestellt haben, dass unser Wissen über die frühen Hunde mit Ridge mehr auf Legenden als auf Tatsachen beruht, ist auch das Wesen des wahren Ridgeback noch immer ein weitgehend unbekanntes Territorium. In Kapitel 6 werden wir uns verschiedene Studien ansehen, wodurch wir rassespezifisches Verhalten erkennen. Wesenstests bei Hunden sind bisher mehr Fantasien als echte Wissenschaft. Interessanterweise sind die Hundeverhaltensforscher, die wirklich einen Einfluss erzielten, eher außergewöhnlich intelligente Generalisten als mathematisch ausgerichtete Testanhänger. Ich persönlich empfehle die Literatur von Anders Hallgren, heute in den USA aktiv, oder von Dr. Abrantes in Dänemark.

Die besten Beschreibungen des Ridgeback-Charakters verdanken wir noch immer der Erfahrung von Menschen, die mit der Rasse in den frühen Tagen gearbeitet haben, verbunden mit dem Wissen moderner, erfahrener Züchter. Die Erfahrungen in Fährtensuche und auf der Jagd in Gebieten wie Kanada haben uns die Vielseitigkeit des Ridgebacks gelehrt, der sowohl mit hoher Nase wie am Boden arbeitend Fährten verfolgt. Die Vorstellung eines Ridgebacks ist die eines aufgeweckten Großwildjägers. Seine Fähigkeit, geistig noch viel weitere Bereiche abzudecken, wurde sehr gut dokumentiert, nicht zuletzt in Schweden (Eva Bryntse, *Report to World Congress 1996* in Australien).

Während beispielsweise ein Deutscher Schäferhund es als bedrohlich empfindet, wenn er sich im Wald drei oder mehr Feinden, die auf ihn zugehen, gegenüber sieht, behält der Ridgeback Kontrolle über das gesamte Feld, trifft in einem bestimmten Stadium seine eigene Entscheidung. Sie kann, wie in der in diesem Kapitel schon erwähnten Geschichte des nächtlichen Spaziergangs, darauf gerichtet sein, seinen Herrn aus der Gefahr zu befreien oder hinter den sich nähern-

Die Eigenschaft, ein sicherer Schutzhund zu sein, ohne spezielles Schutzhundetraining und ohne dass der Hund mehr tut, als die Situation verlangt, machte den Ridgeback im zweiten Teil des 19. Jahrhunderts zu einem sehr populären Farmerhund.

Foto: H. Tandefelt.

Ridgebacks lieben Spielen, Aktion und Jagen. Das wichtigste Geschenk für einen Ridgeback ist freier Auslauf - natürlich stets unter Kontrolle und Überwachung seines Besitzers.

Foto: Katja Vogelsinger, Österreich.

den Feinden zu kreisen und dann zu versuchen, sie auseinander zu treiben.

Wir haben Beweise von erstaunlich jagdbestimmtem Verhalten dank Beobachtern mit Erfahrungen in *lure coursing* - obgleich dies keine hohen Punktzahlen bei diesen Tests bringt. Beispielsweise besitzt der Ridgeback die Fähigkeit schnell zu erkennen, dass die Rennbahn einen geschlossenen Kreis darstellt (beim US-Modell) und er deshalb mit Leichtigkeit darauf warten kann, bis die Beute (lure) zurückkehrt. Dieses Wissen ist für hohe Punktzahlen nicht hilfreich! Einige amerikanische Beispiele beweisen, dass Ridgebacks keine Spezialisierung brauchen, denn es gibt hier Hunde, die sowohl auf der Ausstellung, auf der Fährte wie in Obedience das Championat erreicht haben. Aber um dies alles aus einem Ridgeback herauszuholen, bedarf es eines geschickten Führers.

Klassische Prüfungsmethoden bewähren sich - nebenbei gesagt - bei Ridgebacks weniger gut. Manche »Wesenstests« durch Hundetrainer endeten für Ridgebacks entweder mit Frustration oder tatsächlich schlechten Punktzahlen. Beispielsweise gibt es den traditionellen Test beim *Überfall auf den Führer,* dabei soll der Hund schnell den gepolsterten Arm seines *Gegners* angreifen. In einigen Fällen hat sich der Ridgeback dabei schnell zurückgezogen und angefangen, seinen *Gegner* zu umkreisen, dabei sorgfältig darauf achtend, nicht verletzt zu werden. In einigen dokumentierten Fällen folgte dieser blitzschnellen Vermeidungstaktik eine ebenso schnelle Attacke gegen einen ungeschützten Körperteil. Ein besonders gutes Beispiel der Selbstkontrolle des

Ridgebacks spielen »rau, energiegeladen, aber fair«. Ein Ridgebackpaar kann über erstaunlich lange Zeit zusammen spielen. Meistens ist es ein Ringen, bei dem die Hunde engen Kontakt haben. Dieses natürliche Training für echte Kämpfe, in welche sich Ridgebacks aber selten engagieren - wird durch den unwiderstehlichen Zwang zu laufen unterbrochen.

Foto: H. Tandefelt.

Ridgebacks - seine Bisse waren zwar schmerzhaft, aber immer noch mehr Warnsignale als echte Aggressionsbisse.

WAHRER STOLZ DES RIDGEBACKS

Wenn ich eine einzelne Qualität des Ridgebacks besonders hervorheben sollte, wäre es immer sein ausgeprägter Stolz. Dies ist ein Hund voller Selbstsicherheit, er kennt seine eigene Schnelligkeit, seine Beweglichkeit und alle seine Möglichkeiten. Das dunkle Auge des Ridgebacks leuchtet vor Anspannung, sobald irgendetwas neues passiert. Nie darf man aber einen Ridgeback schlecht behandeln. Grundsätzlich müssen wir alle Vermenschlichungen in der Hundebeschreibung vermeiden, trotzdem kann ich dafür garantieren, dass sich ein Ridgeback sehr lange erinnert. Gut behandelt ist er stets Ihr unterordnungsfreudiger Gefährte, alles was er verlangt ist, dass man ihm die gleiche Loyalität, den gleichen Respekt für seine Integrität entgegenbringt. Wenn Sie manchmal glauben, dass die unabhängige Arroganz Ihres Ridgebacks einen Schritt zu weit geht - denken Sie daran, er ist ein stolzer Hund, und er besitzt sehr viel, worauf er mit Recht stolz sein kann.

PERFEKTE AUSGEWOGENHEIT

Die Eigenschaften, die wir bisher besprochen haben, scheinen tatsächlich erstaunliche Extreme zu sein - die Schnelligkeit in den Bewegungen, wodurch der Ridgeback in der Lage ist, schnell auf ihn zukommende Gefahren zu meiden; die nahezu uninteressierte Langsamkeit, wenn nichts Aufregendes passiert; die Kraft, die ein Farmhund braucht, um sowohl mit menschlichen wie tierischen Eindringlingen fertigzuwerden; die Leichtigkeit seiner Fortbewegung - Meile um Meile. Kein Pferdeausritt ist für einen Ridgeback zu lang, als dass er nicht mit Leichtigkeit nachfolgen könnte. Dazu kommt noch sein feuriger Mut, wenn sein Herr bedroht wird, kombiniert mit seiner weichen Hingabe gegenüber allen seinen Freunden und insbesondere Kindern.

Es gibt tatsächlich nur einen einzigen Weg, diese Kombination bemerkenswerter Kraft, schneller Bewegung, Ausdauer und explosiver Aufmerksamkeit zu beschreiben - dieser Hund ist voll ausbalanciert. Wenn wir dasselbe in noch einprägsamerer Form ausdrücken wollen: *Die einzige extreme Eigenschaft eines Ridgebacks ist, dass er keinerlei Extreme kennt.*

Diese stolze Haltung des Ridgebacks zeigt einen Hund, der sich seiner eigenen Kräfte voll bewusst ist.

Der Ridgeback ist nicht die schnellste Hunderasse, zeigt aber erstaunliche Geschwindigkeiten, verbunden mit Ausdauer und Beweglichkeit. *Foto: Studio Roberto, Deutschland.*

Der allgemeine Eindruck eines Ridgeback ist der von Eleganz, kombiniert mit einem Anflug von Kraft. Mit den Worten eines Richters ausgedrückt: Wenn Sie einige Schritte zurückgehen, sich den Hund ansehen und sich diese absolute Balance nicht zeigt, ist dies kein idealer Ridgeback. Es gibt keinen Zweifel, dass der Rüde in seiner Männlichkeit immer ein wenig kraftvoller wirkt als eine Hündin, wobei jeder Zentimeter Schnelligkeit und Geschwindigkeit andeutet. Dennoch sollte der Rüde nie so kraftvoll wirken, dass dadurch mehr Stärke als Schnelligkeit zum Ausdruck kommt. Umgekehrt, wenn man die Eleganz der Ridgeback-Hündin bewundert, darf man nie einen Mangel an Bemuskelung zugunsten ihrer Feminität tolerieren.

Hier ist erwähnenswert, dass beispielsweise in Australien, wo die Rennbahnen für das *lure coursing* kürzer sind und dadurch erhöhte seitliche Mobilität verlangen, Ridgebacks immer im Wettbewerb an der Spitze stehen. Es ist ebenso interessant festzustellen, wie sehr die Ridgebacks einen Hundesport der Zukunft lieben - die Agility. Dies muss aber mit dem Vorbehalt gesagt werden, dass der Ridgeback in seiner Begeisterung für alles, was Spaß macht und Bewegung bringt, sich entscheiden könnte, ganz von sich aus einige der Hindernisse, die so großartig sind, am besten zweimal zu überwinden. Selbst der Hüteinstinkt ruht in einem Ridgeback, ist aber nicht im gleichen Maße wie der Jagd- und Schutzinstinkt ausgeprägt. Dies hindert aber nicht immer einen etwas ungenügend erzogenen Ridgeback, einen Hirsch oder ein anderes großes Tier auf seinen Besitzer zuzutreiben. Glücklicherweise greifen Ridgebacks nur selten große Tiere an und fügen ihnen Schaden zu, es sei denn, sie würden hierfür ausgebildet. Kleine Beutetiere wie Hasen werden für sie aber manchmal unwiderstehliche Jagdobjekte, insbesondere für Hündinnen. Die Ridgeback-Anhänger wissen, dass Ridgebacks bereits in kleinen Meuten von drei oder vier Hunden dafür eingesetzt wurden, auf Wildschweine zu jagen und sie zu töten. Ich finde dies weder sehr geschmackvoll noch vernünftig, aber es fügt der Beschreibung des Multitalents Ridgeback einen weiteren Aspekt hinzu.

KONTROLLE DURCH DEN BESITZER

Mit dieser Vielfältigkeit positiver Eigenschaften vor Augen wage ich zu sagen, dass jeder echte Hundeliebhaber, jeder Hundefreund, der sich einen echten Hund wünscht, der vielseitig einge-

Das hohe Gras ist die Heimat des Ridgebacks, sei es in den afrikanischen Feldern oder an den Berghängen von Europa oder Amerika. *Foto: M. Ygre, Norwegen.*

setzt werden kann, an der Gesellschaft eines Ridgebacks Freude haben wird. Gleichzeitig kann ich nicht oft genug betonen, dass einen so schnellen, kräftigen und aufmerksamen Hund zu besitzen, absolute Kontrolle durch den Hundebesitzer erfordert. Unsere Rasse ist einfach zu gut und zu schade dafür, dass sie einen schlechten Ruf bekommt, nur weil seine Besitzer nicht in der Lage sind, das echte Wesen dieses Hundes zu verstehen. Der Ridgeback ist ein natürlicher Hund, muss als solcher behandelt werden. Er ist weder ein Schoßhund noch ein Familienhund für Menschen, die Auslauf und freie Natur scheuen, möglicherweise auch nicht der ideale Hund für Anfänger.

Ein Ridgeback ist der richtige Hund für Menschen, die das breite Spektrum seiner Fähigkeiten schätzen, seine Begabung zur Kameradschaft lieben, wie sie nur ein Hund haben kann, der starke Wurzeln tief in der wilden, ungezähmten Natur geschlagen hat.

Der Ridgeback-Besitzer muss volle Kontrolle über seinen Hund ausüben. Diese erreicht er nicht durch harte Erziehung. Der einzige Weg, einen Ridgeback zu kontrollieren, ist, dass man sich seinen vollen Respekt verdient.

Kapitel 3

DIE BEURTEILUNG EINES RIDGEBACKS

Der Ridgeback wurde zu dem was er ist, einer individuellen Rasse, vor allem aufgrund seiner Qualitäten, auf welche die einmalige Haarformation auf dem Hunderücken (vergleiche Kapitel 1) aufmerksam machte. Dieser Ridge ist, wie wir bei der Diskussion über Ausstellungen und Ausstellungsqualitäten noch sehen werden, ein Schlüsselcharakterium der Rasse.

Wir müssen jedoch daran erinnern, dass das, was den Ridgeback heute wirklich ausmacht, beispielsweise ein wunderbarer Familiengefährte zu sein, darauf zurückgeht, was unter dem Ridge liegt. In der heutigen Welt, etwa ein Jahrhundert, nachdem die Rasse endgültig bekannt wurde, fragen mehr und mehr tierärztliche Fachleute nach der moralischen Berechtigung, Welpen auszumerzen, einfach weil sie keinen Ridge haben, obgleich sie ansonsten völlig gesunde Tiere sind. Bei einem radikalen Rückblick auf die 1922er bis 24er Jahre, hätte die Wahl auf einen *real Ridgeback* mit Ridge oder einen *African Hunting Dog* fallen können, der identische Merkmale aufzeigt, aber eben keinen Ridge besitzt - möglicherweise auch mit anderen Farben als die zulässigen. Aber dies geschah zu dieser Zeit nicht, vielleicht wird es im 21. Jahrhundert dennoch zur Wirklichkeit. Was wir aber heute tun müssen, ist eine Hunderasse zu beurteilen, die den Namen *Rhodesian Ridgeback* unter etwa 300 Hunderassen trägt, die wir insgesamt haben.

In den ersten Jahren wurde der Ridgeback als *Jagdhund - Gun Dog* - klassifiziert, bestimmt nicht zu unrecht, obwohl diese Klassifikation von den parallelen Eigenschaften dieses Hundes ablenkte, den Qualitäten eines natürlichen und ausgeglichenen Wächters.

Nach der englischen Terminologie sprechen wir heute über eine Rasse der *Hound Group*. Dies ist eine etwas schwierige Definition, hierzu gehören alle Arten von Hunden, beispielsweise Dachshunde, Elchhunde (Hunde von Spitztyp), Bassethounds, Bloodhounds, Coonhounds u. a. Das bedeutet, dass vom Ausstellungsgesichtspunkt her Ridgebacks mit Basenjis, Beagles, Afghanen, Greyhounds, Whippets und Foxhounds in Wettbewerb treten. Eine wirklich bunte Mischung! Die von der FCI gewählte Gruppe 6 ist etwas ausgeglichener, aber auch hier gibt es noch viele Kontraste.

In den Gruppenentscheidungen wird der Ridgeback gegen Otterhounds gestellt, ebenso gegen Beagles, Bassets und Bloodhounds und eine beachtliche Anzahl von ähnlich aufgebauten jagdhundetypischen Hunden. Es ist bekannt, dass die Gründungsväter des Ridgebacks, die Männer rund um Mr. Barnes, den alten Dalmatiner-Standard als Richtlinie wählten, als sie den ersten Ridgeback-Standard formulierten. Noch heute finden wir Rassen mit

Der erste Eindruck eines Ridgeback muss der eines kraftvollen, rechteckigen Hundes sein, der durch Stärke und Eleganz überzeugt, mit mutigem, aufmerksamem Ausdruck. Foto: M. Bernkopf, Österreich.

ähnlichen Proportionen und Köpfen wie den Ridgeback. Das sind Dalmatiner, Weimaraner, Vizslas, ja sogar der langhaarige Briard. Sie haben Körperformen, die von den äußeren Linien des Ridgebacks gar nicht stark abweichen. Was dieses Kapitel zu erreichen versucht, ist dem Leser zu sagen, wie ein Ridgeback beschaffen sein muss.

DER STANDARD ZUM LEBEN ERWECKT

DER ERSTE EINDRUCK

Der vor Ihnen stehende Hund ist mehr als mittelgroß, kraftvoll und stolz, zeigt Aufmerksamkeit, möglicherweise auch arrogantes fehlendes Interesse an Ihnen. Sein Körper ist deutlich länger als seine Widerristhöhe, die Winkelung ist ausbalanciert, ausreichend für einen Läufer über große Entfernungen. Seine Brust ist tief, die Front kraftvoll genug, um auch von der Seite gesehen zu werden. Der Hund steht in guter körperlicher Kondition.

Ein guter Hund - dies ist der erste Eindruck, den Sie von einem Rhodesian Ridgeback gewinnen sollten. Hinzu treten lange, schlanke Muskeln, feste Pfoten, kraftvolle, aber niemals schwere Knochen. Ein solcher Hund kann recht wertvoll sein. Sie sollten noch darauf achten, dass der

Der Ridgeback ist eine deutlich mehr als mittelgroße Rasse. Sein Körper ist rechteckig, nie quadratisch. Die Länge des Körpers ermöglicht dem Hund, sich mit langen, ausgreifenden Schritten zu bewegen.
Foto: Veronika Gomes-Hansson, Schweden.

Ridge lang genug ist, symmetrisch und zwei - nur zwei - Kronen aufweist. Ein ausgewogenes Wesen vorausgesetzt, könnten Sie jetzt vor einem möglichen Sieger stehen. Völlige Balance muss ein korrekter Ridgeback signalisieren, lange ehe man beginnt, ihn im Detail zu überprüfen.

Noch immer könnte eine Enttäuschung auf Sie warten, weil das herausragende Einzelmerkmal dieser Arbeitsrasse die perfekte Bewegung ist. Aber die Wahrscheinlichkeit, dass ein Hund, auf den vorstehende Beschreibung passt, sich auch korrekt bewegt, ist groß.

Nach dieser ersten Betrachtung - treten Sie ruhig einen Schritt zurück, vergewissern Sie sich, dass Sie wirklich den gesamten Hund sehen - sollte sich der Kritiker daran erinnern, dass das einzige Extrem an dieser Rasse jegliches Fehlen von Extremen ist.

DER KOPF

Der Kopf des Ridgebacks wirkt zwar klassisch einfach, ist aber außerordentlich ausdrucksstark. Da der Ridgeback ein sehr natürlich aufgebauter Hund ist, erwarten Sie entsprechende Kopfproportionen. Das bedeutet, der Oberkopf ist beim ausgewachsenen Hund von gleicher Länge wie Breite, und die Länge des Fangs ist identisch mit der des Oberkopfes. Der Stop sollte mäßig gut ausgeprägt sein, die Linien des Oberkopfes und des Fangs müssen kompromisslos parallel stehen. Nie darf der Ridgebackkopf einen dreieckigen Eindruck vermitteln, gleich ob von vorn oder von der Seite gesehen. Der Fang des Ridgebacks ist kräftig und tief, er hat ein volles und korrektes Scherengebiss. Der Kopf zeigt eine gewisse *Schärfe - sharpness.* Die Ohren werden dicht am Kopf anliegend getragen, beim erregten Hund beginnen sie auf der oberen Oberkopflinie. Die Lefzen sind ebenfalls eng angelegt.

Seine Augen sollten angemessen gerundet, gut auseinander eingesetzt sein und Aufmerksamkeit ausdrücken. Ein Tier mit dunkler Nase sollte auch dunkle Augen haben; ein lebernasiger Hund muss bernsteinfarbige Augen haben (keine farblosen, manchmal bläuliche Augen). Vermeiden Sie beim Bewerten des Hundes starke Sonneneinstrahlung, dies könnte einen falschen Eindruck der wirklichen Augenfarbe vermitteln.

Ein schwarzer Anflug auf Fang und Ohren ist korrekt, aber auch ein einfarbiger Fang zählt im Ausstellungsring gleich viel.

Der Ridgeback ist eine Hunderasse, die einen deutlichen Unterschied zwischen Rüden und Hündinnen aufweist, jedes Einzeltier muss innerhalb obiger Parameter leicht zu unterscheiden sein.

HALS UND FRONT

Der Hals muss lang genug sein, um mit dem Körper elegant ausgewogen zu wirken. Er ist kräftig bemuskelt, aber nie grob, immer frei von Kehlhaut.

Die Front - *prosternum* - ist für die Muskelkraft des ganzen Körpers wichtig, auch für seine

Bei einem Rüden wirkt der Kopf maskulin, die Proportionen der Oberkopfbreite entsprechen der Fanglänge, hinzu kommt ein gut ausgeprägter Stop.
Foto: Marlo Boeffel, England.

Die oberen Linien von Oberkopf und Fang verlaufen bei einem guten Ridgeback-Kopf völlig parallel. Jegliche Abweichung von dieser Parallelität ist ein Fehler.
Foto: Katja Vogelsinger, Österreich.

Der Hündinnenkopf muss ausgeprägt feminin wirken, dabei aber mit starkem Fang angemessene Kraft aufweisen.
Foto: Susan Clayborough.

Der Stop muss deutlich ausgeprägt sein, trotzdem die korrekten Kopfproportionen aufrechterhalten.
Foto: Anne Marie Hilding.

Vor einem Alter von 10 bis 16 Monaten sollte der Ridgeback-Junghund keine zu ausgeprägte Oberkopfbreite haben. Dieser fünf Monate alte Jungrüde ist sehr versprechend.
Foto: Anne Marie Hilding, Schweden.

Der Augenausdruck ist interessiert und aufmerksam. Ein Ridgeback im Ausstellungsring, der nicht aufmerksam wirkt, sollte keinen Spitzenplatz erringen.
Foto: Rens Trappel, Niederlande.

Die Ohren sind in gleicher Höhe am Oberkopf angesetzt, liegen beim aufmerksamen Hund dem Kopf eng an. Die Augen sind beim schwarznasigen Hund dunkel. Ein Kopf von Spitzenqualität ist gut ausgewogen, ohne jegliche Grobheit oder auch nur einem Anflug von Schwere.
Foto: S. Marek, Deutschland.

Braune oder leberfarbene Nasen beim Ridgeback sind von einem helleren Auge begleitet, dabei ist das Auge gut pigmentiert. »Helles Bernsteinauge« wäre eine gute Beschreibung.
Foto: Bruno Hachet, Frankreich.

Hals lang und elegant, Front kraftvoll mit deutlich von der Seite erkennbarem Brustbein, Winkelung vorn und hinten gleich und gut ausgewogen. Achten Sie darauf, wie gut bei dieser herausragenden Hündin die Brust bis zum Ellenbogen reicht. Foto mit freundlicher Erlaubnis vom RR Club of New South Wales.

Ausdauer. Ein guter Ridgeback besitzt ein Prosternum, das auch seitlich zu erkennen ist. Leicht lässt sich dies überprüfen, indem man die Hand quer zur Front des Hundes auflegt. Eine schwache Front ist ein schwer wiegender funktionaler Fehler.

KÖRPER UND BRUSTKORB

Die Körperproportionen Länge zu Widerristhöhe betragen 5:4, bei Hündinnen eine Kleinigkeit mehr. Ridgebacks mit kurzem Rücken sind nicht funktionell. Der Brustkorb ist tief und bietet viel Raum, wobei beim ausgewachsenen Ridgeback die untere Brustlinie bis zum Ellenbogen reicht. Der Rippenkorb muss lang sein, endet im Idealfall in eleganter Kurve in Richtung der kurzen Lendenpartie.

Von vorne gesehen muss der Brustkorb genügend Kraft zeigen, darf aber nie zu breit sein - das würde ernsthaft die rassetypischen seitlichen Bewegungen beeinträchtigen. Der Brustkorb wird von elegant gewölbten Rippen gebildet, darf nie fassförmig sein.

Brust geräumig und tief, Front kräftig, aber nie so breit, als dass sie die schnellen seitlichen Bewegungen des Ridgebacks beeinträchtigen könnte - nie fassförmig! Eine perfekte Brustlinie kurvt elegant Richtung Hinterhand nach oben. Foto: Carina Pergren, Schweden.

LÄUFE UND PFOTEN

Die Knochen der Läufe stehen in Balance zur Gesamtgröße und dem Aufbau des Hundes. Dabei dürfen die Knochen für die Muskelkraft nicht zu schwach sein, niemals aber schwer oder gerundet. Andernfalls würden sie den Eindruck von Schnelligkeit und Wendigkeit beeinträchtigen. Die Pfoten müssen genügend hoch sein, gut aufgeknöchelt, um die Ausdauer zu sichern. Gefordert werden Zehen, die lang und kräftig genug sind, um den Hund zu einem guten Kletterer zu machen. Die Ballen sind kräftig, mit schützendem Haar zwischen Zehen und Ballen.

SCHULTERN

Die Winkelungen von Schulterpartie und Hinterhand müssen in perfekter Balance zueinander stehen, nur dadurch wird ein optimaler Vortritt und eine bodendeckende Bewegung gesichert. Die Schultern sind schön zurückgelagert, die Ellbogen liegen immer dem Körper eng an.

MUSKULATUR

Der Ridgeback ist ein Läufer über lange Strecken, entsprechend braucht er lange, schlanke Muskeln, die nicht nur gut entwickelt, sondern auch richtig trainiert sind (keine kurzen Muskeln vom Typ Boxer).

RUTE UND KRUPPE

Die Rute sollte kraftvoll sein, zum Ende elegant auslaufen, frei von Grobheit und sollte im Idealfall bis zum Sprunggelenk reichen. Rutenansatz weder zu tief noch zu hoch. Unerwünscht wäre ein nach unten verlaufender Rutenansatz, parallel zu einer abgeschlagenen Kruppe, ebenso eine direkte Fortsetzung der Rückenlinie. Ein nach unten verlaufender Rutenansatz zeigt eine zu steile Kruppe. Bei schnellem Trab sollte die Rutenwurzel (erste 10 - 15 cm) parallel zum Boden verlaufen, das signalisiert eine ausgewogene Kruppenkonstruktion.

FARBEN

Der Ridgeback sollte eine helle bis rote Weizenfarbe haben, vorausgesetzt, diese Farben haben einen warmen Ton. Zu hellen (hell Falb) Farben fehlen meist warme Nuancen, dunkles Mahagoni unter einem roten Farbton ist ebenso inkorrekt. Der Hund hat an Fang und Ohren schwarze Behaarung, auch etwas dunkles Haar auf der Rutenspitze ist erlaubt. Weiße Flecken auf den Pfoten und - in eingeschränktem Maße - an der Front werden als korrekt angesehen. Übermäßiges Weiß, ebenso wie Schwarz auf dem Fell mit Ausnahme von Fang und Ohren, müssen als nicht korrekt beurteilt werden. Im Ausstellungsring sollten alle Farbschattierungen nach dem Standard als gleichwertig angesehen werden. Das Fell ist kurz und von gesunder Dichte, glänzend, nie wollig oder seidig. Korrektes Fell ist ein Schutz, keine kosmetische Beigabe.

DER RIDGE

Der Ridge bildet das original Wahrzeichen, wurde vom Menschen nahezu bis zur Perfektion verfeinert. Der Ridge - das Haar, das im Verhältnis zum übrigen Fell in entgegengesetzte Richtung wächst - sollte sofort hinter den Schultern beginnen, verfeinert sich bis zum Rückenende und sollte zumindest bis zu den Vorderseiten der hinteren Oberschenkel reichen.

Man kann nur von einem *vorzüglichen Ridge* sprechen, wenn dieser - *arch (»box«)* eingeschlossen - völlig regelmäßig ist und bis zu den Hüfthöckern reicht. Das obere Ende sollte mit einem Bogen beginnen, unter dem zwei *crowns - whorls - Kronen* - beidseits des Ridges symmetrisch platziert - liegen. Die ideale Breite des Ridge steht im Verhältnis zur Größe des Hundes, liegt direkt hinter dem *arch* und misst ungefähr 5 cm. Das Verhältnis von *arch* zu den *Crowns,* gemessen als Teil des gesamten Ridge, sollte nicht ein Drittel der gesamten Ridgelänge überschreiten.

Hat ein Ridgeback weniger oder mehr als zwei Kronen oder ist sein Ridge eindeutig zu kurz, sollte dies als unvereinbar mit dem Rassestandard angesehen werden. Ein solcher Hund kann auf einer Hundeausstellung keine Auszeichnung erhalten.

GRÖSSE

Die Widerristhöhe eines Ridgeback-Rüden ist auf 63 bis 69 cm festgelegt (25 - 27 inches). Die

RIDGEBACK-FARBEN

Helle Weizenfarben - die warme Nuance ist zwar nicht vorherrschend, aber dennoch erkennbar.
Foto: M. Ygre.

Ausgereifte helle Weizenfarbe. In kälterem Klima entwickelt der Ridgeback ein dichteres Fell mit dicker Unterwolle. Dies gibt dem Fell einen etwas helleren Glanz.
Foto: Per Nygaard, Norwegen.

Warme, mittlere Weizenfarbe, recht häufig bei englischen und nordischen Ridgebacks.

Ausgereifte mittlere Weizenfarbe, die Wärme der Farbe bewirkt einen leichten Rotton. Möglicherweise die verbreitetste Farbe beim Ridgeback.
Foto: Birgitta Ebkar, Schweden.

RIDGEBACK-FARBEN

Mittleres Weizenrot. Die Balance zwischen der braunen Weizenfarbe und rötlichen Nuancen gibt der Farbe einen Hauch von Wärme des Sonnenuntergangs.
Foto: M. Ygre, Norwegen.

Ausgereifte rote Weizenfarbe. Die warmen Farbtöne leuchten maximal durch - die spektakulärste Ridgebackfarbe.
Foto: Crawford-Manton, Irland.

Dunkelrot-Weizenfarben, die dunkelste Ridgeback-Farbe, kurz ehe die warmen Farbtöne verblassen, durch Farben ersetzt werden, die man mit »Dunkelbraun« oder »Dunkelmahagoni« bezeichnen könnte.

DER RIDGE

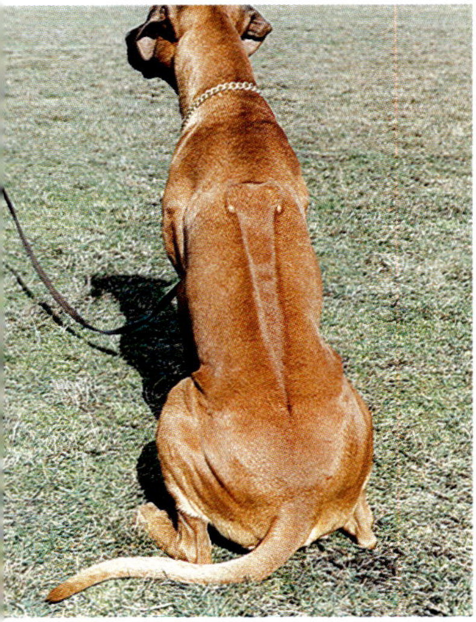

Der Ridge verläuft symmetrisch, verjüngt sich bis zum Ende gleichmäßig. Das bedeutet, dass im oberen Bereich (arch und crown) der Ridge genügend Breite braucht.

Foto: Helen Engfelt, Schweden.

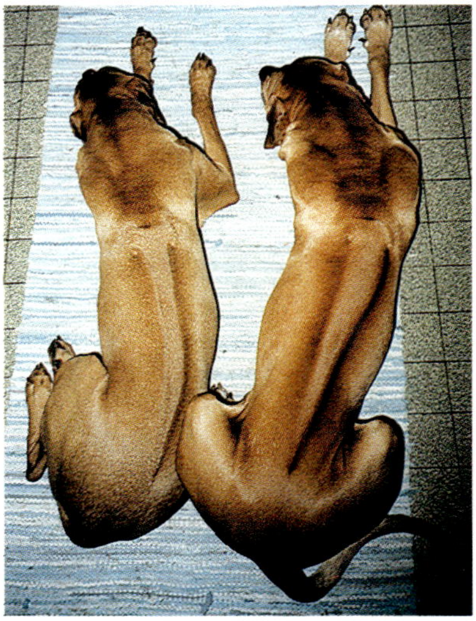

Der arch - früher auch box *genannt, umfasst die symmetrisch angeordneten Haarwirbel - die crowns. Der arch kann ein Maximum von einem Drittel der gesamten Ridgelänge (einschließlich arch) decken. Der Standard erlaubt verschiedene Formen des arch, alle müssen als gleichwertig behandelt werden. Wichtig ist immer, dass der Bogen symmetrisch verläuft.*

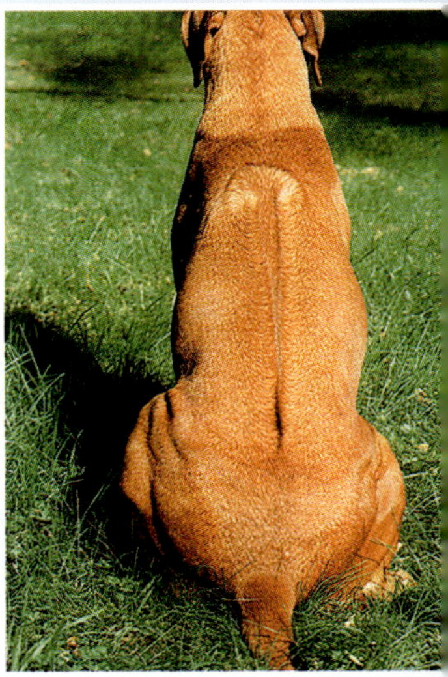

Gemeinsam mit Ausgewogenhei und Bewegungsablauf bildet de Ridge das signifikanteste Merkmal eines Ridgebacks. Deshalb muss der Ridge in Symmetrie wie Länge korrekt verlaufen die richtige Anzahl und Platzierung der crowns aufweisen. All andere als zwei crowns disqualifiziert direkt.

Es ist zwingend, dass der Ridge nur zwei crowns trägt, einander symmetrisch vis-a-vis gelagert. Von ebenso großer Bedeutung ist, dass der Ridge genügend Länge zeigt. Zu kurze Ridges müssen als fehlerhaft beurteilt werden.
Foto mit freundlicher Erlaubnis vom RR Club of Queensland.

Ridgeback-Hündin sollte eine Widerristhöhe von 61 bis 66 cm haben (24 - 26 inches). Gemessen wird immer am Widerrist unter der Voraussetzung, dass der Hund gerade auf seinen Läufen steht. Gewichtsangaben, die fehlerhafterweise Unterschiede in den Widerristhöhen verschiedener Hunde nicht berücksichtigen, sind nicht anwendbar, für die Bewertung eines Hundes ungeeignet.

BEWEGUNGSABLAUF
Für jede Hunderasse ist der Bewegungsablauf wichtig, von außergewöhnlicher Bedeutung ist er aber immer bei einem mobilen und natürlichen Hund wie dem Ridgeback. Die Effizienz des Bewegungsablaufs misst man in der wirklichen Abdeckung des Bodens (auf ebener Oberfläche). Dabei sollten Vorder- und Hinterläufe identische Bodenmengen abdecken. Die Bewegung des Ridgebacks verläuft niedrig und effektiv, meidet eine hohe Bewegung der Vorderläufe (beispielsweise die »hackney-Bewegung«), ebenso hohes Austreten der Hinterläufe, wobei Bodenkontakt verloren geht, ehe die Pfoten ihre hinterste Position erreicht haben.

Von vorn betrachtet sollte sich der Hund mit paralleler Vorderhandbewegung bewegen, obwohl ein still stehender Hund eine leichte Auswärtsdrehung der Vorderpfoten aufweisen kann. Von hinten betrachtet sollten sich beim schnellen Trab die Pfoten dicht zueinander bewegen, wobei die Hinterläufe weder ausdrehen (fassbeinig), noch zu eng in den Sprunggelenken (kuhhessig) verlaufen dürfen. Beachten Sie, eine eng stehende Hinterhand lässt sich nie richtig beurteilen, solange der Hund im Stand beurteilt wird. Ein Ridgeback in guter körperlicher Kondition bewegt sich mit eleganter Leichtigkeit und Geschmeidigkeit, dies beobachtet man am besten im langsamen Trab.

WESEN
Ein ausgewachsener Ridgeback zeigt bei Annäherung eines Fremden weder Scheue noch Angst. Gestattet ist arrogante Zurückhaltung, keinesfalls Aggressivität. Wichtig ist die Erwartung, dass im Ausstellungsring ein Ridgeback immer Aufmerksamkeit und Neugierde gegenüber seinem Umfeld zeigt.

ORIGINAL STANDARD SÜDLICHES AFRIKA
Standard Nr. 146 / 07.08.1998

Übersetzung: Jochen H. Eberhardt.

VERWENDUNG: Der Rhodesian Ridgeback wird noch immer zur Jagd von Wild in vielen Teilen der Welt verwendet, wird aber besonders als Wachhund und Familienmitglied geschätzt.

KLASSIFIKATION: Gruppe 6 - Laufhunde, Schweißhunde und verwandte Rassen.
Sektion 3 - Verwandte Rassen. Ohne Arbeitsprüfung.

KURZER GESCHICHTLICHER ABRISS: Der Rhodesian Ridgeback ist gegenwärtig die einzige anerkannte Rasse, die dem südlichen Afrika entstammt. Seine Ahnen können zurückverfolgt werden zur Kapkolonie, wo sie sich sowohl mit den Hunden der frühen Pioniere vermischten als auch mit den halbdomestizierten Hottentottenhunden, die einen Rückenkamm hatten. Meist in Gruppen von zwei oder drei Hunden jagend, war die ursprüngliche Aufgabe des Rhodesian Ridgebacks Großwild, hauptsächlich Löwen, aufzuspüren und mit großer Behändigkeit am Stand zu halten, bis der Jäger herangekommen war. Der Originalstandard, von F. R. Barnes 1922 in Bulawayo, Rhodesien, aufgestellt, gründete auf dem Dalmatiner-Standard und wurde von der Kennel Union des Südlichen Afrika 1926 anerkannt.

BEWEGUNGSABLAUF

Der Bewegungsablauf eines trabenden Ridgebacks ist leicht, nahezu tanzend. Der ideale Ridgeback besitzt lange, gut austrainierte Muskeln. Kurze und gerundete Muskeln bieten über weite Entfernungen keine Ausdauer. Beachten Sie den korrekten Rutenansatz in der Bewegung, er zeigt eine perfekte Kruppe.

Bei langsamer Bewegung trägt ein sich richtig bewegender Ridgeback seinen Kopf leicht angehoben. Beim schnellen Trab wird die Nackenlinie auf die Ebene der oberen Linie des Hundes insgesamt abgesenkt. Beachten Sie die vorzügliche niedrig bleibende Bewegung dieses Ridgebacks. Jede Bewegung der Vorderläufe nach oben wäre ein wichtiges Hindernis, sich effizient zu bewegen, muss im Ausstellungsring bestraft werden.
Foto: Mariette de Veer, Niederlande.

Niemals sieht man den Ridgeback im Ausstellungsring in voller Geschwindigkeit. Wichtig ist aber, dass Ridgeback-Besitzer wie Züchter alle Gangarten anatomisch verstehen.
Foto: M. Bernkopf, Österreich.

Der Ridgeback ist ein stolzer, aufmerksamer Hund. Bei Annäherung von Fremden darf er weder Nervosität noch Angst zeigen.

ALLGEMEINES ERSCHEINUNGSBILD: Der Rhodesian Ridgeback sollte einen ausgewogen gebauten, starken, muskulösen, wendigen und aktiven Hund darstellen, symmetrisch im Profil und bei mittlerer Geschwindigkeit äußerst ausdauernd. Das Hauptaugenmerk ist auf Beweglichkeit, Eleganz und funktionale Gesundheit ohne irgendwelche Tendenzen zu einer massiven Erscheinung zu legen. Die Besonderheit der Rasse ist der Rückenkamm (»ridge«), der dadurch entsteht, dass die Haare in Gegenrichtung zu denen am übrigen Körper wachsen. Der Rückenkamm ist das Wappenzeichen der Rasse. Der Rückenkamm muss klar abgegrenzt sein, symmetrisch und zu den Hüfthöckern hin schmaler werden. Er muss unmittelbar hinter den Schultern beginnen und bis zu den Hüfthöckern reichen. Der Rückenkamm darf nur zwei Wirbel (»crowns«) aufweisen, die dieselbe Form haben und einander gegenüberliegen. Die Unterkanten der Wirbel dürfen nicht über das obere Drittel des Rückenkamms hinausgehen. Ein guter Durchschnittswert für die Breite des Rückenkamms ist 5 cm (2 inches).

VERHALTEN / CHARAKTER (WESEN): Würdevoll, intelligent, Fremden gegenüber zurückhaltend, aber ohne Anzeichen von Aggressivität oder Scheu.

KOPF

OBERKOPF:

Schädel: Sollte von mittlerer Länge sein (Breite zwischen den Behängen, Entfernungen vom Hinterhauptstachel bis zum Stirnabsatz, vom Stirnabsatz zur Nasenspitze sollten gleich sein), flach und breit zwischen den Behängen; in entspannter Haltung keine Faltenbildung am Kopf.
Stop: Der Stirnabsatz sollte recht gut markiert sein. Das Profil darf nicht in einer Geraden vom Hinterhauptstachel zur Nasenspitze verlaufen.

GESICHTSSCHÄDEL:

Nasenschwamm: Die Nase sollte schwarz oder braun sein. Eine schwarze Nase sollte mit dunklen Augen, eine braune Nase mit bernsteinfarbenen Augen einhergehen.
Fang: Der Fang sollte lang, tief und kräftig sein.
Lefzen: Die Lefzen sollten straff sein und an den Kiefern anliegen.
Kiefer / Zähne: Starke Kiefer, mit einem perfekt schließenden und vollständigen Scherengebiss. Das heißt, dass die oberen Schneidezähne die unteren Schneidezähne dicht übergreifen und senk-

recht im Kiefer stehen. Die Zähne müssen gut entwickelt sein, besonders die Eck- oder Fangzähne.
Backen: Keine Backen.
Augen: Sollten mäßig weit voneinander eingesetzt sein, rund, klar und funkelnd, mit intelligentem Ausdruck. Ihre Farbe soll mit der Fellfarbe harmonieren.
Behang: Sollte ziemlich hoch angesetzt sein, von mittlerer Größe, recht breit am Ansatz und sich zu einer abgerundeten Spitze verjüngen. Er sollte am Kopf anliegend getragen werden.

HALS: Sollte ziemlich lang sein, kräftig und ohne lose Kehlhaut.

KÖRPER:
Rücken: Kraftvoll.
Lenden: Stark, muskulös und leicht gewölbt.
Brustkorb: Sollte nicht zu breit sein, aber sehr tief und geräumig; der tiefste Punkt des Brustbeins sollte in Höhe des Ellenbogenpunktes liegen.
Vorbrust: Sollte, von der Seite gesehen, sichtbar sein.
Rippen: Mäßig gewölbt, niemals tonnenförmig.

RUTE: Am Ansatz kräftig, zur Rutenspitze hin allmählich dünner werdend, nicht grob. Von mäßiger Länge, weder zu hoch noch zu tief angesetzt, leicht gebogen getragen, aber niemals geringelt.

GLIEDMASSEN
VORDERHAND: Die Vorderläufe sollten vollständig gerade sein, stark und mit kräftigen Laufknochen, die Ellenbogen am Rumpf anliegen. Von der Seite gesehen sollte der Vorderlauf breiter sein als von vorn gesehen. Starke Vorderfußwurzelgelenke, Vorderfuß leicht geneigt gestellt.
Schultern: Die Schultern sollten sich, schrägliegend, klar abzeichnen und muskulös, große Geschwindigkeit erahnen lassen.

HINTERHAND: Die Bemuskelung der Hinterhand sollte schlank sein, die Knie gut gewinkelt, der Hintermittelfuß kurz.

PFOTEN: Rund, mit eng aneinander liegenden und gut gewölbten Zehen.

GANGWERK: Mit gutem Raumgriff, frei und rege.

HAARKLEID
HAAR: Sollte kurz und dicht sein, glatt und glänzend im Aussehen, aber weder wollig noch seidig.

FARBE: Hell weizenfarben bis rot weizenfarben. Ein wenig Weiß an der Brust und den Zehen ist statthaft, ausgedehnte weiße Behaarung hier, am Bauch oder oberhalb der Zehen ist unerwünscht. Ein dunkler Fang und dunkle Behänge sind statthaft. Zu viele schwarze Haare im ganzen Fell sind äußerst unerwünscht.

GRÖSSE UND GEWICHT:

Die erwünschten Widerristhöhen sind:	Rüden:	63 cm (25 inches) bis 69 cm (27 inches).
	Hündinnen:	61 cm (24 inches) bis 66 cm (26 inches).
Gewicht:	Rüden:	36,5 kg (80 lbs).
	Hündinnen:	32,0 kg (70 lbs).

FEHLER: Jede Abweichung von den vorgenannten Punkten muss als Fehler angesehen werden, dessen Bewertung in genauem Verhältnis zum Grad der Abweichung stehen sollte.

N.B.: Rüden müssen zwei offensichtlich normal entwickelte Hoden aufweisen, die sich vollständig im Hodensack befinden.

DER BRITISCHE STANDARD
vom 20. August 1989

Übersetzung: Jochen H. Eberhardt.

ALLGEMEINES ERSCHEINUNGSBILD: Ansehnlicher, kräftiger, muskulöser und aktiver Hund; symmetrisch in seiner Erscheinung; er kann bei entsprechender Geschwindigkeit sehr ausdauernd sein. Ausgewachsene Tiere sind ansehnlich und stattlich.

CHARAKTERISTIKA: Einzigartig ist der Kamm auf dem Rücken, »ridge«; dessen Haare dem übrigen Körperhaar entgegengesetzt gerichtet wachsen; dieser »ridge« muss als das Erkennungsmerkmal der Rasse angesehen werden. Der »ridge« muss sauber abgegrenzt, spitz zulaufend und symmetrisch sein. Er beginnt unmittelbar hinter den Schultern und setzt sich bis zu den Hüfthöckern fort, er weist nicht mehr als zwei gleichförmige Kronen (crowns) auf, die einander gegenüberliegend angeordnet sind. Die unteren Ränder der »crowns« dürfen ein Drittel der Gesamtlänge des »ridges« nicht überschreiten. Bis zu 5 cm ist ein guter Anhaltswert für die Breite der »ridges«.

WESEN: Erhaben, intelligent; Fremden gegenüber reserviert, jedoch ohne Anzeichen von Angriffslust oder Scheu.

KOPF UND SCHÄDEL: Von angemessener Länge; Schädel flach, ziemlich breit zwischen den Behängen, in gelassener Stimmung frei von Runzeln. Entsprechend gut ausgeprägter Stop. Nase, im Einklang mit der Haarfarbe, schwarz oder braun. Bei schwarzer Nase dunkle, bei brauner Nase bernsteinfarbene Augen. Fang lang, tief und kräftig. Lefzen trocken und dicht abschließend.

AUGEN: Mäßig weit voneinander angeordnet, rund, klar und strahlend, mit intelligentem Ausdruck. Die Augenfarbe ist passend zur Farbe des Haarkleides.

BEHANG: Ziemlich hoch angesetzt, von mittlerer Größe, ziemlich breit am Ansatz, allmählich bis zu einer abgerundeten Spitze hin schmaler werdend. Dicht am Kopf anliegend getragen.

FANG/GEBISS: Kräftige Kiefer mit einem perfekten, regelmäßigen und vollständigen Scherengebiss, wobei die obere Schneidezahnreihe ohne Zwischenraum über die untere greift und die Zähne senkrecht im Kiefer stehen. Zähne, insbesondere die Fangzähne kräftig ausgebildet.

HALS: Ziemlich lang, stark und ohne lose Kehlhaut.

VORHAND: Schultern schräg, trocken und gut bemuskelt. Absolut gerade, starke, mit kräftigen Knochen ausgestattete Vorderläufe; Ellenbogen dicht am Körper anliegend.

KÖRPER: Brustkorb nicht zu breit, sehr tief und geräumig, Rippenkorb mäßig gewölbt, keinesfalls tonnenförmig. Rücken kraftvoll, Lenden kräftig, muskulös und leicht gebogen.

HINTERHAND: Trockene, klar abgezeichnete Muskulatur, Kniegelenk gut gewinkelt, tief stehende Sprunggelenke.

PFOTEN: Kompakt, mit gut gewölbten Zehen, rund, strapazierfähig, gut elastische (gut gepolsterte) Ballen, durch Haarwuchs zwischen den Zehen und Ballen geschützt.

RUTE: Am Ansatz stark, weder hoch noch tief angesetzt, sich zur Spitze hin verjüngend, niemals plump. Sie wird erhoben und leicht aufwärts gebogen getragen, jedoch niemals eingerollt.

GANGART/BEWEGUNG: Gerade, frei und rege.

HAARKLEID: Kurz und dicht, glatt und glänzend im Aussehen, jedoch niemals wollig oder seidig.

FARBE: Hellweizenfarben bis Rotweizenfarben. Kopf, Rumpf, Läufe und Rute von einheitlicher Farbe. Kleine weiße Abzeichen an der Brust und an den Zehen statthaft, jedoch ist viel weißes Haar an diesen Körperpartien, am Bauch oder oberhalb der Pfoten unerwünscht. Weiße Zehen sind nicht erwünscht. Fang und Ohren dürfen dunkel sein.

GRÖSSE: Widerristhöhe

für Rüden: erwünscht mindestens 63 cm; höchstens 68,5 cm.
für Hündinnen: erwünscht mindestens 61 cm; höchstens 66 cm.

FEHLER: Jede Abweichung von den vorgenannten Punkten sollte als Fehler angesehen werden, dessen Bewertung im genauen Verhältnis zum Grad seiner Abweichung stehen sollte.

ANMERKUNG: Rüden sollten zwei offensichtlich normal entwickelte Hoden aufweisen, die sich vollständig im Skrotum befinden.

DER AMERIKANISCHE STANDARD vom 11. August 1992

ALLGEMEINES ERSCHEINUNGSBILD: Der Ridgeback repräsentiert einen kräftigen, muskulösen und aktiven Hund, von symmetrischen und schön ausbalancierten äußeren Linien. Ein ausgewachsener Ridgeback ist ein kräftiger, großrahmiger und athletischer Hund, zu großer Ausdauer bei einer fairen (guten) Geschwindigkeit in der Lage. Von ausgeglichenem, würdigem Temperament ist der Ridgeback seinem Herrn gegenüber ergeben und liebevoll, Fremden gegenüber reserviert. Die Eigenart dieser Rasse ist der *Ridge* auf seinem Rücken. Dieser Ridge muss als charakteristisches Merkmal der Rasse angesehen werden.

GRÖSSE, PROPORTIONEN, SUBSTANZ: Ein ausgewachsener Ridgeback sollte symmetrische äußere Linien haben, etwas länger als hoch sein, dabei gut ausgewogen. Rüden: 25 bis 27 inches - 63 bis 69 cm; Hündinnen 24 bis 26 inches - 61 bis 66 cm. Erwünschtes Gewicht bei Rüden: 85 pounds - 38,5 kg; bei Hündinnen 70 pounds - 32 kg.

KOPF: Von fairer Länge, Oberkopf flach und zwischen den Ohren ziemlich breit, in Ruhestellung frei von Falten. Der Stop sollte ziemlich gut abgesetzt sein. AUGEN sollten mäßig weit voneinander eingesetzt, rund, klar und leuchtend sein, von intelligentem Ausdruck, ihre Farbe harmonisiert mit der Fellfarbe. OHREN ziemlich hoch angesetzt, von mittlerer Größe, am Ansatz ziemlich breit, sich zu einer abgerundeten Spitze verjüngend. Sie sollten eng am Kopf angelegt getragen werden. FANG lang, tief und kraftvoll. LEFZEN straff an den Kiefern anliegend. NASE schwarz oder braun, zur Fellfarbe des Hundes passend. Keine anders gefärbte Nase ist erlaubt. Eine schwarze Nase sollte von dunklen Augen, eine braune oder leberfarbene Nase von bernsteinfarbenen Augen begleitet sein.

HALS, OBERLINIE, KÖRPER: Hals ziemlich kräftig, frei von Kehlhaut. Brust nicht zu breit, aber sehr tief und geräumig. Rippen mäßig aufgewölbt, nie gerundet wie Fassreifen (was der gewünschten Geschwindigkeit entgegengesetzt wäre). Rücken kraftvoll und fest mit kräftiger Lende, die muskulös und leicht aufgewölbt sein muss. Rute am Ansatz kräftig, zur Rutenspitze sich allmählich verjüngend, ohne grob zu wirken. Weder zu hoch noch zu tief angesetzt, leicht nach oben gebogen getragen, dabei niemals geringelt oder zu fröhlich.

VORDERHAND: Schultern schräg eingesetzt, gut abgesetzt und muskulös, die Schnelligkeit anzeigend. Ellenbogen dicht am Körper liegend. Vorderläufe perfekt gerade, kräftig und starkknochig. Pfoten kompakt mit gut aufgeknöchelten Zehen, rund, fest, elastische Ballen, durch Haar zwischen Zehen und Ballen geschützt. Wolfskrallen dürfen entfernt sein.

HINTERHAND: Auch in der Hinterhand müssen die Muskeln schlank sein und sich deutlich abzeichnen. Sprunggelenke tief gestellt. Pfoten wie an den Vorderläufen.

HAARKLEID: Kurz und dicht, glatt und glänzend im Aussehen, nie aber wollig oder seidig.

FARBE: Hell Weizenfarben bis Rotweizenfarben. Wenig Weiß auf Brust und Zehen gestattet, aber ausgedehnte weiße Flecken hier, am Körper oder über den Zehen unerwünscht.

RIDGE: Das Rassenmerkmal ist der *Ridge* auf dem Rücken, der sich durch Haare bildet, die entgegengesetzt dem normalen Haarwuchs stehen. Der Ridge muss als charakteristisches Merkmal der Rasse gesehen werden. Er sollte klar abgegrenzt, symmetrisch sein und sich verjüngen. Er sollte direkt hinter den Schultern beginnen, bis zu den Hüfthöckern reichen, dabei zwei identische Kronen aufweisen, die einander direkt gegenüber liegen. Das untere Ende der Kronen sollte nicht tiefer ridge-abwärts reichen als ein Drittel der Gesamtlänge des Ridges. Disqualifikation: Völliges Fehlen eines Ridges. Schwere Fehler: Eine Krone oder mehr als zwei Kronen.

BEWEGUNGSABLAUF: Im Trab ist der Rücken eben, der Schritt raumgreifend, lang, frei und uneingeschränkt. Vortritt und Schub führen zur perfekten Balance von Kraft und Eleganz. Auf der Jagd demonstriert der Ridgeback bei hoher Ausdauer große Fähigkeit zum Coursing.

TEMPERAMENT: Würdig und ausgeglichen, Fremden gegenüber zurückhaltend.

PUNKTESKALA:

Allgemeine Erscheinung, Größe, Symmetrie und Ausgewogenheit	20
Ridge	20
Kopf	15
Läufe und Pfoten	15
Hals und Schultern	10
Körper, Rücken, Brust und Lende	10
Haarkleid und Farbe	5
Rute	5
Gesamt	**100**

Kapitel 4

ENTSCHEIDUNG FÜR EINEN RIDGEBACK

Wenn Sie bis hier gelesen haben sind Sie entweder bereits Hundebesitzer oder planen, sich einen Hund zu kaufen. Wie dem auch sei, die Entscheidung für einen Hund fordert immer langes und sorgfältiges Nachdenken unter Einbeziehung der gesamten Familie. Der Hundebesitz im täglichen Leben ist immer sehr verschieden vom Hundebesitz in der Theorie.

DIE VERANTWORTUNG

Hundebesitz fordert mehr Arbeit, auch mehr Bereitschaft, sich den Anforderungen des Hundes anzupassen, als wir im Allgemeinen erwarten. Da tritt zuweilen ein plötzliches Ereignis in der eigenen Arbeitswelt auf, mögliche gesellschaftliche, private Aktivitäten, die durch den Besitz eines Hundes in Frage gestellt sein können. Der frühe Sonntagmorgen-Spaziergang bei schlechtem Wetter macht nicht immer Freude, zumindest nicht über die ersten paar Minuten. Aber es gibt in der Notwendigkeit zu Spaziergängen keinen Kompromiss.

Hundebesitz ist kein Besitz im üblichen Sinn dieses Wortes - es ist eine Lebensgemeinschaft. Der Mensch gibt und nimmt. Am Ende erhält er viel mehr zurück als er hineinsteckt. Die loyale Hingabe, Freundschaft und Bereitschaft zum Dienen hat in der Entwicklung des Tierreiches die Hundefamilie einmalig werden lassen - hierin schließe ich auch den am wenigsten berechenbaren Bewohner - *homo sapiens* - mit ein.

Denken Sie sorgfältig darüber nach, ehe Sie die Verantwortung für den Besitz eines Ridgebacks übernehmen.

Foto: Tonje Torkelsen. Norwegen.

Als Anhänger großer Wanderungen in freier Natur ist der Ridgeback nicht unbedingt ein Hund für die Stadt.

Foto: Herr Bietz, Deutschland.

Die Grundentscheidung, einen Hund in die Familie aufzunehmen, muss auch die eigene Karriereplanung in Betracht ziehen, den Teil, den der Mensch selbst bestimmen kann, und auch den anderen, ausgelöst durch Beförderung. Nicht alle Länder unserer Welt sind so gastfreundlich wie jene, die in diesem Buch aufgeführt werden. Über meine berufliche Karriere musste ich mich entscheiden, dass einige Länder kurzerhand nicht in Frage kamen - *off-limits* waren - einfach aufgrund meines Interesses an Hunden und Hundehaltung. Dies wurde nicht immer verstanden, widersprach kooperativer Politik, die in vielen Fällen Ausdruck dafür ist, Flexibilität zu vermeiden oder wenig menschliche Gefühle zu haben!

RIDGEBACK-HALTUNG

Hier gibt es zahlreiche Gesichtspunkte, die jedermann, der einen Hund zu besitzen plant oder bereits einen jungen Ridgeback hat, genau überlegen sollte. Im Laufe dieses Kapitels erläutere ich jeden Punkt ausführlich.

Der Ridgeback ist ein natürlicher, recht mobiler Hund. Dies setzt voraus, dass sein Besitzer bereit ist, sich die notwendige Zeit zu nehmen - an jedem Tag und bei jedem Wetter - damit der Hund genügend Auslauf findet. Wenn Sie daraus schließen: »Dann ist er für die Stadt kein besonders geeigneter Hund« ist dies völlig korrekt. Es gibt natürlich immer Ausnahmen bei außergewöhnlichen Hundebesitzern, aber der Ridgeback ist seiner Natur nach Sohn oder Tochter der weiten Felder.

Der Ridgeback verfügt über zahlreiche Talente, ist besonders vielseitig. Dies bringt mit sich, dass er in der Regel nicht immer der absolute Spitzensieger in den Hundesportarten ist, die einen hohen Grad von Spezialisierung erfordern. *Lure-coursing* scheint eine interessante Ausnahme zu sein. Andererseits erfreut sich Ihr Hund an jeder Art von Aktivität, die Sie ihm bieten - umso mehr werden Sie zu einem festen Team, umso mehr wird der Hund jeden Tag seines Lebens genießen.

Die Konzentrationsfähigkeit eines Ridgebacks ist relativ kurz. Dies ist eine andere Art auszudrücken, dass die hohe Neugier eines Ridgebacks parallel zu einem gewissen Mangel an Geduld verläuft. Dies verlangt, dass jegliche Ausbildung in kurzen Intervallen erfolgt, die Erziehung eines Ridgebacks für ihn viel Freude bringen muss, auch dass Abwechslung in den Ausbildungszielen Vorteile bringt.

Vermeiden Sie Ausbildungsmethoden oder Wesenstests, die beispielsweise für die traditionellen Polizeihunde oder andere Gebrauchshunderassen entwickelt wurden. Das Verhalten des Ridgebacks unterscheidet sich deutlich von diesen Rassen, und am Ende steht im Normalfall zumindest ein frustrierter Ausbilder, ein enttäuschter Hundebesitzer - und im schlimmsten Fall - noch ein verwirrter und frustrierter Ridgeback.

Der Ridgeback ist ein natürlicher, ausgewogener Wachhund. Er bedarf hierfür keiner besonderen Ausbildung, insbesondere keiner Erziehung, die zum Wecken von aggressiven Neigungen führt. Diese entwickeln sich nicht von allein, könnten aber zu einem sehr anti-sozialen Verhalten führen.

Ridgebacks verhalten sich Kindern gegenüber gut und geduldig. Das verlangt, dass es in der Verantwortung des Halters steht, dafür Sorge zu tragen, dass die Kinder sich dem Hund gegenüber ebenso gut verhalten. Wenn man sich für eine Familie und Hundehaltung entscheidet, muss der Hund seine eigenen natürlichen Rechte haben.

Da der Ridgeback ein ganz natürlicher Hund ist, auch ein kräftiger und beweglicher, sollte man ihn niemals in Raufereien mit anderen Hunden geraten lassen. Ebenso wie bei uns Menschen kann es zu konfliktbeladenen Situationen kommen. Deshalb liegt es in der absoluten Verantwortung des Hundebesitzers, seinen Ridgeback so zu erziehen, dass er aufs Wort gehorcht, wenn er von anderen Hunden herausgefordert wird.

Auch im Ausstellungsring muss sich ein aufgeweckter, korrekter Ridgeback immer ordentlich benehmen. Zu häufig und in zu vielen Ländern habe ich Ridgebacks im Ausstellungsring als *trouble makers* beobachtet. Dies ist ganz einfach schlechtes Vorführen im Ausstellungsring, hat überhaupt nichts mit einem »aggressiven Wesen« zu tun. Die Zucht von Ridgebacks, in denen kein *Feuer lodert - no go left in -* die schlafend im Ausstellungsring umherstehen, wäre bestimmt nicht die richtige Antwort. Ganz im Gegenteil, das wäre das Letzte, wohin die Entwicklung unserer Rasse gehen dürfte. Die Forderung lautet, einen natürlichen, gesunden Ridgeback zu züchten, der sich mit einem geschickten Besitzer, welcher die richtigen Vorführtechniken beherrscht, im Ring als Team präsentiert. Zu den wunderbaren Eigenschaften des Ridgebacks gehört, dass es sich um eine gesunde Rasse handelt, die alles Potenzial besitzt, auch in höherem Alter ein akti-

Erfahrung in Hundehaltung ist erforderlich, um die Herausforderungen, die ein Ridgeback stellt, zu erfüllen. *Foto: Michael Bernkopf, Österreich.*

ver Familienhund zu sein. Sie sollten den Auslauf nicht wesentlich einschränken, wenn Ihr Ridgeback ein Veteran wird, vielmehr sollte man ihm genug Zeit für Spaziergänge widmen. Er bleibt verspielt und positiv eingestellt bis zum Ende seines Lebens, das, wenn wir über unsere hundlichen Freunde sprechen, schon recht unfair kurz ist.

Ob Regen, Wind oder Schnee - immer ist ein Ridgeback zum Spaziergang bereit.
Foto: Miachel Bernkopf, Österreich.

DIE RICHTIGE RASSE?

Die Entscheidung ist gefallen - Sie möchten einen Hund. Haben Sie schon Erfahrungen mit anderen Hunden, Sie selbst oder Ihr Lebenspartner? Wenn nein, sollten Sie nochmals überlegen, ob es ein Ridgeback sein soll. Es kann durchaus gut gehen, aber tatsächlich ist der Ridgeback für den Anfänger nicht besonders geeignet. Ein Ridgeback ist ein sehr großer und seinen Menschen fordernder Hund, ein recht natürliches Tier, das wenig Kompromisse erlaubt. Er ist kein *Golden Retriever Typ,* ein freundlicher Hund, der alles tut, um sich den kleinsten Wünschen seines Herrn anzupassen. Vielmehr verlangt der Ridgeback beachtliche Mengen körperlicher und geistiger Stimulanz. Verstehen Sie mich bitte nicht falsch! Ich weiß natürlich, dass der Golden Retriever - ja jede Hunderasse - Respekt und Stimulanz verlangen, aber sie brauchen dies in anderer Art. Selbst eine ziemlich große Rasse, beispielsweise ein Labrador oder ein Golden Retriever, ist im Alter von acht bis zehn Wochen noch ein weiches, kuscheliges Baby. Ein zwei Monate alter Ridgeback dagegen ist ein energiegeladenes Paket, das von Woche zu Woche mehr von seinem Besitzer fordert.

Dann muss noch die Frage gestellt werden, wo und wie Sie leben. Ideal für einen Ridgeback wäre ein Haus mit einem eingezäunten Garten. Dies bedeutet natürlich nicht, dass man dann lange Spaziergänge einsparen könnte, auch nicht die später erwünschte tägliche Fahrradtour. Der Garten macht die Jugendzeit des Ridgebacks für seinen Besitzer einfacher. Ein Leben mitten in der Stadt gemeinsam mit einem Ridgeback sollte man eigentlich nicht in Betracht ziehen. Gehen Ihre Überlegungen in diese Richtung, sollten Sie nochmals darüber nachdenken.

RÜDE ODER HÜNDIN?

Die Frage Rüde oder Hündin lässt sich leichter in einem ausführlichen - in aller Regel freundlichen - Gespräch klären. Es gibt keine Beweise, dass die Auswahl überhaupt stärker davon beeinflusst sein sollte, ob der Hund überwiegend rüdenhaft oder hündinnenhaft ist. Ein Vorurteil besteht, wonach eine Frau zu schwach wäre, um einen kräftigen Rüden zu führen. Was Hunde angeht nehmen wir aber an, dass die *Dame,* die einen Ridgeback zu kaufen beabsichtigt, auch in ständigem Kontakt mit ihrem Hund sein möchte, ihm Grunddisziplin beibringt. Ein Ridgeback ist natürlich niemals ein Hund, den man mit seinem sechsjährigen Kind zu einem Spaziergang losschickt. Außerdem sollte ein Ridgeback - wie jede andere normale und gesunde Rasse - richtig erzogen werden, im Interesse der Sicherheit von Menschen wie Tieren.

Der Ridgeback hat seine Wurzeln tief in der Natur, entsprechend gibt es bedeutende Unterschiede in der mentalen Haltung von Rüden und Hündinnen. Der Rüde ist ausgeglichener - wenn man dieses Wort überhaupt je im Zusammenhang mit einem Ridgeback verwenden darf. Er ist zuverlässig - ja. Aber ruhig in dem Sinn, dass er nie spielen möchten oder einen kleinen zusätzlichen Galopp unternehmen oder einigen Unfug anrichten - nein. Rüden können gegenüber anderen Rüden ziemlich laut werden. Trotzdem haben wir es nicht mit einer übermäßig aggressiven Rasse zu tun. Der Rüde ist als Wächter eindeutig stärker - verfügt über vorzügliche jagdliche Qualitäten. Aber im Grundsatz ist es immer die Hündin, die der herausragende Jäger ist und über vorzügliche Wachhundeigenschaften verfügt. Der Rüde geht wahrscheinlich mehr aus sich heraus, zeigt reine, unkomplizierte Hingabe. Die Hündin dagegen hat immer ein kleines zusätzliches Zwinkern in ihren Augen, zeigt häufig Bereitschaft für einen kleinen zusätzlichen Schabernack. Manchmal macht dies viel Freude, manchmal weniger!

DER FAKTOR ZUCHT

Zusätzlich zu allen Überlegungen hinsichtlich Unterschieden im Verhalten kommt eine einfache Frage, sind Sie an einer Zucht interessiert oder nicht. Dies ist eine ganz gewichtige Frage, die - wie Hundebesitz überhaupt und Wahl der richtigen Rasse - niemals leicht genommen werden darf. Wenn Ihre Antwort ein einfaches *Ja* ist, dann bedarf es sehr vieler zusätzlicher Zeit und Arbeit, um Ihre erste Ridgeback-Hündin sorgfältig auszuwählen.

Aber auch wenn Sie Ihren Hund nur als Familienhund haben möchten, seien Sie darauf vorbereitet, mehrere Züchter zu testen, ihnen wichtige Fragen über die Gesundheit ihrer Hunde zu stellen, die Züchter persönlich aufzusuchen und sich die Eltern ihres künftigen Welpen genau anzusehen.

Wenn Sie mit eigener Zucht beginnen möchten, ist es besonders wichtig, möglichst viel über den genetischen Hintergrund Ihres Hundes zu erfahren. Sind Sie beispielsweise entschlossen, mit Ihrer Hündin nicht zu züchten, könnten Sie durchaus einen hübschen Welpen aus einem Wurf

Wenn Sie mit Ihrem Ridgeback züchten möchten, müssen Sie viele wichtige Kriterien berücksichtigen.

kaufen, in dem auch Welpen ohne *Ridge* geboren sind, von denen - im Durchschnitt - nur ein Viertel des Wurfes den dominanten Faktor für diesen Rückenkamm tragen. Die statistische Wahrscheinlichkeit, dass dabei Ihr Welpe doppelt wahrscheinlich heterozygot für einen *Ridge* ist als homozygot, spielt für Sie dann überhaupt keine Rolle. Die Wesenseigenschaften, die körperlichen Aspekte - sie alle sind die gleichen, und Sie können eine lange und glückliche Verbindung mit diesem Hund eingehen.

Wenn Sie aber zu züchten planen, lesen Sie den Abschnitt über die Genetik des *Ridge* mehrfach, wählen Sie sich nur eine Hündin aus Eltern, die bereits in verschiedenen Verbindungen getestet sind. Zusätzlich sollten Sie auch verlässliche Daten über Würfe von allen Großeltern erforschen. Dies ist in den meisten besser entwickelten *Ridgeback-Ländern* ziemlich gut möglich. Aber manchmal - zweifelsohne - ist man hier auf Vermutungen angewiesen. Aber unabhängig davon müssen Sie alle diese Fragen stellen.

Nebenbei gesagt, obiger Rat gilt genauso für alle Käufer von Rüden. Nur wenn Sie wissen, wie wahrscheinlich es ist, dass Ihr Liebhaberhund niemals als Deckrüde eingesetzt wird, sollten Sie sich über die erblichen Qualitäten des *Ridge* nicht zu viele Gedanken machen. Sie könnten dann sogar bereit sein, einem Welpen ohne *Ridge* ein gutes Zuhause zu bieten.

Es könnte sich aber einmal herausstellen, dass Sie genauso wie jener Liebhaber, der niemals züchten und genauso wenig ausstellen wollte, herausfinden, dass Sie doch stärker an diesen Hunden und hundlichen Wettbewerben interessiert sind. Das Gleiche könnte für Ihre Tochter oder für Ihren Sohn gelten. Was dann, wenn Sie einen Welpen ohne *Ridge* gekauft haben?

Ich wage hier etwas vorlaut zu sein und empfehle, dass wenn das Wesen gut ist, der Züchter ihren qualitativen Anforderungen entspricht, geben Sie grünes Licht. Sie haben damit ein junges Leben gerettet, werden viel Freude an diesem Hund haben - das Gleiche gilt für Ihre Tochter oder Ihren Sohn. Ihr *Ridgeback minus Ridge* wird Lure-coursing, Agiltiy, Fährtenarbeit, Flyball - oder was immer - genauso lieben. Hinzu kommen interessante Erfahrungen, die Sie und Ihre Familie gewinnen - sei dies beispielsweise in Form von Unterordnungsarbeit oder Prüfungsergebnissen - manchmal einfach interessante Erlebnisse, die Ihnen wertvolle Informationen über unsere Rasse und ihre charakterlichen Eigenschaften vermitteln. Ein Ridgeback *ohne Ridge* ist nichts anderes, als ein Rassehund, dem eben dieser Ridge, aber nichts anderes fehlt.

KAUF EINES AUSSTELLUNGSHUNDES

Es tut mir leid, wenn ich Sie hier enttäusche, aber so etwas wie *Kauf eines Ausstellungshundes* gibt es nicht. Alles was Sie tun können ist sicher zu gehen, dass keine äußeren Fehler vorliegen, beispielsweise falsche Farbe, fehlender *Ridge,* zu kurzer *Ridge* oder *asymmetrischer Ridge.* Was dann noch notwendig ist, sind einfach Geschick, Energie und Glück, um die Wahrscheinlichkeit des Ausstellungspotenzials bei Ihrem Junghund zu optimieren.

Sicherlich ist die Annahme richtig, dass Sie in erster Linie die Freude und den Stolz haben möchten, Ihren Hund selbst groß zu ziehen. Aus diesem Grund ignoriert dieses Kapitel vorsätzlich die Möglichkeiten, so viel zu bezahlen, um einen nachgewiesen erfolgreichen erwachsenen Ausstellungshund zu kaufen. Wenn Sie das tun möchten, kaufen Sie einen Hund, der aufgrund tragischer Umstände zum Verkauf steht oder einen Zwingerhund, der von seinem Besitzer nicht genug geliebt und richtig aufgezogen wurde. Ich persönlich habe wenig - wenn überhaupt - Sympathien für die Praxis, Hunde groß zu ziehen und auszustellen, um dabei einen Champion zu gewinnen und diesen danach für eine ganze Menge Geld zu verkaufen. Jeder Ridgeback, der loyal genug war, gemeinsam mit seinem Herrn das Championat zu erringen, verdient ein Leben in engster Verbindung und als Freund seines Herrn noch lange nach dem Ausstellungsgeschehen.

Erlauben Sie Ihrem Herzen nie, gegen den Verstand zu regieren, wenn Sie sich Ridgeback-Junghunde ansehen. *Foto: Katja Vogelsinger, Österreich.*

AUSSTELLUNGSPOTENZIAL

Erfolgreich auf Ausstellungen zu sein verlangt eine Kombination von Glück, viel Energie und Geschicklichkeit. Lesen Sie alles, was Ihnen über den Ridgeback zugängig ist, dadurch können Sie bei versprechenden Jungtieren auf die wichtigen Merkmale achten. Besuchen Sie Ausstellungen, lernen Sie, welche Blutlinien über dem Durchschnitt liegende Ausstellungstiere brachten. Einige *Showstars* scheinen nahezu vom Himmel gefallen zu sein, es besteht aber eine beträchtlich höhere Chance, dass Welpen aus Spitzeneltern und Großeltern sich gut entwickeln. Ausstellungserfolge der Eltern geben zwar keine Garantie, sind aber immer ein guter Anfang.

Einige Ausstellungsgewinner siegen, weil sie besonders gut ausbalanciert sind. Es gibt aber auch andere, die in bestimmten Merkmalen Extreme bieten und damit kompensieren, dass sie beispielsweise direkt an der Größengrenze liegen, zu groß, zu klein, zu schwer oder zu leicht sind. Manchmal sind diese herausragenden Vorzüge so positiv, dass sie gewisse Fehler überragen und kompensieren. In Ländern, wo Richterberichte bei Hundeausstellungen schriftlich vorliegen, wird die Arbeit wesentlich einfacher. Tritt da ein bestimmter Fehler laufend in den Kritiken auf, bedeutet dies ein Warnsignal. Diese einzigartige *specialness - Spitzenqualität* - die zum Ausstellungssieger geführt hat, ist möglicherweise nicht erblich, während die leichten Fehler erblich sind. Achten Sie immer auf Elterntiere, die sehr ausgewogen sind, meiden Sie Extreme!

Einige wenige Worte über *Typ.* Wenn man Ihnen Geschichten auftischt wie »dies ist der afrikanische Typ«, das ist der »wahre alte Typ«, dies ist der »moderne Ausstellungstyp«, ist es höchst wahrscheinlich, dass Sie jetzt gerade einem Hundeverkäufer begegnet sind, mit dem Sie eigentlich keine Geschäfte machen sollten. Es gibt keine *alten* oder *neuen* Typen von Ridgebacks - schlichtweg nur Einzeltiere, die dem Standard entsprechen und andere Einzeltiere, bei denen dies in geringerem Umfang der Fall ist. Schon der reine Gedanke, wir könnten Abweichungen akzeptieren, möglicherweise sogar den Standard mit etwas mehr *Fantasie* lesen - muss völlig unakzeptabel bleiben - nicht zu erwähnen gar der Gedanke, dass man den Standard ändern würde, um Merkmalen zu entsprechen, die aufgetreten sind und sich gegen den Originalstandard richten.

WELPENAUSWAHL

Sie haben möglichst viel über die Rasse gelernt, den richtigen Züchter ausgesucht, ihr Wurf ist geboren und Sie sehen sich nun die Welpen an.

Entscheiden Sie nie alleine nach Ihrem Herzen. Es gibt viele Dinge, die man beim Welpen nicht zu sehen vermag. Ich gehe davon aus, dass Sie sich die Welpen etwa ab einem Alter von zwei bis drei Wochen ansehen dürfen, über die ganze Zeit bis sie acht bis zehn Wochen alt sind - und dass Sie Ihre Entscheidung über die Tage vor der Abholung immer noch korrigieren dürfen. Dann gibt es eine ganze Menge, was Sie über einen Welpen zu sehen und sogar zu fühlen vermögen. Lassen Sie sich nie von der Vermutung täuschen, dass ein *Ridge,* dem zwei symmetrische Kronen fehlen, oder einer, der sehr viel schmäler ist als der seiner Brüder oder Schwestern, oder zu kurz im Verhältnis zur Körperlänge ist, sich noch verbessern werde. Er wird sich nie zum Besseren verändern.

Ein auffälliger Mangel von Symmetrie zwischen Oberkopf und Fang bedeutet ein Warnsignal. Das Gleiche gilt für jeden breiten Oberkopf im Welpenalter, insbesondere in Verbindung mit einem kurzen Fang. Dies alles könnte sich zu einem recht groben Kopf auswachsen.

Kleine Pfötchen und dünne Knochen im Alter von drei bis vier Wochen signalisieren bereits die Möglichkeit, dass es sich dabei um einen kleinen, möglicherweise schwachknochigen Einzelhund handelt. Ein Welpe muss immer Pfoten haben, in die er noch hineinwächst - oder sollte ich sagen - Pfoten, auf denen er weiter wächst?

Tasten Sie mit Ihren Fingern vorsichtig quer zur Front des Welpen. Treffen Sie in diesem Alter nicht auf einen kleinen »Knopf«, wird der Hund nie eine kräftige Front besitzen. Glauben Sie nicht an die Theorie, »der Brustknochen werde sich noch entwickeln«. Viel wahrscheinlicher werden Sie später recht enttäuscht sein.

Farben sind sowohl einfach wie schwierig. Zeigt sich zu viel Weiß, wird dies nicht verschwinden. Zu viel einfarbig Schwarz außerhalb der Fangpartie und Ohren sollte man meiden; aber hierbei handelt es sich um eine Erscheinung, bei der sich - manchmal - Änderungen ergeben. Schwarz mit silbernen Schatten sollte man meiden, hieraus könnte sich ein Fell in Weimaranerfarben ergeben.

Der *Dermoid sinus* (siehe S. 117) im Wurf ist ein umstrittenes Thema. Bisher wissen wir nicht mit Sicherheit, ob es hier keine erblichen Elemente gibt. Ich jedenfalls würde vor der Wahl eines Hundes aus solch einem Wurf warnen - ganz besonders, wenn Hunde Ausstellungspotenzial zeigen, ebenso natürlich auch als potenzielle Zuchthunde.

Kapitel 5

HALTUNG, ERZIEHUNG, FÜTTERUNG UND PFLEGE

Sie haben Ihren Welpen ausgewählt und ihn nach Hause gebracht. Guter Kontakt zu Menschen wie auch schlechte Gewohnheiten bilden sich während der ersten Tage, die der Welpe im neuen Zuhause verbringt geradezu dramatisch. Mein Rat an jedermann, der erstmals einen Hund kauft, seien Sie notfalls bereit, lange, schlaflose Nächte durchzustehen und bleiben Sie hart, selbst wenn Ihr Herz zu brechen droht.

ANKUNFT ZU HAUSE

Die Frage verbotener Territorien (»no go«) in der Wohnung muss gelöst werden. Hierfür sind das eigene Schlafzimmer und der Computerraum gute Beispiele. Erlauben Sie keinesfalls dem Welpen den Zutritt, wenn er doch einmal hereinkommt, geben Sie ein klares Kommando eigener Wahl, führen Sie ihn wieder nach draußen, freundlich aber entschlossen. Am besten suchen Sie nach irgendetwas, womit Sie den Welpen interessieren und ablenken können. Das ist überhaupt nicht schwierig - alles im neuen Haus ist ja aufregend.

Dabei gibt es keine Strafen - weil der Welpe auch nichts Falsches getan hat. Falsch - bei der Aufzucht von Hunden - ist es nur dann, wenn der Hund eine klare Regel missachtet, von der Sie sicher sind, dass er sie wirklich kennt. Im jetzigen Stadium kann der neue Welpe überhaupt noch keine Regeln kennen.

Achten Sie darauf, dass die ganze Familie die gleiche Sprache spricht, beispielsweise bei einem Kommando wie *verboten - not here* - und zwar mit gleichem Nachdruck, sowohl in Körpersprache wie Tonfall. Gemischte Signale werden den Welpen immer verwirren - und wenige Monate später wird der Welpe gelernt haben, solche Verwirrungen geschickt zu seinen Gunsten zu nutzen.

Die ersten Nächte könnten für Sie kurz werden. Der Welpe hat seine Mutter, seine Geschwister und auch die Familie des Züchters verloren. Er möchte getröstet werden, wahrscheinlich wird er deshalb wimmern. Dies ist der Zeitpunkt, da Sie Entschlossenheit und einen eisernen Willen brauchen. Der uralte Trick, einen schreienden Welpen zu trösten, wäre, einen altmodischen Wecker dicht beim Welpenlager oder in ein Tuch eingehüllt im Welpenlager unterzubringen. Ein zweiter Trick wäre, in der ersten Nacht einige Bequemlichkeit zu opfern und auf dem Boden auf einer Matratze neben dem Hundelager zu schlafen. Ich habe schon Geschichten gehört, dass die Hundebesitzer am Morgen auf dem Boden aufwachten, während der Welpe in ihrem Bett schlief.

Eiserner Wille ist die beste Lösung! Aber zusätzlich zu dieser unbeugbaren Entschlossenheit hilft, wenn Sie vom Züchter bereits das Welpenlager, die Einlage und einiges von dem Spielzeug des Welpen kaufen können. Achten Sie darauf, dass Sie den Welpen unter Aufsicht durchs ganze

Wahrscheinlich wird Ihr Welpe sich die ersten Tage recht verlassen vorkommen.

Haus führen, damit er sich sein eigenes Bild seiner neuen und groß gewordenen Welt bildet. Je früher der Welpe umherzuschnüffeln wagt, umso aufgeschlossener wird er sein. Auf diese Art lernt er auch sehr viel schneller die *no-go areas*. Aus diesem Grunde sollten Sie darauf achten, dass bei solchen Rundgängen immer ein Familienmitglied den Welpen begleitet.

KOMMUNIKATION

Inzwischen hat der Welpe sein neues Zuhause kennen gelernt. Und früher als Sie dachten wird er sich beruhigen und erkennen, dass dies alles nun sein Eigen ist. Dies ist der richtige Zeitpunkt, um eine Kommunikation aufzubauen. Um die moderne Geschäftsterminologie zu gebrauchen, es handelt sich hierbei um *totale Kommunikation*. Alles überträgt diese Kommunikation: Ihre Stimme, die Art, wie Sie Kommandos aussprechen, Ihre Körpersprache, die Langsamkeit oder Schnelligkeit Ihrer Bewegungen. Das Einzige was zählt - was lernt der Welpe dabei in seinem kleinen Kopf?

Sie haben sich einen Ridgeback ausgewählt, was bedeutet, dass Sie einen Hund besitzen, der sich nicht leicht an Kommandos und militärischen Ton gewöhnt. Dieser Hund wird dadurch entweder Furcht vor Ihnen entwickeln, das Allerschlimmste, was einem am Anfang passieren kann, oder er beginnt den Respekt vor Ihrer Führerschaft zu verlieren. Mit anderen Worten, er befolgt Ihre Wünsche nur, wenn Sie in unmittelbarer Nähe sind und wird - mit der Zeit - auf Ihre Kommandos *taub sein*. Ihr Ridgeback muss Ihre Regeln erlernen, Sie als Führer respektieren. Aus diesem Grunde müssen Sie Ihre eigene, immer angewandte Sprache entwickeln.

In den ersten sieben bis zwölf Monaten müssen Sie lernen, mit Ihrem Hausgenossen zu leben, der Hund muss zum festen Bestandteil Ihres Alltaglebens werden. Dies ist noch nicht der Zeitraum, um sich mit dem Lehren von fortgeschrittenen hundlichen Aufgaben zu befassen.

Die Konzentrationsfähigkeit eines Ridgebacks ist hoch, aber immer nur kurz. Wenn Sie Ihren

Es ist Ihre Aufgabe, Ihren Welpen mit der weiten Welt vertraut zu machen.
Foto: Liliane Volont, Belgien.

Hund erziehen - nahezu spielerisch - denken Sie daran, dass Abwechslung und Wiederholung gleich wichtige Elemente darstellen. Wählen Sie immer kurze Erziehungszeiten, gestalten Sie diese erfreulich, arbeiten Sie dann auf ein anderes Ziel hin und immer wieder Spaß dazwischen. Lehren Sie eine dritte Aufgabe, danach noch mehr Spaß - und erst dann kehren Sie wieder zum ersten Trainingsthema zurück. Sie müssen sich auch darum bemühen selbst zu lernen, wie Ihr Hund reagiert. Nicht nur Rassen sind unterschiedlich voneinander, auch bei einzelnen Tieren innerhalb der gleichen Rasse können beachtliche Unterschiede auftreten.

FÜHRER, NICHT DIKTATOR

Ein Hund braucht und verdient Stabilität. Hierzu gehört das Wissen, wem er vertrauen kann, wem er folgen muss - dem Führer. Es ist zu Ihrem eigenen Vorteil und dem Ihrer Familie, dass der Welpe möglichst bald seine Stellung in der Familie akzeptiert. Bei sehr kleinen Kindern bedarf dies einer genauen Planung. Dabei sollten Sie davon ausgehen, dass das Krabbelkind und der Ridgeback-Welpe mehr oder weniger auf gleicher Entwicklungsstufe stehen. Niemals dürfen Sie je einen Ridgeback gewaltsam lenken - Voraussetzung ist immer, dass man gleichzeitig Kinder wie Hund erziehen muss. Der Hund hat ebenfalls seine Grundrechte - und es gibt sehr viel mehr Fälle, in denen Kinder nicht richtig gelenkt und für den Hund zur Last werden als umgekehrt.

Die beste Methode, die eigene Stellung als Rudelführer abzusichern, besteht darin, dass man der Problemlöser ist, der nette Bursche, ohne den der Junghund viele Dinge als schwierig, möglicherweise sogar unmöglich empfinden würde. So verdienen Sie sich die Führerschaft, anstatt zu versuchen, sie durch Kommandos zu erreichen. Später sollten Sie nach und nach den Hund dahin lenken, dass er seine eigenen Probleme löst, auch wenn er versuchen muss, selbst den schmackhaften Knochen aus dem Tuch herauszuholen oder die Leine zu lösen, die sich um einen Laternenpfahl gewickelt hat. Immer - und ich meine wirklich immer - muss der Junghund tüchtig gelobt werden, wenn er ein Problem gelöst hat, und Sie müssen sicherstellen, dass sich der Welpe dessen später erinnert. Führerschaft bedeutet, dass der Hund Ihnen gerne gehorcht, nicht dass er aus Furcht Ihnen zu folgen hat.

STUBENREINHEIT

Von einem Züchter, der seine Welpen im Alter von acht Wochen in ein neues Zuhause abgibt, kann man nicht erwarten, dass diese Welpen schon voll stubenrein erzogen sind. Acht bis neun Wochen ist in der Entwicklung der Welpen zu früh. Allerdings kann der Züchter eine ganze Menge tun, um diesen Prozess richtig einzuleiten.

Hunde sind saubere Tiere, aber Babys sind Babys, Welpen sind Welpen - und die Natur hat entschieden, dass alle Dinge ihre eigene Zeit brauchen. Sobald die Kleinen beginnen, in der Welpenbox umherzulaufen, einen gewissen Grad an Selbstständigkeit entwickelt haben, wohin sie sich bewegen, sollten Sie ihnen eine bestimmte Ecke für »den Ruf der Natur« zuweisen. Eine uralte, bewährte Lösung ist, bereits Wochen vor der Geburt des Wurfes genügend alte Zeitungen zu sammeln. Diese Zeitungen werden zum Löseplatz im Welpenbereich. Man kann sie leicht entfernen und ersetzen, ebenso leicht entsorgen. Erstaunlich schnell werden die Welpen beginnen, sich zu diesem Lösebereich zu bewegen. Naturgemäß wird es immer wieder einmal zu einem Irrtum kommen. Die Regel lautet, je häufiger diese Stelle in der Wurfkiste gesäubert, die Zeitungen ausgetauscht werden, umso schneller begreifen die Welpen was Sauberkeit bedeutet, umso stärker wird ihr Drang, von der Wärme der Mutter sich in den Toilettenbereich zu bewegen.

Sind die Welpen erst einmal groß genug, um selbst ins Freie zu gelangen, sollte man den alten Trick nutzen, einige Zeitungen direkt außerhalb des Hauses oder Zwingers auf Sand oder Gras zu platzieren. Auf diese Art verbindet der Welpe schnell das Hinausgehen und das Finden seines Toilettenbereichs. Andernfalls werden sie alle voller Freude hinausrennen, spielen und umhertoben, plötzlich wieder hineinlaufen und als gehorsame kleine Hunde das Papier in der Wurfkiste benutzen.

In seinem neuen Zuhause muss der schnell heranwachsende Junghund häufig nach draußen gebracht werden. Um Ihrer selbst willen sollten Sie von Anfang an den Welpen immer nach draußen bringen, sobald er gefressen oder getrunken hat - auch zu jedem Zeitpunkt, wenn er eine gewisse Ruhelosigkeit zeigt. Das Ganze muss im Alter von vier bis sechs Monaten beendet sein. Näheres hierzu unter Ernährung. Schnelligkeit ist das Allerwichtigste und jeder möchte sicherlich bei seinem Junghund eine so hohe Trefferrate wie möglich erzielen.

Etwas später erweist es sich als nützlich, dem Junghund beim Hinausgehen eine Leine anzulegen, damit er sich daran gewöhnt, sich auch bei Spaziergängen zu lösen. Wenn Junghunde daran gewöhnt wurden, frei zu ihrem Toilettenplatz zu laufen, wird es für sie über ihr ganzes Leben schwierig sein, sich beim Spaziergang an der Leine zu lösen. Bald muss diese Übung auf Gras oder sandige Bereiche außerhalb des eigenen Gartens erweitert werden, dadurch lernen die Jungtiere sich außerhalb des eigenen Geländes zu lösen.

Auch wenn ein Hund bereits zum Halbstarken herangewachsen ist, kann es noch immer zu Fehlern kommen. Nie dürfen Sie in der altmodischen Art daran denken, den Hund zu strafen, wenn ihm ein »kleiner« Fehler unterläuft. Viel zu häufig hören wir Drohungen wie »wenn du das noch einmal tust, werde ich dir die Nase hineintunken!« Alles, was Sie dabei erreichen, ist für den Hund eine sehr unerfreuliche Situation, denn er kann seinen vor kurzem unterlaufenen Fehler, sich im Haus zu lösen, nicht mit der späteren Strafe verbinden. Nie darf der Hundebesitzer seinen Hund einem so unwürdigen Verhalten aussetzen.

Andererseits - sollte der Junghund plötzlich die Gewohnheit entwickeln gegen irgendetwas zu protestieren, in dem er im Haus uriniert, dann - und nur dann - kann man ihn, wenn man ihn auf frischer Tat ertappt, in seinem Verhalten korrigieren, freundlich, aber bestimmt. Wichtig dabei ist zu verstehen zu versuchen, was dieses Verhalten überhaupt ausgelöst hat. Mangelnde Aufmerksamkeit? Fehlender Kontakt und Betreuung? Sollte die Ursache ein aufschreckendes Geräusch oder ein anderes unangenehmes Ereignis sein, beispielsweise ein Gewitter, darf der Hund nie bestraft werden. Stattdessen sollte man, wenn die Ursache innerhalb der Reichweite liegt, den Hund anleinen, darauf achten, dass man optimalen Kontakt zu ihm hat und ihn dann so nahe wie möglich an die Quelle seiner Beunruhigung heranführen. Selbst bei Gewittern fühlt sich der Hund normalerweise in Ordnung, wenn er die Quelle oder Ursache seiner Beunruhigung sieht, Donner und Blitz erlebt, ohne die Beschränkungen innerhalb des Hauses, vielmehr in unmittelbarer Nähe zu seinem Herrn.

ALLEIN BLEIBEN

Ich setze voraus, dass Sie nie die Absicht hatten, Ihren Hund über ganze Tage alleine zu Hause zu lassen, während Sie oder Ihre Familie zur Arbeit oder zur Schule gehen. Ein solches Verhalten wäre von dem, was man unter guter Hundehaltung versteht, weit entfernt. Auf der anderen Seite muss man wissen, dass man für kurze Zeit seinen Hund auch alleine lassen kann, ohne Sorge zu haben, dass die Gesundheit des Hundes oder der eigene Haushalt Schaden nimmt. Die Erziehung hierzu beginnt im engen Umfeld des Welpen. Lassen Sie den Hund über kurze Perioden alleine bleiben, kehren Sie dann zu ihm zurück. Loben Sie den Hund bei der Rückkehr, aber übertreiben Sie dabei nicht. Sie sollten den Hund auch nicht lehren, dass Sie bei jeder Rückkehr irgendeinen Leckerbissen mitbringen. Dies würde den Hund veranlassen, ungern lange zu warten, und der Hund käme zu den schöpferischsten Ideen, um sich die Zeit zu vertreiben, wobei das klassische Ankauen von Schuhen nur eine von etwa einer Million Möglichkeiten ist.

DAS AUTO ALS ZWEITES ZUHAUSE

Sie sollten schon sehr früh mit der Gewöhnung des Hundes an das Auto fahren beginnen. Es ist immer gut zu wissen, dass Sie Ihren Familienhund nicht nur auf Reisen mitnehmen können, sondern dass auch kein Grund zur Besorgnis besteht, dass er plötzlich an der Tankstelle herausspringt oder in einem Einkaufscenter selbst Einkäufe tätigen möchte. Hinsichtlich des »zweiten Zuhauses im Auto« gibt es zwei Grundregeln. Die eine ist recht einfach - der Hund muss frei von Furcht sein, sich entspannen. Die zweite ist die Erziehung, dass der Welpe allein gelassen, geduldig warten muss. Hier gelten genau die gleichen Regeln wie beim alleine bleiben im Haus. In einigen Ländern ist es nahezu üblich geworden, Hunde in verhältnismäßig kleinen Käfigen zu halten, die problemlos in den Gepäckraum des Kombis oder in ein Hotelzimmer passen, beispielsweise für Reisen zu Hundeausstellungen. Glücklicherweise wird in anderen Ländern übertriebener Einsatz von Käfigen als schlechte Behandlung des Hundes gesehen. So ist es für jeden guten Hundebesitzer eigentlich eine Ehrensache, dass seine Beziehung zu seinem Hund es nicht notwendig macht, dass dieser in kleine Räume wie einen Käfig eingesperrt werden muss, wenn sein Besitzer einmal weg ist.

MENTALE STIMULATION

Als vielseitige Rasse braucht der Ridgeback sehr viel Stimulation und Abwechslung. Erfinden Sie Ihre eigenen Spiele, bei denen der Hund auf spielerische Art kleine Probleme lösen muss. Variables Training, das wir schon besprochen haben, ist natürlich ein wichtiger Teil dieser mentalen Stimulation. Interessante Spiele wie Versteckspiel, *Scent Discrimination* - Unterscheidung einzelner Gerüche - oder Ball spielen sind ebenso wichtig.

Der heranwachsende Junghund fordert kurze Erziehungsperioden, von Spaß und Spiel unterbrochen.

Foto mit freundlicher Erlaubnis von Susan Clayborough, Norwegen.

Das Zusammentreffen mit anderen Hunden bietet ein wichtiges Training, ist eine zusätzliche Methode, den eigenen Hund zu stimulieren. Schon frühzeitig muss der Hund lernen, sich in Gesellschaft anderer Hunde zu benehmen. Dabei wird der junge Hund immer von den älteren Hunden die *Hundesprache* lernen. Das ist für ein normales Hundeleben von grundsätzlicher Bedeutung. Gleichzeitig sollte der Hund auch mit Menschen vertraut gemacht werden. Aber nicht jedes menschliche Wesen ist über Ihr neues Familienmitglied genauso begeistert wie Sie, und auch das muss der Hund verstehen. Richtiges Verhalten gegenüber solchen *normalen Personen* ist ein weiteres Muss - insbesondere in unserer Gesellschaft, die Hundebesitzer nicht immer als normal ansieht! Nach und nach muss der Hund lernen, mit dem Alltagsleben in den Straßen zurechtzukommen. Dies ist ein breites Umfeld, das der Hund eines Tages zu meistern hat.

Achten Sie darauf, dass Sie ganz in der Nähe sind, wenn Ihr Junghund erstmals ihm nicht bekannte Kinder trifft. Dies ist keine Gelegenheit für raues Spiel mit den Kindern. Sie dürfen nie zulassen, dass sich ein Kind dem Hund gegenüber schlecht benimmt, insbesondere gegenüber einem Welpen. Gleichzeitig sind Sie aber dafür verantwortlich, dass Ihr verspielter Junghund nicht einen Handschuh des Kindes stiehlt oder das Kind ableckt, so dass es erschrickt.

HALSBAND UND LEINE

Die erste Lektion für den Welpen ist sich an ein Halsband zu gewöhnen. Man sollte dies im Frühstadium nicht mit Gehen an der Leine kombinieren, vielmehr muss sich der Welpe einfach an das Halsband gewöhnen. Logischerweise folgen als Nächstes die ersten Versuche mit der Leine. Bei den ersten Spaziergängen darf man den Welpen niemals zwingen, hübsch neben dem Besitzer zu gehen. Der Welpe muss sich ja zunächst an die Leine gewöhnen. Wenn - besser wann immer - der Welpe stark zieht, sollten Sie eindeutige Signale geben, beispielsweise einen deutlichen, aber harmlosen Ruck. Ziehen Sie den Welpen nicht an Ihre Seite zurück, denn ein solches Verhalten könnte er nicht verstehen. Für den künftigenAussteller habe ich noch einen zusätzlichen Rat. Lehren Sie den Welpen angeleint nachzufolgen, sowohl laufend, wenn der Mensch selbst läuft, wie gehend, wenn der Mensch geht. Gebrauchen Sie, wenn Sie Laufen meinen, ein bestimmtes Kommando und wieder ein anderes, wenn er in langsamen Trab zurückfallen soll. Unter Laufen verstehen wir einen schnellen Trab. Der Gedanke hinter dieser ganzen Übung, die für den Hund rein als Spielen gesehen werden muss - ist den Hund daran zu hindern, in Galopp zu verfallen, während sein Besitzer läuft.

SITZEN LERNEN

Angeleint lehrt man den Welpen das Sitzen. Mit der linken Hand wird der Hund nach unten gedrückt - rein hierzu hat man die Leine von der linken in die rechte Hand übertragen, der Welpe sitzt dabei immer auf der linken Seite. Heben Sie den Hundekopf vorsichtig durch die Leine an, gleichzeitig wird der Rumpf nach unten gedrückt, begleitet von dem Kommando *Sitz*. Sind Sie ein leidenschaftlicher Ausstellungsfan, könnten Sie möglicherweise Ihre eigene Sprache wählen und ein anderes Kommando einsetzen. Auf Ausstellungen könnte es passieren, dass Wettbewerber Ihren Hund im Ring durch dieses Kommando stören. Nie darf man den Welpen gewaltsam am Boden halten. Auch beim Loben achte man darauf, dass der Hund in der Position Sitz verharrt. Andernfalls verbindet er das Lob mehr mit Aufstehen als mit dem sich Hinsetzen.

HERANKOMMEN AUF KOMMANDO

Der Ridgeback ist ein Jagdhund. Selbst wenn der ausgewachsene Hund diese Aufgaben nicht mehr wahrnimmt und Tieren in Wäldern oder auf dem Feld nachjagt, müssen Sie unbedingt sicherstellen, dass er auf Kommando *immer* zu Ihnen kommt. Von allen Kommandos ist dies der *echte Lebensretter*. Lehren Sie Ihren Welpen, von seinen Ausflügen in freiem Feld, im Garten

Am besten beginnt man mit dem Ausstellungstraining im Freien. Das Allerwichtigste ist, dass der Hund selbst Freude daran hat - völlig unabhängig von den Erfolgen in diesem Stadium.

Foto: T. Laurencikova, Slowakei.

oder Hinterhof oder einem anderen eingezäunten Bereich direkt zu Ihnen zu kommen. Verwenden Sie dabei jedes Mal das gleiche Kommando, bewegen Sie sich beim »Kommando geben« etwas rückwärts, achten Sie darauf, dass der Welpe beim Kommen tüchtig gelobt wird. Wichtig ist auch, dass Sie nie akzeptieren, dass der Hund nur in Ihre Nähe kommt. Immer muss der Welpe so nahe herankommen, dass Sie sein Halsband berühren können.

ERSTES AUSSTELLUNGSTRAINING

Wenn Ihr Welpe die erste Zeit mit Ihnen im Haus verbracht hat, kommt nun der Augenblick, dass man den kleinen Ridgeback auf kurze Erziehungsspaziergänge in den Garten bringt. Versuchen Sie in diesem Stadium nicht, dem Welpen irgendwelche exakte Ausstellungsposen beizubringen. Das Beste, was ein Welpe in diesem Alter erlernen kann, ist freundlichen Kommandos zu folgen, anderen Leuten nach und nach sich anzunähern erlauben, mit ihm zu spielen und ihn auch leicht zu berühren. Mit dem *Zähne zeigen* kann man schon früh im Spiel beginnen, solange es ausschließlich Spaß und Spiel bleibt.

Ist der Welpe dann vier bis fünf Monate alt, können Sie wiederum im Spiel damit beginnen auszuprobieren, ob der Hund für wenige Augenblicke still steht, angeleint, auf richtiges Kommando. Wenn ich sage »einige Augenblicke« meine ich auch, dass es nicht länger sein soll. Das Ziel ist, für künftige Ausstellungen sich langsam auf ein »Einzelkommandosystem« zuzubewegen. Kommen Sie nicht auf die Idee, in diesem Frühstadium Läufe und Körperhaltung zu manipulieren. Sicherlich - Ihr Welpe würde sich daran gewöhnen. Er braucht solche Hilfen dann aber auch immer, wenn er als Junghund auf den ersten Ausstellungen antritt. Im Idealfall stoppt der Hund und stellt sich auf ein spezielles Kommando, das über die Leine gegeben wird, in Pose. Beginnen Sie nicht mit dem Erziehen für bestimmte Ausstellungspositionen, ehe die ersten Ausstellungen vorüber sind. Das Allerwichtigste ist, nie eine *Ausstellungsmaschine* zu haben, sondern dass der Hund den Besuch von Ausstellungen wirklich liebt. Und dazwischen kann man - wie schon erwähnt - das *Laufen* spielend üben - also Trab - und sich im Spiel im Schritt bewegen.

Wenn man deshalb seinen Junghund einfach spaßeshalber zu Welpenwettbewerben mitnimmt, hat dies das einzige Ziel, ihm beizubringen, dass er dabei in eine wirklich angenehme Umgebung kommt. Der Welpe lernt, dass wenn Sie mit ihm auf Ausstellungen gehen, Sie guter Stimmung sind, der Welpe zusätzliche Aufmerksamkeit findet und neue Freunde trifft. Erst danach - keinesfalls vorher - können Sie darüber nachdenken, kleine Einzelheiten anzupassen, beispielsweise wie der Hund seine Vorder- oder Hinterläufe stellt. Hierüber aber später. Nie - ich wiederhole nie - sollte man einen Junghund auf Ausstellungen melden, um zu siegen. Sonst würden Sie selbst Spannungen unterliegen, die sich auf den Junghund übertragen und Sie würden dadurch der künftigen Ausstellungskarriere Ihres Ridgebacks großen Schaden zufügen. Ausstellungstraining muss eines der wirklich angenehmsten Spiele im Leben eines Junghundes sein.

DER JUNGE ERWACHSENE HUND

Im Alter zwischen 13 Monaten und bis zumindest zwei Jahren verändert sich der Hund nach und nach zum Erwachsensein. Im Allgemeinen reift eine Ridgeback-Hündin nach ihrer zweiten Hitze - also etwa zwischen 17 und 20 Monaten. Die Rüden wirken schon recht ausgereift, wenn sie nahe zwei Jahre alt sind, aber sie sind seelisch wie auch körperlich noch nicht voll entwickelt, bis sie sich in Richtung auf ihren dritten Geburtstag zubewegen. Das bedeutet nicht, dass man keinen Ridgeback antrifft, der mit eineinhalb Jahren ziemlich ausgewachsen und ausgereift wirkt. Man darf nur nicht von ihm erwarten, dass er sich voll ausgereift benimmt. Die Hündin erreicht normalerweise ihrer Veranlagung nach die Maximum-Widerristhöhe im Alter von neun bis zwölf Monaten; beim Rüden kann dies etwas länger dauern. Dabei entwickelt sich ein Hund jeder Rasse zur festgelegten Größe ohne irgendwelches *pushing* über die Ernährung. Am besten leistet die Natur ihren Job, wenn man es ihr selbst überlässt, das Wachstum eines jungen Tieres jeder Spezies zu bestimmen.

Wie alle Hunde braucht auch der Ridgeback einen Rudelführer, und das sind Sie - sein Besitzer. Der Ridgeback sollte von einer Einzelperson erzogen werden, und die gesamte Familie muss die gleiche Terminologie, die gleichen Kommandos verwenden.
Foto: M. Bernkopf, Österreich.

KONTROLLE DES BELLENS

Junghunde lieben es manchmal, die Nachbarschaft über ihre Existenz zu unterrichten. Dies ist ein natürlicher Teil ihres abschließenden Reifungsprozesses. Aber bellende Hunde sind in unserer modernen Gesellschaft recht lästig.

Wiederum sollten Sie Ihrem Hund sehr nahe sein, in der Lage, ihn zu kontrollieren. Wenn notwendig, müssen Sie ihn leicht strafen, genau wenn dieses unerwünschte Bellen stattfindet. Ein Wassersprüher ist hierfür häufig sehr hilfreich. Man sollte dem Hund zu bellen erlauben, wenn er Grund dafür hat - beispielsweise wenn er einen unangemeldeten Besucher entdeckt, der sich im Garten bewegt. Aber *Bellen aus reiner Lebensfreude* macht unsere Hunde heute in der Gesellschaft wenig akzeptabel. Glücklicherweise sind Ridgebacks ihrer Natur nach verhältnismäßig ruhige und stimmlich kontrollierte Hunde.

PFLEGE

Ihr Hund braucht körperliche Pflege. Dies ist bei Welpen eine regelmäßige Aufgabe, sollte aber für den Hund über ein ganzes Leben gelten. Eine kurzhaarige Rasse wie der Ridgeback benötigt kein häufiges Baden, es sei denn, der Hund läuft über schmutzigen Boden, hat an einer übel riechenden Stelle gegraben oder sich selbst auf so wunderbaren Substanzen wie Kot oder Aas gewälzt. Für die allgemeine Pflege reicht regelmäßiges Bürsten mit einer nicht zu harten Borstenbürste. Ich gehe davon aus, Ihr Hund hat bereits als Junghund gelernt, seinem Herrn in der Badewanne oder unter der Dusche Gesellschaft zu leisten. Wenn nicht, kann das Waschen Ihres Ridgebacks sich zu einer recht spektakulären Show entwickeln. Je älter Ihr Hund wird, umso dringender braucht er Zahnpflege. Verwenden Sie eine normale oder eigens für Hunde entwickelte Zahnbürste, achten Sie darauf, dass die Hundezähne weiß und frei von Flecken bleiben. Wenn man dem Hund einige große, harte Knochen zum Kauen gibt, bedeutet dies eine zusätzliche Hilfe. Kontrollieren Sie aber zuvor, dass der Knochen nicht brüchig ist - und dass das Verdauungssystem des Hundes damit fertig werden kann. Sie müssen wissen, dass ein ausgewachsener Ridgeback selbst den größten Knochen nicht nur ableckt, er ist vielmehr ziemlich erfolgreich beim Kauen und Hinunterschlucken. Auch die Krallen müssen regelmäßig gekürzt werden, ein Hund leidet, wenn er mit zu langen Krallen traben oder galoppieren muss.

Das Krallen kürzen ist einfach eine weitere Gewohnheit, die am besten mit sehr viel Geduld und Spiel - und Leckerbissen, solange der Welpe noch jung ist - anerzogen wird. Die Frage des richtigen Auslaufs habe ich bereits in anderen Teilen dieses Buches behandelt. Routineprobleme wie Zecken oder Erneuerung wichtiger Impfungen sollte man immer beachten.

ERNÄHRUNG

Jetzt wird es Zeit, über die Fütterung zu sprechen, eines der Lieblingsthemen Ihres Ridgebacks. Was die Ernährung angeht, liegt die entscheidende Periode Ihres Ridgebacks in der frühen Jugend. In dieser Zeit ist eine ausgewogene Ernährung besonders wichtig. Dabei kann nicht zu häufig wiederholt werden, dass das verbreitetste Problem die Überfütterung ist.

Wenn wir dann später über ausgewachsene Ridgebacks sprechen, hoffe ich, dass Ihr Hund ein so bedauerliches, aber verbreitetes Problem wie Osteochondrose nicht erleiden musste. In klinischen Begriffen bedeutet dies eine Degeneration der tieferen Schichten der Knorpel an den Gelenken, was zu Fissuren, Spalten und Ablösungen des Gewebes führt. Dies tritt bei Hunden am häufigsten an den Gelenken des Ellenbogens, Schulter, Knie und Sprunggelenk auf.

Es ist heute kaum möglich, auf dem Markt ein erstklassiges industriell hergestelltes Futter anzutreffen, dem es an Kalzium fehlt. Probleme treten im Allgemeinen dadurch auf, dass man einer bereits ausgewogenen Fütterung zusätzlich Kalzium und Phosphor enthaltende Ergänzungsstoffe beimischt. Für den ausgewachsenen Hund spielt es keine Rolle, wenn der Besitzer sich entscheidet, anstelle industriell hergestellter Nahrung selbst zusammengestelltes Futter zu verwenden. Die internationalen Standards (NRC) geben für derartige Futterzusammenstellungen guten Rat. Eine Mischung von drei viertel selbst zusammengestellte Zerealien, zum Beispiel rohfaserreiches Brot, Korn und Reis, mit einem viertel tierischen Produkten, zum Beispiel gutes Fleisch, Fisch und Eier führen zu einer Ernährung, die etwa 25 Prozent Proteine enthält. Die niedrigsten Proteinanforderungen für einen ausgewachsenen Hund, ausgedrückt in Gramm pro Tag sind:

Körpergewicht	Gramm/Tag
20 kg	15,1
30 kg	20,5
40 kg	25,5
45 kg	27,5

Körpergewicht	Anzahl Eier/Tag	Käse mit 20 % Trockengehalt in Gramm/Tag	Rindfleisch in Gramm/Tag
20 kg	2,25	170	90
30 kg	3	230	125
40 kg	3,50	285	155
45 kg	3,70	310	170

Hundegewicht	Trockenfutter in Gramm
20 kg	320
25 kg	380
30 kg	440
35 kg	490
40 kg	540
45 kg	620

Oben stehende Tabelle gibt Ihnen eine Richtlinie für selbst hergestelltes Futter.

Was industriell hergestellte Futtermittel angeht, sollte man zwei Regeln beachten. Alle wichtigen Marken bieten ein Futter auf Grundlage gründlicher Forschung, die angesehenen Marken haben eine ausgewogene Zusammenstellung aller Zutaten. Diese Ausgewogenheit dürfen Sie nicht zerstören! Auch sind die Mengenangaben auf den Packungen dazu da, dass man sie beachtet. Es liegt nicht am Produkt, wenn der Hundebesitzer seinen Hund unterernährt oder - was sehr viel verbreiteter ist - überfüttert. Ob man eine industriell hergestellte Trockennahrung auf Basis Rind, Lamm, Huhn u. a. wählt, ist weitgehend eine persönliche Frage - und des Ausprobierens durch den individuellen Hund. Ich habe mich über Jahre entschieden, meine Ausstellungshunde mit einer Spezialmischung zu füttern, einfach weil meine Erfahrungen mit den einzelnen Hunden ziemlich individuell verliefen, wenn es darum ging, die perfekte Ernährung zu finden. Ein normales Trockenfutter für erwachsene Hunde enthält im Durchschnitt: Proteine 20-22 %, Fette 8-14 %, Kalzium 1,1 %, Phosphor 0,7-0,8 % und Natron 0,25 % Dies sind allgemeine Angaben, um zu vermeiden, eine bestimmte Marke hervorzuheben.

Mit einem Komplettfutter obiger Zusammenstellung sollten die Tagesrationen etwa den Angaben oben stehender Tabelle entsprechen. Eine immer wieder auftretende Frage von neuen Hundebesitzern lautet: »Wie oft sollen wir unseren Hund füttern?« Die natürlichste Lösung ist, den Hund zweimal täglich zu versorgen, am Morgen und am Abend. Abweichend von der Meinung verschiedener Experten empfehle ich, dass der Hund rund um die Uhr stets Wasser verfügbar haben soll. Ein Ridgeback trinkt nicht zum Vergnügen, sondern einfach, wenn er das Wasser braucht. Unterliegt Ihr Ridgeback einer anstrengenden Ausbildung oder lebt er ein normales, aktives Leben? Unter extremen Voraussetzungen, beispielsweise strenger Kälte, wird der tägliche Futterbedarf größer. Während Perioden schwerer körperlicher Belastung - beispielsweise tägliches Rad fahren, um den Hund in Spitzenausstellungskondition zu bringen - sollte man vorübergehend den Einsatz von Hochproteinnahrung in Erwägung ziehen.

AKUTE MAGENAUFGASUNG, -DREHUNG

Hierbei handelt es sich um eine lebensbedrohende Erkrankung - im Englischen *Bloat* genannt. Sie tritt am häufigsten bei heranwachsenden Hunden von stattlicher Größe und tiefer Brust auf. Diese Gefahr muss von jedem Ridgeback-Besitzer ernst genommen werden. Die verbreitetste Ursache ist eine große Mahlzeit, der kurz danach freier Auslauf folgt. Niemals darf man seinen Hund frei umherstöbern lassen, wenn nicht nach der Mahlzeit mindestens eineinhalb Stunden vergangen sind.

Die Warnsignale sind deutlich. Vergeblich versucht der Hund zu erbrechen, er wirkt abgeschlagen und ruhelos, weil er schwere Schmerzen erleidet. Wenn Sie gegen seine Brust klopfen, hören Sie einen trommelähnlichen Echoklang. Bereits nach kurzer Zeit kann der Hund in einen Schock verfallen. Der Grund ist, dass sich zahlreiche Veränderungen im Körper abspielen, die einzige Rettung bietet *sofortige tierärztliche Hilfe.* Dabei betone ich, dass jede einzelne Minute zählt! Die besten Chancen für den Hund bestehen in einer Operation. Der Magen muss dekomprimiert und wieder in seine alte Lage gebracht werden. Wenn der Hundebesitzer seinen Hund davor schützen möchte, sollte er immer nach der Mahlzeit den Hund unter Kontrolle halten. Er kann auch Unterricht in erster Hilfe nehmen. Ein hilfreiches Werkzeug, was man bei sich zu Hause haben sollte, besteht in einem einfachen, biegsamen Plastiktubus, ein Meter lang, etwa 1,5 cm Durchmesser. Der Bodenteil sollte geschlossen sein (beispielsweise durch Hitze versiegelt). Und dicht neben diesem verschlossenen Ende stanzt man ein Loch von etwa 1 cm Durchmesser. In einer Krisensituation könnte dieser Tubus über den Hundefang in den Magen eingeführt werden, um Zeit zu gewinnen, bis man beim Tierarzt ist. Durch diese Maßnahme kann man aus dem Magen einiges Gas abführen.

BEWEGUNG FÜR HUND UND HALTER

Ein Ridgeback, der nicht in guter körperlicher Form ist, ist kein richtiger Ridgeback. Steht der Hund in schlechter Kondition, ist es nicht sein Fehler. Auf der anderen Seite sollten Sie nicht mit einer monotonen körperlichen Übung wie Rad fahren beginnen, ehe der Ridgeback körperlich voll ausgereift ist. Ich warne davor! Warten Sie, bis die Hündin ihre zweite Hitze hatte, beim Rüden sollten Sie das Rad fahren aufsparen bis er 18 Monate alt ist, im Idealfall näher zum Alter von zwei Jahren kommt.

Beachten Sie immer, dass ein freier Bewegungsablauf den Hund sehr viel weniger belastet als sich dauernd wiederholende Bewegungen. Viele Ridgebacks lieben es, neben dem Pferd zu laufen. Wenn Sie selbst reiten, müssen Sie Ihren Hund so erziehen, dass Sie absolut sicher sind, dass er Ihre Kommandos beachtet - dann können Sie die Natur gemeinsam genießen. Wenn Sie das Joggen lieben - und nicht gerade für einen großen Wettbewerb trainieren - können Sie Ihren Ridgeback-Junghund mitnehmen. Ideal ist, wenn Sie Ihren Hund dabei frei laufen lassen können. Dies wiederum ist eine Frage der Gesetze und Verordnungen in dem Land, in dem Sie leben. Sie sollten diese Verordnungen nicht missachten. Hunde sind Jäger - und Ridgebacks sind sogar schnelle Jäger. Wir möchten keine Zeitungsartikel über Hunde lesen müssen, die unschuldige Jogger »jagen«. Für Ridgeback-Besitzer, die in rauem Klima leben, wie einige Bilder in diesem Buch zeigen, gibt es eine gute Nachricht - der Ridgeback liebt Schnee. Umherlaufen und Spielen im tiefen Schnee macht nicht nur Spaß, es bietet auch großartige Bewegung.

Wenn Ihr Ridgeback weitgehend ausgewachsen ist, sollten Sie nach Möglichkeiten Ausschau halten, Ihren Hund in *Lure Coursing* zu testen. Kurz zusammengefasst handelt es sich darum, dass eine *Beute - Lure* - über eine Schnur direkt über dem Boden gezogen wird - häufig handelt es sich um einen Plastikbeutel. In den USA, dem Heimatland dieses großartigen Sports, imitiert die lange Bahn des *Lure Coursing* die volle Fluchtspur eines flüchtenden Hasen. In Australien können Sie Ihren Hund auf kürzerer Bahn testen. Einige Clubs, beispielsweise der Schweizer Club, bieten ihren Mitgliedern die spielerische Chance, die Schnelligkeit ihrer Hunde zu testen, indem sie auf einer Greyhound-Bahn laufen. Zu den mehr spielerischen Arten von Bewegung gehören Flyball, eine besonders charmante Aufgabe, die als Team auch von sehr jungen Führern betrieben wird. Alle diese alternativen Sportarten bieten dem Hund körperliches wie geistiges Training. Zum Schluss zurück zu den Grundlagen. Sind Sie einfach ein völlig normaler Hundebesitzer, kein Bewegungsfreak, denken Sie daran, dass spazieren gehen, ganz normales gemütliches Durchqueren der Natur über eine drei viertel bis eine Stunde, sowohl für Sie selbst wie für Ihren Hund ein recht gesundes Training darstellt.

ARBEITEN MIT DEM HUND

Arbeiten mit dem Hund gehört zu den lohnendsten Aspekten der Hundehaltung. Jedem Hundebesitzer sei geraten, einige Kurse zu besuchen, Spezialliteratur beispielsweise über *Obedience* zu studieren, auch einige etwas fortgeschrittene Aufgaben zu übernehmen. *Agility* gehört zu meinen Favoriten, obwohl der Ridgeback möglicherweise nicht so begeistert ist, alle Regeln im Detail zu befolgen. Aber er freut sich mit Sicherheit an der Aufgabe, sie hilft auch, Ausgewogenheit und körperliche Fitness weiter zu entwickeln.

Es besteht kein Bedarf, Ihren Ridgeback dazu auszubilden, auf Ihrem Eigentum seine Aufgaben als Wächter auszuüben. Der Ridgeback ist ein ausgewogener, natürlicher Wachhund, der nicht mehr Gewalt anwendet als die jeweilige Situation erfordert. Lassen Sie Ihren Ridgeback-Junghund ein völlig normales Leben zwischen Menschen und unter Hunden führen. Wollen wir hoffen, dass der Zeitpunkt niemals kommt, wo Sie seine Wachinstinkte, seine Fähigkeit, Sie und Ihre Familienmitglieder zu schützen, brauchen. Sollte der Augenblick dennoch kommen, können Sie völlig sicher sein. Sie sind in guten Händen - oder Pfoten!

DAS STOPPEN SCHLECHTER GEWOHNHEITEN

Lassen Sie uns nochmal zu den Ausführungen hinsichtlich der ersten Stunden und Tage, die Ihr Welpe im neuen Zuhause verbringt, zurückkehren. Dabei sind es nicht die Welpen allein, die sich schlechte Gewohnheiten angewöhnen. In den Augen des Hundes ist alles, was angenehm ist oder besonders gut schmeckt, nicht fest und höflich verboten wird, besonders interessant. Auch der erwachsene Hund wird neue Dinge ausprobieren. Es könnte sein, dass er gerne auf dem Sofa schläft, die Nacht über sich in das Bett seines Herrn schleicht oder der Katze ihr Futter stiehlt. Es liegt alleine bei Ihnen - entweder sind Sie fest oder der Hund wird sich in eine Richtung entwickeln, die er bestimmt - nicht Sie. Passen Sie auf, wenn Sie Ihrem Junghund Kunststücke beibringen, beispielsweise den »Tauschhandel«.

Ich kam zu meinem Ridgeback nach Hause, der in derartigem Tauschhandel Meister war. An diesem Tag war das für den Abend vorgesehene Huhn aus dem Kühlschrank verschwunden, stattdessen fand ich hier einen meiner Schuhe. Ein fairer Tausch - nach der Vorstellung dieses Ridgeback-Junghundes. Der Grund, warum diese Kurzgeschichte nicht in den Anekdotenteil (Kapitel 6) aufgenommen wurde, ist, weil sie uns an dieser Stelle eine klare Lektion erteilt. Hunde sind smart. Sie nutzen das, was sie lernen. Die Tatsache jedoch, dass die Kühlschranktür verschlossen war, erzählt uns sehr viel mehr über den kräftigen Rutenschlag des Ridgebacks als über seine hervorragende Intelligenz.

HUNDLICHE AGGRESSION

Zu der Zeit, in der Ihr Ridgeback in das Flegelalter kommt, nehme ich an, dass die Welpenerziehung - Leinenführigkeit und Herankommen auf Kommando - abgeschlossen ist. Jetzt ist der Zeitpunkt gekommen, weitere Lektionen mit dem klaren Ziel durchzuführen, dem Hund beizubringen, Sie unangeleint an Ihrer Seite zu begleiten. Genau wie beim Anfangstraining, als Sie dem Welpen beibrachten, auf stimmliches Kommando heranzukommen, brauchen Sie jetzt für die Erziehung ein sicheres Gelände, frei von Verkehrsstörungen. Die beste Lösung ergibt sich auf einem Hundeausbildungsplatz, denn Sie erziehen Ihren Hund hier ja bereits in richtigem Umfeld mit anderen Hunden. Die Ablenkung, welche die anderen Hunde bringen, ist Teil des Endziels - Sie sollten in der Lage sein, Ihren Hund auch in Situationen zu kontrollieren, die nicht voraussehbar sind. In der Hundeerziehung ist es das Gleiche wie in der beruflichen Ausbildung - man muss für die Augenblicke planen und erziehen, wenn etwas Unerwartetes geschieht. Die Vorbereitungen auf das Voraussehbare verlangt der gesunde Menschenverstand. Auf den Hund bezogen

Viele Clubs bieten Wanderungen mit Ridgebacks an. Diese bieten eine exzellente Gelegenheit, die Hunde zu bewegen wie ihnen beizubringen, andere Hunde zu akzeptieren.

Foto: Di Jolly, Australien.

Fahrrad fahren ist ein großartiges Training, nicht zuletzt für den Ausstellungsring. Es lehrt den Hund, statt zu galoppieren, sich in langem, ausgreifendem Trab zu strecken. Mit dem Fahrrad fahren darf man nie beginnen, ehe der Hund voll ausgewachsen ist.

Foto: Di Jolly, Australien.

Die meisten Ridgebacks lieben es, ihre Besitzer beim Ausritt zu begleiten. Der Ridgeback braucht aber eine gründliche Ausbildung, dass er auf Kommandos gut hört, ehe man mit ihm in oder nahe dicht bevölkerten Gebieten reitet.

Foto: Katja Vogelsinger, Österreich.

Eine mitternächtliche Schlittenfahrt in den nordischen Ländern scheint sehr weit von Afrika - der Heimat der Rasse - entfernt zu sein. Aber sowohl in Finnland, Schweden wie Norwegen werden Ridgebacks für solche Ausflüge eingesetzt.

Foto: Marianne Aaltonen, Finnland.

Freier Galopp durch den Schnee als Abwechslung bei den Schlittenfahrten macht viel Spaß.

Foto: Marianne Aaltonen, Finnland.

Trekking auf norwegische Art. Ridgebacks lieben es, bei der Ausbildung Gepäck zu tragen.

Foto: Susan Clayborough, Norwegen.

Agility ist ein für Ridgebacks nahezu maßgeschneiderter Sport, diese Hunde genießen Action und Geschwindigkeit. Foto: Katja Vogelsinger, Österreich.

Das Durchlaufen der Tunnels testet Schnelligkeit wie Mut.
Foto: Mr. Mosslar, Australien.

Der Ridgeback besticht beim Lure Coursing. Foto mit freundlicher Erlaubnis von Di Jolly, Australien.

Flyball gewinnt immer mehr Popularität - eine weitere Teamaufgabe für Ridgeback und Besitzer.
Foto: Mr. Mosslar, Australien.

Es besteht keine Notwe digkeit, den Ridgeback als Wachhund auszubilden.

Foto: Katja Vogelsinger Österreich.

ist das, was der gesunde Menschenverstand verlangt, gute Junghundausbildung. Beim Zusammensein mit anderen Hunden dürfen Sie nie tolerieren, dass Ihr Junghund die Herausforderung auf ein kleines Kräftemessen eines anderen Halbstarken annimmt. Ridgebacks sind im Allgemeinen nicht darauf bedacht, Raufereien auszulösen, aber sehr schnell in ihrer Reaktion. Halbstarke sind Halbstarke, insbesondere bei den Rüden. Es gibt auch einen Zeitraum, in dem die Natur eigentlich verlangt, dass Junghunde ihre ersten Erfahrungen mit Raufereien um die Rudelordnung machen. Bereits das geringste Anzeichen, dass der Hundebesitzer dies akzeptiert, könnte missverstanden werden, und Ihr Hund denkt, Sie sähen es gern, dass er zeigt, wie weit er schon erwachsen ist.

Jegliches Akzeptieren einer Rauferei wäre falsch, denn eines Tages erwächst hieraus Ärger für Hund wie Besitzer. Sie werden auch verantwortlich gemacht, wenn Ihr Hund bei einem anderen Schaden anrichtet. Denken Sie daran, Ihr eigener Hund gehört zu den beweglichsten, schnellsten und geschicktesten Hunden, hat diese Eigenschaften von der Natur mitbekommen. Besonders wichtig - das Ansehen des Ridgebacks in unserer Gesellschaft hängt sehr davon ab, wie seine Besitzer sich benehmen. Niemand hat das Recht, das Risiko einzugehen, dass eine Hunderasse einen schlechten Ruf bekommt, den sie nicht verdient. Sollte das Schlimmste passieren und zwei Hunde in eine echte Rauferei geraten - keinen Streit mit viel Kläffen - handeln Sie sehr schnell in Abstimmung mit dem anderen Hundebesitzer oder einem Fachmann. Beide müssen die Hinterläufe ihres Hundes gleichzeitig ergreifen, sie hoch heben und rückwärts ziehen. In dieser Stellung kann kein Hund Sie oder den anderen Hund beißen. *Anmerkung der Übersetzer: Falls die Hunde ineinander verbissen sind, hilft ein gleichzeitiges Ineinanderstoßen der Hunde durch die Führer auf Kommando.*

MEHR ALS EIN RIDGEBACK?

Dies gehört zu den wichtigen Fragen der Hundehaltung. Zwei Hunde haben viel mehr Spaß miteinander als ein Hund mit seinem Besitzer. Dann aber widerlegen Hunde die Mathematik insoweit, als der Besitz zweier Hunde viel, ja sehr viel komplexer ist als der Besitz eines Hundes. Paarweise gehalten gewinnen die Hunde viele geistige Stimulanzen, auch wenn ihre Besitzer

Denken Sie immer daran, wie viele Ridgebacks Sie auch besitzen, jeder fordert gleiche Liebe, Betreuung und Auslauf. *Foto: Katja Vogelsinger, Österreich.*

nicht zu Hause oder viel beschäftigt sind. Hunde - nicht zuletzt Ridgebacks - im fortgeschrittenen Alter - sind sehr verspielt und können sich gegenseitig unterhalten und bewegen.

Auf der anderen Seite sollte man sich vor Augen halten - jeder in einer Koppel gehaltene Hund braucht ebenso viel Auslauf, Liebe und Zuneigung wie ein Einzelhund. Nehmen wir an, Sie möchten je einen Hund beiderlei Geschlechts, dann müssen Sie daran denken, dass sie sich im Normalfall damit befassen müssen, zumindest über zwei Wochen die beiden Hunde effektiv zu trennen. Dies geschieht bei jeder Hitze, normalerweise zweimal jährlich, obgleich Ridgebacks manchmal einen längeren Sexualzyklus haben. Für den unwahrscheinlichen Fall, dass Sie sich für zwei Hunde des gleichen Geschlechts entscheiden, müssen Sie sicher sein, dass beide Hunde Sie unbedingt als den eindeutigen Rudelführer respektieren. Dabei müssen Sie darauf achten, dass die Hunde ihre wechselseitige Rangordnung auf natürliche Art regeln, nicht durch Beißereien. Denken Sie daran, wann immer ein Knurren ertönt, ist es Ihre sofortige Pflicht, das Ganze zu beruhigen, dabei den stärkeren Hund zu unterstützen, denn er ist innerhalb der Hunde der Rudelführer. Nie darf Ihnen der »niedrigere Einzelhund« Leid tun, denn ein solches Verhalten würde von dem dominanten Hund so gesehen werden, als bildeten Sie mit dem schwächeren Hund eine Allianz. Sie müssen beide Hunde gleichmäßig lieben, ihre innere Rangordnung nach Stärke aber voll respektieren.

RIDGEBACK IN NOT

Ich hoffe, dass die überwältigende Mehrheit der Ridgeback-Besitzer - ja aller Hundebesitzer - das Privileg genießen, dass ihr Welpe in der eigenen Familie aufwuchs. Das ist aber nicht immer der Fall, und wir sollten Menschen bewundern, die sich entschlossen haben, ihren Hund aus dem Tierheim zu holen. Aus meiner Sicht ist ein gerettetes Hundeleben eine echte Lebensrettung, und Leben ist nicht nur das einzig köstlichste Geschenk, das wir haben, es ist das Allerwichtigste.

Auf die Praxis übertragen - wenn Sie sich eines Tierheimhundes annehmen, bringen Sie dadurch ein völlig unbekanntes Wesen in Ihre Wohnung. Es ist manchmal völlig unmöglich zu wissen, welche schrecklichen Erlebnisse der Hund hinter sich hat, und welche Reaktionen diese in dem Hund auslöst. Besonders vorsichtig muss man sein, wenn ein erwachsener Hund in eine Familie eingeführt wird, in der Kinder leben. Wenn der Hundebesitzer selbst nicht über beachtliches, hundliches Wissen und Erfahrung verfügt, sollte er immer einen erfahrenen Ridgeback-Fachmann bitten, mit ihm zum Tierheim zu gehen und ihn zu beraten. Es bestehen gute Chancen, dass der neue Besitzer wertvolle Hinweise erhält, worauf er besonders achten muss. Wenn man einen ausgewachsenen Hund aufnimmt, müssen die ersten Wochen völlig darauf ausgerichtet sein, ihn zu sozialisieren und möglichst viel über ihn zu lernen. Lassen Sie einen solchen Hund nie frei, es sei denn, sie befinden sich in einem Bereich, der hoch und sicher eingezäunt ist. Lassen Sie nie ein Kind oder Kinder mit diesem Hund alleine, ehe Sie wissen, dass alle Parteien sich gegenseitig verstehen. Hat sich dann der neue Hund an Sie und Ihre Familie und sein wunderschönes neues Zuhause gewöhnt, achten Sie auf Situationen, die der Hund, durch irgendjemand oder irgendetwas von außen in Richtung auf Sie oder Ihre Familie als bedrohlich missverstehen könnte. Möglicherweise versucht der Hund, Sie bedingungslos zu beschützen. Unbedingt sollten Sie Ihren neuen, erwachsenen Hund zu Ausbildungsplätzen bringen, die Hundespaziergänge in Gruppen anbieten, ebenso wie Grundgehorsamserziehung. Es ist nie zu spät, einem Hund neue Dinge zu lehren! Aber niemals - niemals - dürfen Sie den Hund in eine Hundeausbildungsschule geben. Möglicherweise erhalten Sie einen Hund zurück, mit dem Sie nie zurechtkommen.

PARTNERSCHAFT

Als wir über den heranwachsenden Welpen sprachen, diskutierten wir auch die Erziehung zum alleine bleiben, zu Hause wie über bestimmte Zeiten im Auto. Es versteht sich wohl von selbst, dass

Ein gut betreuter Ridgeback kann ein langes und gesundes Leben führen. US Champion Cee Gidget (Eilack's Tsumba of Kutari - Lionpride's Ruanda), Besitzer Rob Norm, gewann im Alter von elf Jahren und sechs Monaten noch eine hohe Ausstellungsauszeichnung.

Foto mit freundlicher Erlaubnis von Joe Berger.

Hunde viel Kontakt mit ihren Besitzern brauchen. Wer immer sich einen ausgewachsenen Hund kaufen möchte, muss bereit sein, diesem Hund täglich vier bis sechs Stunden zu widmen. Kann er dies nicht, sollte er sehr schnell seine Entscheidung überdenken. Katzen sind viel einfacher zu halten. Ganz wichtig ist hierbei, dies ist nicht nur die Frage *allein zu Hause* oder *zu Hause mit irgendjemand.* Hier handelt es sich um die Grundeinstellung des Hundebesitzers. Ein Hund kann sich auch in einer Familie sehr allein fühlen, die im Haus arbeitet, nur selten das Grundstück verlässt. Es ist eine so gute Gewohnheit, mit Ihrem Lebensgefährten zu sprechen, ihn hier und da zu streicheln, ihn daran zu erinnern, dass er wirklich ein echter Bestandteil der Familie ist. Nehmen Sie Ihren Ridgeback mit hinaus auf die täglichen Spaziergänge und zur körperlichen Ertüchtigung, denken Sie aber daran, es ist nicht alleine der Auslauf, den der Hund braucht, vielmehr Auslauf, Freundschaft und Spaß. In Ländern mit einer zivilisierten Haltung Hunden gegenüber in der Öffentlichkeit macht es viel Freude zu beobachten, wie die Hunde lernen, ihre Familien zum sonntäglichen Lunch oder Dinner in einem örtlichen Restaurant zu begleiten. Dies hat zur Voraussetzung, dass der Hund völlig unter Kontrolle steht, so erzogen ist, dass er sich unter fremden Menschen und häufig einer Vielzahl anderer Hunde erstklassig benimmt. Gemeinschaft bedeutet auch Fairness. Selbst wenn Sie persönlich einen schlechten Tag hatten, Sie sollten dies Ihrem Hund nicht anlasten, er ist bestimmt unschuldig. In Wirklichkeit ist er manchmal der beste Freund, den Sie besitzen, denn er wird nie Ihr Wissen in Frage stellen, sondern ganz einfach - ohne zu fragen - seine Loyalität anbieten.

DER RIDGEBACK-VETERAN

Obgleich der Ridgeback ein ziemlich großer Hund ist, ist er dennoch ein natürliches, gesundes Tier. Ein Hund, der seinen fairen Anteil an körperlichem Auslauf hat, gute Pflege und Betreuung durch seinen Besitzer, wird auch im fortgeschrittenen Alter noch recht aktiv sein. Ich glaube, das Schlimmste, was Sie Ihrem Hund, der sich dem Veteranenalter nähert, antun können, wäre einen Zeitpunkt zu bestimmen - sagen wir zwischen sechs oder sieben Jahren - ab dem Sie sich weniger um den Hund kümmern, ihm weniger mentale Stimulanz und Auslauf gewähren.

Natürlich, ein Ridgeback-Veteran spielt nicht mehr so lange wie junge Hunde, es ist notwendig, dass jetzt der Besitzer seiner Verantwortung gerecht wird. Vom Charakter her bleibt der Ridgeback verspielt und gesund. Es besteht auch wenig Risiko, dass ein alternder Hund beispielsweise gegenüber Fremden oder Kindern leichter gereizt und ungeduldiger wäre. Voraussetzung ist natürlich, dass der Hund gesund bleibt und keine Schmerzen leidet. Das Privileg, einen Ridgeback besitzen zu dürfen, macht es für jeden Freund und Besitzer dieser Rasse zu einer Frage der Ehre, seinem Hund und Gefährten nahe zu sein - genauso lange, wie das Leben seines Hundes dauert. Und an einen wahren Ridgeback wird man noch lange danach zurückdenken.

Kapitel 6

DER RIDGEBACK IN UNSERER GESELLSCHAFT

Das Verhalten des Ridgebacks wurde von Experten auf vielerlei Arten charakterisiert, beispielsweise als munter, aufgeweckt, arrogant, Gefahren ausweichend, konfliktscheu, ergeben, unabhängig und selbstbewusst.

Alle diese Worte enthalten jeweils ein großes Korn Wahrheit. Die Herausforderung besteht darin, die Vielfalt des Ridgeback-Verhaltens richtig zu beschreiben, die Reaktionen des Ridgebacks vorauszuahnen. In den vorangegangenen Kapiteln erfuhren wir einige Beispiele seines Verhaltens in bestimmten Situationen, die wahrscheinlich in der einen oder anderen Form auftreten, in denen der Ridgeback auch dem nachstehend beschriebenen Verhaltensmuster ziemlich nahe kommt.

Nachstehend findet der Leser eine Untersuchung eines professionellen Verhaltensforschers, die verschiedene Reaktionen des Ridgebacks auf bestimmte Stimulanzen - im Vergleich zu anderen Hunderassen - zu bestimmen versucht. Eine Übersicht, wobei nicht versucht wird, *gute* oder *schlechte Eigenschaften* in Beziehung zum Durchschnitt zu setzen. Um eine Beschreibung des Ridgebacks wertfrei zu bieten, folgen diesem wissenschaftlich fundierten Kapitel wahre Geschichten in Form von Anekdoten. Kein Bild des wahren Ridgebacks wäre vollständig ohne eine solche Kombination von Forschung und tatsächlichem Erleben.

ANTIHUNDE-RESSENTIMENTS

Aus dem hundlichen Blickwinkel betrachtet, entwickelt sich die heutige Gesellschaft nicht in positiver Richtung. Ironischerweise sind heute die Aufgaben der Hunde in der menschlichen Gesellschaft sehr viel vielfältiger als je zuvor in der Geschichte der engen Verbindung Mensch/Hund. Hunde dienen uns als Wachhunde, als Drogensuchhunde, sie suchen Landminen, arbeiten als Lawinenhunde, als Militärhunde, als Rettungshunde, suchen Schimmelpilze und auch essbare Pilze. Man trifft sie als Bergwerkshunde, als Blindenführhunde, Helfer von Behinderten und auf vielen anderen Gebieten.

Aber im Rahmen der Ausdehnung der Städte in unseren industrialisierten Ländern stoßen wir auf neue, künstlich geschaffene Realitäten und Spielzeugwelten, auf neue Hobbys und Sportarten; dabei entfernt sich der menschliche Verstand immer weiter von seinen eigenen Wurzeln als ein gesundes, natürliches Geschöpf. Nicht nur die jährlichen Hundeeintragungszahlen haben einen Einbruch erfahren, der Sensationsjournalismus hat *Unfälle mit Hunden* künstlich in völlig irreale Proportionen aufgebauscht. Zynische Politiker in vielen Ländern mit echten Problemen, beispielsweise Arbeitslosigkeit oder soziale Ungerechtigkeit, neigen oft dazu, leichtfertige, symbolische gesetzgeberische Maßnahmen zu beschließen. Durch diese Entwicklung sind die Rechte unserer Hunde ernsthaft bedroht.

Um nur einige wenige konkrete Beispiele zu bieten: Selbst in Australien gibt es mathematische Formeln, wie viele Hunde in städtischem Umfeld geduldet werden sollten; in Südfrankreich, dem Hunde liebenden Land Europas par excellence - gibt es in Stadtzentren Verbannungen von Hunden; und Hunde wurden in zahlreichen Ländern aus Schiffen und Fähren, Zügen, Untergrundbahnen und Bussen verbannt. Deutschland hat für bestimmte Hunderassen Strafsteuern eingeführt, und in vielen Ländern, beispielsweise Belgien, wurden Ridgebacks auf Listen »gefährlicher Hunderassen« gesetzt. Es fällt immer schwerer, beim Reisen mit Hunden von Hotels und Restaurants akzeptiert zu werden. Ja sogar Hundeausstellungen wurden abgesagt, weil angeblich »Allergieprobleme« drohen. In einem Land liegt bereits ein Plan vor, mit dem man erzwingen will, dass Hunde selbst im eingezäunten Garten ihres Besitzers nur an der Leine geführt werden dürfen.

Der stolze Wächter. Ihre Qualitäten als Wachhund gehören zu den wichtigen Grundmerkmalen, welche die Ridgebacks auf den Farmen in Südafrika so populär machten. In dieser Hinsicht hat sich nichts verändert. Der Ridgeback ist ein natürlicher, verlässlicher Wachhund, frei von irgendwelchen Übertreibungen, wenn sein Einsatz wirklich erforderlich ist.
Foto: Georg Marek, Deutschland.

DER MISSVERSTANDENE RIDGEBACK

In einigen deutschen Bundesländern, ebenso in Irland, wird unsere Rasse unter »Kampfhunden« geführt, die einem Maulkorbzwang unterliegen.

Gerade die Lage in Deutschland ist besonders dramatisch; es gibt offizielle Statistiken, die über eine Fünfjahresperiode Polizeiberichte auffälliger Hunde analysieren. Die Gesamtzahl von Ridgebacks, die über diese Fünfjahresperiode in irgendeiner Weise auffällig wurden, beträgt acht - eine sehr niedrige Anzahl bei einer Gesamtzahl von 8.000, insbesondere wenn man dies mit den Zahlen anderer Hunde vergleicht. Und zu dieser Auffassung kam man trotz der Tatsache, dass Deutschland heute das wichtigste *Ridgebackland Europas* ist.

Das Problem liegt in einem falschen Eindruck, ausgelöst durch den alten Namen *Löwenhund,* begleitet von der irrigen Idee, dass Ridgebacks selbst Löwen gejagt, attackiert und getötet hätten.

Es versteht sich von selbst, dass alle Ridgeback-Besitzer und alle Spezialzuchtvereine hier ein schwieriges Kommunikationsproblem vor sich haben. Ebenso klar erscheint, dass wir erwarten müssen, dass alle Ridgeback-Besitzer die Grundausbildung ihrer Hunde ernst nehmen. Weiterhin raten wir dringend, dass jedermann, der auch nur einen einzigen Ridgebackwurf züchten möchte, größte Sorgfalt walten lässt, wenn er die Welpenkäufer auswählt. Aber die Ridgeback-Liebhaber können nicht alleine dieses weltweite Hundeproblem lösen. Einige Länder - insbesondere Schweden - haben auf der Ebene des nationalen Kennel Clubs Schritte unternommen, beginnen mit ehrgeizigen und weitgehenden Kommunikationskampagnen. Hierzu gehören Anzeigen und Aussendungen an die Politiker, ebenso Erziehungsprogramme in Schulen, um die Fehlinterpretationen von Hunden im Allgemeinen richtig zu stellen.

Autos und Besitz sind in der Obhut eines Ridgebacks sicher. Er ist ein kontrollierter, nicht aggressiver, aber entschlossener Wächter.

WAHRES RIDGEBACK-VERHALTEN

Auf dem Weltkongress 1996 stellte ich in meinen einleitenden Bemerkungen über die Wesensbeurteilung zwei wichtige Gesichtspunkte heraus: dass wir den Unterschied zwischen *Temperament* und *Verhalten* erkennen müssen und dass wir uns viel wissenschaftlicher mit dem rassespezifischen Verhalten des Ridgebacks befassen sollten. Eine Anzahl von Ländern hat unter verschiedenen Namen obligatorische Wesenstests eingeführt, die beispielsweise die Einsatzfähigkeit von Zuchthunden bestimmen. In einigen Ländern - beispielsweise Frankreich - ist ein solcher Test sogar mit dem französischen Schönheitschampionat verbunden. Ich wundere mich, weshalb die sehr fähigen französischen Richter hiergegen keinen Einspruch erheben. Denn diese Regelung kann leicht als Kritik ihrer Kompetenz angesehen werden, im Ausstellungsring soziales Verhalten der Hunde zu erkennen. Derartige Hundetests entstanden aus dem Bemühen, Einzeltiere für ganz bestimmte Aufgaben auszuwählen, beispielsweise für den Einsatz bei Militär oder als Wachhund. Die ersten Hundetests waren strikt funktional ausgerichtet, ermittelten Eigenschaften, die entweder genetisch bestimmt oder erlernt waren. Das Umfeld war in den meisten Fällen ziemlich identisch, und die Ergebnisse zeigen, dass die Ausbilder/Züchter es über die Zeit schafften, bestimmte Eigenschaften, beispielsweise *Mut* und *Ausbildungsfähigkeit* (schnelles Erlernen klarer Kommandos) erfolgreich vorauszusagen.

Dieses Buch unternimmt nicht den Versuch, sich näher mit Hundepsychologie zu befassen, was im Normalfall eine therapeutische Analyse erfordert. Ich möchte aber zumindest einen sehr ernst gemeinten Rat geben: Tritt bei einem Hund ein seelisches Ungleichgewicht auf, beispielsweise in Folge von Missbrauch - wäre das Letzte, was man tun sollte, das Einzeltier durch einen dieser traditionellen *Wesenstests* zu führen. Dies würde aller Wahrscheinlichkeit nach den armen Hund zerstören. Wenden Sie sich an einen erfahrenen Verhaltensexperten, der in der Lage ist, die Umwelteinflüsse näher zu beurteilen.

VERHALTENSDEFINITION

Der schwedische Kennel Club experimentierte über eine Reihe von Jahren mit einem zwingenden, einfachen *Verhaltenstest - mental check* - als Voraussetzung für ein Championat. Nach einigen Jahren stellte er fest, dass sich eigentlich wenig Gutes aus diesem Test ergeben hatte, mit

Um zu verstehen, wie der Ridgeback in der freien Natur arbeitet, sollten Sie mit Ihrem Hund in freies Gelände gehen, dabei aber sicher sein, dass Ihr Hund unter Ihrer Kontrolle und Überwachung bleibt. Ein Ridgeback hat - wie die schwedische Expertin Eva Bryntse ermittelte - ein bemerkenswertes Geschick, gleichzeitig vielfältige Geschehnisse wahrzunehmen und darauf zu reagieren. Foto mit freundlicher Erlaubnis von H. Tandefelt.

Ausnahme einiger finanzieller Einkommen für die veranstaltenden Clubs. Diese Tests wurden wieder abgeschafft und das war eine vernünftige Entscheidung. Andererseits kann man in der Rückschau sagen, der Vorteil lag darin, dass sich die Testpersonen dabei genügend Wissen über verschiedene Hunderassen erworben haben. Mit weiter fortgeschritteneren Tests, die wir auf freiwilliger Basis in Schweden durchführen, können wir auf die Ergebnisse zurückkommen, die wir sowohl durch diese Massentests als auch über ernsthaftere Testprogramme gewonnen haben.

Die Wesensrichterin - *test judge* - Barbro Börjesson von der international anerkannten Sollefteå Dog School - früher eine militärische Einrichtung - hat über viele Jahre mit dem schwedischen Ridgeback Club zusammengearbeitet. Dies führte zu einer aktiv geförderten Testreihe - wiederum auf freiwilliger Basis. Sie half dabei ein Schema aufzubauen, das Ähnlichkeiten und Unterschiede im durchschnittlichen Ridgebackverhalten im Vergleich zum Gesamtdurchschnitt aller Hunderassen analysierte. Ihre Kommentare hierzu enthalten einige beachtenswerte Anmerkungen beispielsweise die Feststellung, dass Ridgeback-Besitzer sich im Interesse an Wesenstests besonders hervortaten. Mrs. Börjesson hat zur Stunde 58 Ridgebacks getestet, dies bildet eine solide Grundlage für einen Vergleich mit anderen Rassen. Sie glaubt, dass der Ridgeback eine »einfache und stabile Hunderasse ist, mit deutlicher Jagdpassion, aber frei von Exzessen«. Dabei erwiesen sich die Ridgebacks als nicht übermäßig passioniert, die Beute mit dem Fang zu packen. Sie berichtet, dass die »Ridgebacks - durch ausgewogene Aggression herausgefordert, ein leicht drohendes Verhalten zeigen«. Sie fährt fort: »Ridgebacks sind verhältnismäßig empfindlich, und ihr Mut lässt ziemlich schnell nach«. Sie stellte auch die Frage, ob diese Rasse »erblich dafür disponiert ist, Gewehrschüsse nicht zu mögen«.

Als Pluspunkt notiert sie: »Ridgebacks lassen sich durch Fremde nicht leicht beeindrucken«. Sie berichtet, dass im Vergleich zum Durchschnitt einer Vielfalt von Hunden es weniger leicht unter Stress geratende *locked-up* Ridgebacks gebe. Ihre abschließende Empfehlung war, dass nachdem so viele Ridgeback-Besitzer die Ziele dieser Tests verstanden haben, die Ridgeback Clubs formal *Testrichter* ausbilden sollten. Wenn man versucht, die Gesamtstudie zu übersetzen, hat man den Eindruck, dass das meiste dieser Ansichten der Richterin in Beziehung auf das, was wir uns wünschen, akkurat erscheint. Aber das beim Ridgeback erblich verankerte Ausweichen gegenüber Risiken wird fehlerhaft als fehlender Mut interpretiert. Eine solche Verwirrung ist verständlich, denn von Hunden für Militär und Polizei werden beispielsweise stets nach vorne gerichtete Aktionen erwartet. Die Reaktionen auf den Schuss sind wahrscheinlich die Folge, dass heutzutage nur wenige Hundebesitzer ihre Hunde mit Gewehrschüssen vertraut machen, insbesondere die nicht, welche in der Nachbarschaft von Stadtzentren leben. Schussgleichgültigkeit kann erblich bedingt sein, aber bei den so genannten Ridgeback-*Wesenstests,* die einige Clubs eingeführt haben, erwiesen sich diese Testergebnisse als eine Frage der Erziehung. 29 Ridgebacks wurden 1996 nachstehendem Vergleich unterzogen. Die Hauptzahl dokumentiert die Fälle 1996, die Klammerzahlen zeigen die Fälle des jeweiligen Verhaltens in einem vorausgegangenen Test.

SICH NÄHERNDE PERSONEN (INTERESSE AN UNBEKANNTEN MENSCHEN)
Unsicherheit - zeigt soziale Signale, ist aber aggressiv: **NEIN**
Aggression - weist durch aggressives Verhalten Kontakte zurück. **NEIN**
Reserviert - zieht sich zurück, zeigt Unsicherheit. (1) **0**
Wenig ansprechbar - Hund reagiert nicht auf Kontaktversuche. (7) **10**
Offen und ansprechbar - ausbalanciert; leicht, Kontakt mit dem Hund aufzunehmen. (19) **19**
Übermäßig offen - intensives Kontaktbemühen. **NEIN**

AUSGEPRÄGTE JAGDINSTINKTE (INTERESSE AM VERFOLGEN, INTERESSE AN DER BEUTE)
Fehlendes Interesse. **1**
Niedriges Interesse. **8**
Leichtes Interesse. (6) **7**
Mittleres Interesse - schnell in der Verfolgung, wenig Interesse an der Beute. (17) **8**
Hohe Intensität - an der Beute interessiert. (3) **5**
Sehr hoch - große Intensität, ohne Interesse an der Beute. **NEIN**

SOZIALE KAMPFINSTINKE (TENDENZ MIT ODER GEGEN IRGENDETWAS ZU KÄMPFEN)
Mangelndes Interesse. **2**
Niedriges Interesse - schwierig, den Hund in Kampfsituationen einzubeziehen. (4) **4**
Leichtes Interesse - reagiert auf Kampfherausforderungen spät. (15) **17**
Mittleres Interesse - antwortet deutlich auf Kampfaufforderungen. (8) **16**
Hoch - fordert grundlos Kämpfe heraus. **NEIN**
Sehr hoch - hartnäckig im Kampf, schwer zu trennen. **NEIN**

TEMPERAMENT (ANPASSUNGSFÄHIGKEIT UND NEUGIER)
Faul und gleichgültig - an Testsituation uninteressiert. **NEIN**
Etwas träge - schwer zu interessieren, langsam. (1) **3**
Schwer zu reizen - zu Beginn langsam, dann oft lebhaft. (12) **8**
Lebhaft - neugierig und anpassungsfähig. (13) **17**
Sehr lebhaft - häufig durch Umfeld übererregt. (1) **1**
Impulsiv - verändert laufend seine Aktivitäten. **NEIN**

SCHÄRFE (NEIGUNG BEI BEDROHUNG ZORNIG ZU WERDEN)
Zeigt keine. (1) **0**
Niedrige Tendenz - wenige aggressive Merkmale, nur in wenigen Situationen. (5) **1**
Leichte Neigung - aggressive Merkmale ohne größere Bedeutung. (7) **6**
Mittel - ausgewogen und betont in der Reaktion. (13) **13**
Deutlich - auf Bedrohung mit exzessiver Aggression. **5**
Nicht nachlassend in der Aggression - aggressiv, auch nachdem die Drohung verschwunden ist. **NEIN**
Hinweis: 4 Hunde schwer zu beurteilen (2)

VERTEIDIGUNGSINTENSITÄT (BEREITSCHAFT, SICH SELBST ZU VERTEIDIGEN)
Zeigt keine. (3) **0**
Niedrige Bereitschaft - versucht abzuschrecken, weicht zurück, gibt auf. (4) **5**
Leichte Bereitschaft - antwortet zögernd oder wartet auf die nächsten Schritte. (9) **12**
Mittel - antwortet mit Festigkeit, weicht nicht zurück. (11) **7**
Bedeutend - weist Angriffe kraftvoll zurück, greift selbst an. **1**
Außergewöhnlich - weist grundlos zurück, nicht kontrolliert. **NEIN**

NERVENVERFASSUNG (STRESSLEVEL, KONZENTRATIONS- UND ENTSPANNUNGS-FÄHIGKEIT)
Stabil - zeigt sich interessiert, völlig unbeeindruckt, keine Stresssignale. **1**
Relativ stabil - verlässlich und ausgewogen, kann wenige falsche Reaktionen zeigen. (10) **11**
Gewisse Neigung zur Nervosität - Konzentrationsprobleme, Probleme beim Entspannen oder einige falsche Reaktionen. (9) **11**
Etwas nervös - einige falsche Reaktionen, der Stresslevel kann sich kumulativ aufbauen. (6) **2**
Nervös - im Allgemeinen zu hoher Stresslevel, Schwierigkeiten sich zu Entspannen. (2) **1**
Ausgeprägt nervös - Konzentrationsprobleme, gibt Test auf. **3**

BELASTBARKEIT (FÄHIGKEIT ERFAHRUNGEN ZU NUTZEN)
Sehr belastbar - zeigt sich völlig unberührt und selbstständig. **NEIN**
Belastbarkeit - in der Regel unberührt, unabhängig. **NEIN**
Mittlere Belastbarkeit - vergisst wieder schnell, keine ausdauernde Belastung. (2) **2**
Etwas weich - zeigt Erinnerungsvermögen, ist dadurch aber nicht gestört. (9) **9**
Schwach - erinnert sich gut, kann sich anschließend unterwürfig zeigen. (13) **16**
Sehr schwach - durch Erinnerung verstört, unterwürfig. (4) **2**

HANDLUNGSFÄHIGKEIT (KANN EIGENE FURCHT ÜBERWINDEN)
Nicht vorhanden - kann auch mit Hilfen nicht darüber hinweg kommen. (1) **3**
Schwach - zögerlich beim Überwinden trotz Hilfen. (12) **9**
Eingeschränkt - kann einige Situationen von sich aus überwinden. (11) **12**
Mittel - überwindet sich, manchmal dank Hilfen. (3) **4**
Ausgeprägt - überwindet sich, braucht manchmal etwas Zeit. **NEIN**
Sehr ausgeprägt - überwindet sich schnell und aus sich heraus. **NEIN**
Hinweis: 1 Hund schwer zu beurteilen.

SCHUSSGLEICHGÜLTIGKEIT (REAKTION AUF GEWEHRSCHÜSSE)
Keine Reaktion. **NEIN**
Reaktion, die wieder vergeht. (18) **16**
Jedes Mal leichte Reaktion. (3) **7**
Niedriger Aktivitätsspiegel. **NEIN**
Erhöhter Aktivitätsspiegel. **NEIN**
Sehr beunruhigt, versucht zu meiden. **1**
Hinweis: 5 Hunde nahmen nicht teil. (6) **0**

Meiner Meinung nach wäre es wichtig, ein einheitliches System zu finden, das Verhalten von Ridgebacks mit dem anderer Rassen zu vergleichen. Bei diesem System müssten die historischen Darstellungen der Aufgaben der frühen Ridged Dogs *berücksichtigt werden. Das System muss auch leicht und klar verständlich sein, um fortwährende Probleme zu vermeiden, die Testformen in verschiedenen Sprachen und Kulturen zu übertragen.*

RIDGEBACK-MEMOIREN

Wenn man ein Buch über Hunde schreibt, dabei den Rassestandard darstellt, Ratschläge gibt über Gesundheit und Ausbildungsmethoden, diskutiert, welche Ernährung ein gesunder Hund braucht oder wie man durch Tests das Wesen ermittelt, endet eine solche Diskussion früher oder später in zu vielen Fakten und Zahlen. Man muss sich daran erinnern, dass letztendlich die Beziehung zwischen uns menschlichen Wesen und einem Hund sehr emotional verläuft. Zielsetzung dieses Abschnittes ist es, auch den emotionalen Seiten des Hundebesitzes gebührend Raum zu geben. Man sagt, es sei die Aufgabe des Journalisten, wichtige Dinge auch interessant zu schildern. Mein Ziel hier ist, das nicht genau zu Bestimmende im Gedächtnis zu verankern. Früher habe ich einmal geschrieben: »Niemals habe ich Erinnerungen als Ersatz für Optimismus und Ehrgeiz akzeptiert.« Heute - und mit 15 Jahren längerer Erfahrung - oder ist es das reine Alter - möchte ich dem hinzusetzen, dass Erinnerungen die beste Quelle der Inspiration sein können, um Energien zu gewinnen, optimistisch zu bleiben und nach vorn zu blicken. Aus diesem Grund nachstehende Anekdoten.

KEIN LÄCHELN

Haben Hunde Sinn für Humor? Das ist sicher umstritten. Hunde können jedoch eindeutig ihre klare Missbilligung ausdrücken über das, was Menschen als lustig ansehen. Vor Jahren brachten meine Frau und ich unseren damaligen »Superstar« Loustigens Douglas nach Finnland auf eine Ausstellung. Gemeinsam mit einigen Kollegen und Wettbewerbern, dazu einer Anzahl von Ridgeback-Rüden, die korrekt miteinander spielten, wanderten wir durch die junge, grüne, frühlingshafte Landschaft. Da entdeckten wir einen kleinen Wasserlauf, über den wir die Hunde hin- und herspringen ließen, etwas, was wir alle als großen Spaß empfanden. Es gibt nur wenige Dinge, die so elegant wirken, wie der Galopp und das Springen eines Ridgebacks. Einige sagten, diese Hunde könnten sich nahezu *mühelos in die Luft erheben.* Alles ging gut, bis Douglas plötzlich im schmutzigen Gras ausrutschte und ins Wasser stürzte. Alle grinsten - wir selbst lachten. Es war ein recht nasser und mürrischer Hund, der mit uns zurück zum Hotel ging, er trug eine nahezu sichtbare graue Wolke über seinem Kopf. Die echte Lektion erteilte er uns dann am nächsten Tag auf der Ausstellung - dieser legendäre Ausstellungssieger weigerte sich, sich überhaupt zu zeigen. Keinerlei Feuer, einfach keine Lust - oder beides. Das wäre zu sagen, wenn Sie über Ihren Hund lachen, in dem Moment, in dem er alle Sympathien braucht!

Aufmerksame Wächter mit Ridge - Passieren unmöglich.

Foto: Rens Trappel, Niederlande.

Auf Zehenspitzen.
Foto: Kari Kristiansen, Norwegen.

DER AMATEUR-HÜTEHUND

Nachstehende Geschichte erzählten mir Lobo's Besitzer, Herr und Frau Fitzboegel. Eines Tages nahmen sie ihren Rüden Lobo mit zu einer deutschen Clubshow. Auf der Reise hielten sie an einer großen Grasfläche an, um die Hunde zu bewegen. Im Normalfall hielten sie dabei ihre Hunde immer angeleint, da sie aber wussten, dass ihre Hunde auf Kommando stets gehorchten, meinten sie, sie könnten Lobo einige Minuten Freiheit schenken.

Dies erwies sich als ein Fehler. Einige hundert Meter entfernt lag eine eingezäunte Koppel mit elf Kälbern. Die nächsten fünf Minuten waren die längsten im Leben der Familie Fitzboegel. Lobo hatte sich entschlossen, sich taub zu stellen, rannte in den eingezäunten Bereich - durch dichten Stacheldraht hindurch. Dann begann er die Kälber zu umkreisen, vermied dabei geschickt alle Versuche der verstörten Tiere, nach ihm auszuschlagen. Als die Fitzboegels den Zaun erreichten, hatte er die elf Kälber bereits elegant zu einer einzigen, geschlossenen Einheit zusammengetrieben. Keines der Kälber war verletzt, nicht einmal berührt worden. Nachdem sie erst einmal das Problem gelöst hatten, Lobo durch den Stacheldraht wieder unbeschädigt herauszubekommen, dachte Familie Fitzboegel lange darüber nach, wie ein Ridgeback, der nie zuvor in seinem Leben eine Kuh gesehen hatte, doch noch immer den alten Instinkt intakt in sich trug, einschließlich der Veranlagung zum außerordentlich fachkundigen Hütehund.

DER SELBSTSTÄNDIGE VUMBA

Mariette van der Veer und Rens Trappel, Besitzer des großartigen Champions Vumba und von Jessie, reisten aufgrund ihrer Liebe zum Ridgeback ausgiebig durch die Welt und brachten einige charmante Erlebnisse mit nach Hause. Als Vumba und Jessie noch recht jung waren, der eine zwei, die andere ein Jahr alt, nahm Mariette die beiden mit in das Krankenhaus, in dem sie arbeitete - ihre Kollegen wollten sie einmal sehen. Am Seiteneingang des Krankenhauses ließ sie die beiden aus dem Auto. Während einige Passanten Jessie streichelten, marschierte Vumba in Richtung Eingang, die Glastür öffnete sich bei seiner Annäherung automatisch und Vumba betrat das Krankenhaus. Mariette beeilte sich, Jessie wieder im Auto zu verstauen und lief hinter Vumba her. In der Zwischenzeit hatte dieser den Bereich der Inneren Medizin betreten, sprang auf das Bett eines der Patienten und machte es sich gemütlich. Die Patienten waren völlig überrascht. Mariette nahm Vumba vom Bett und entschuldigte sich vielmals. Dies war Vumbas kurze Karriere als »Dr. Vumba«, wie er danach allgemein im Krankenhaus bekannt war.

Im Jahre 1993 nahmen Mariette und Rens Vumba und Jessie mit auf eine Ferienreise nach Israel. Sie machten am See von Galilaea Station und gingen abends mit israelischen Freunden zum Dinner aus. Den Hunden wurde der Zugang zum Restaurant verweigert, denn sie waren zu groß. Deshalb wurden sie ins Auto gesteckt, dessen Fenster offen blieben. Als die Gesellschaft gerade mit dem Dinner begann, hörte sie Menschen ringsum davon sprechen, dass zwei gefährliche Hunde durch die Straßen liefen - besser ausgedrückt die Straßen leerten. Sie gingen nach draußen und sahen, dass es Vumba und Jessie viel Spaß machte, dass alle diese Menschen vor ihnen wegliefen. Sie steckten sie schnell wieder in das Auto, legten sie an die Leinen und banden sie sicher fest. Zehn Minuten später, als sie gerade ihr Dinner fortsetzten, herrschte plötzlich im ganzen Restaurant Totenstille. Vumba hatte die Tür geöffnet und betrat das Restaurant. Er stand in der Tür und blickte sich um. Als er sie sah, rannte er zu Mariette und Rens, legte sich unter Mariettes Stuhl und blieb dort für den ganzen Rest des Abends. Niemand wagte es, ihn nach diesem Ereignis auszuweisen. Er hatte eine angenehme Zeit - nachdem er im Auto seine Leine durchgebissen hatte.

DER HUND DES TAGES

Jessie ist der Held der nächsten Geschichte, die sich ereignete, als Rens und Mariette mit vier Ridgebacks in Frankreich Ferien machten. Auf dieser Reise besuchten sie auch eine Ausstellung. Nach dem Richten sagte man ihnen, sie sollten um vier Uhr mit Vumba und Chirembo im Hauptring antreten. Sie steckten deshalb ihre beiden anderen Hunde, Vizara und Jessie, in die Boxen, gemeinsam mit ihrem Gepäck, darin Kamera, Video, Geldbörsen, Kreditkarten und all ihr Geld. Sie taten dies recht unbekümmert, denn sie wussten, Jessie mochte keine Menschen, die sie nicht kannte.

Als sie über das Ausstellungsgelände gingen, hörten sie über den Lautsprecher, dass im Hauptring ein Rhodesian Ridgeback sei. Sie wunderten sich sehr, wer so leichtsinnig wohl seine Hunde losgelassen haben mochte. Da sie aber noch einige Zeit hatten, in den Hauptring zu gehen, wussten, dass sie ihre Hunde richtig gesichert hatten, hielten sie noch einmal auf ein Glas Champagner an. Eine Stunde später kam eine neue Durchsage über den Lautsprecher, die betonte, dass im Hauptring noch immer ein Ridgeback stehe, sein Besitzer möge ihn doch bitte schnell abholen. Rens gab Chirembo und Vumba an Mariette, ging zu den Boxen zurück, einfach um zu kontrollieren, ob Jessie und Vizara dort noch immer sicher verwahrt waren. Zur großen Überraschung von Rens hatte es Vizara geschafft, den Zwinger von innen zu öffnen, war ausgebrochen und in den Hauptring marschiert. Die ganze Zeit über war Jessie brav in dem Zwinger geblieben, bewachte alle Besitztümer. Passanten hatten versucht, die Zwingertür zu schließen, aber dies hatte Jessie keineswegs geduldet. So war eigentlich sie der *Hund des Tages,* obwohl die zwei anderen es geschafft hatten, ihr CC zu gewinnen. Manchmal glauben Mariette und Rens, dass ein zuverlässiger Rhodesian Ridgeback - auch wenn ihm eine Krone fehlte - mehr wert sei als einfach nur ein Ausstellungshund.

VIZARA, DER LÖWENHUND

Eines Tages nahm Mariette Vizara alleine mit auf einen Spaziergang, denn sie war gerade heiß. Als Mariette in Richtung Naturreservat fuhr, wo sie gewohnt war, ihre Hunde auszuführen, sah sie einen merkwürdig aussehenden Mann. Als sie sich mit Vizara auf den Weg machte, bemerk-

Echte Hundepartnerschaft.

Foto: Katja Vogelsinger. Österreich.

Foto: Katja Vogelsinger, Österreich.

te sie, dass der Mann ihr nachfolgte, beidseits ihres Weges gab es Kanäle, wodurch sie auf den Weg beschränkt war. Sie wurde ziemlich besorgt, denn Vizara war die kleinste ihrer Ridgebacks, und sie hatte ja ihr Handy nicht dabei. Ihr Adrenalinspiegel stieg ständig, aber als der Mann anzugreifen versuchte, war Vizara zur Stelle, ganz plötzlich, mit weißen, drohenden Zähnen. Sie schnappte nach dem Angreifer, der daraufhin flüchtete. Mariette erzählt, nie sei sie Vizara dankbarer gewesen als in diesem Augenblick und sie hatte keine Zweifel mehr wegen ihrer Schulterhöhe. Es ist immer der Charakter - der zählt!

DER MEIST GESUCHTE AMERIKANER

Dr. Pamela Rosman gründete ihren Samara Kennel in den USA. Eines Tages wurde ein Ridgeback aus ihrer Zucht namens Samara Kwamira als verloren gemeldet, er war vier Jahre alt, groß und wog stolze 40 Kilo. Samara Kwamira war als »Madison« ziemlich bekannt, seine Besitzerin Julie Sutherland liebte ihren Hund so sehr, dass er sie bei ihrer Hochzeit bis ins Seitenschiff der Kirche begleitete. Dr. Rosman verteilte etwa 1.000 Flugblätter mit der Beschreibung von Madison. Sie ließ sich von zwei Hundepsychiatern beraten. Die Distrikt-Polizei von Nassau wurde gebeten, ihre Helikopter einzusetzen. Menschen, die Auslieferungen vornahmen, beispielsweise Federal Express, UPS und alle regionalen Postbüros wurden angeschrieben. Schließlich rief sie in allen Kirchen von North Shore an, bat darum, bei den Sonntagspredigten Madison zu erwähnen.

Sechs Tage nach Beginn der Suche entdeckte ein Briefträger einen solchen Hund hinter einem Haus, rief Mrs. Sutherland an. In höchster Eile machte sie sich auf, rief von der höchsten Stelle, die sie finden konnte, nach dem Hund. Es dauerte einige Zeit, aber langsam erschien Madison - er hatte sich inzwischen davon überzeugt, dass es doch wohl in diesem Gebiet keine Löwen gab! Dr. Rosman meinte danach: »Wenn du deinen Hund verlierst, kannst du dich nicht einfach hinsetzen und dir Sorgen machen. Du musst ihn solange suchen, bis du ihn wieder gefunden hast!«

DER FLIEGENDE RIDGEBACK

Zitieren wir Randi Jo Turken: »Bereits auf eine Meile kann man einen Ridgeback erkennen. Handelt es sich um einen Rüden, sieht der Hund wie ein königlicher Löwe aus. Nur Muskeln und Eleganz! Ist es eine Hündin, ist sie schlank und muskulös, ihre Bewegung gleicht der eines Pferdes.« Zu den Gründen, weshalb Randi von der New York's Upper West Side sich für einen Ridgeback entschied, zählte, dass er fähig ist, lange, sehr lange Strecken zu laufen. Sie joggte jeden Morgen sechs Meilen - und wie hat Charlie diesen Auslauf geliebt! Randi meinte: »Es machte Spaß, sie zu beobachten, in ihrem Gesicht lag reine Freude, wenn ihre langen, schlanken, muskulösen Läufe durch die Luft flogen. Und mit all den Eichhörnchen auf dem Weg - Vorsicht! - sie raste mit voller Geschwindigkeit auf sie zu, sprang dann fünf Fuß in die Luft, um dem Eichhörnchen den Weg den Baum hinauf abzuschneiden.« Charlie starb in hohem Alter. Als aber Randi heiratete, erklang während der Hochzeit das Lied von Whitney Houston »I will always love you«, dem Andenken an Charlie gewidmet.

Kapitel 7

RIDGEBACKS AUF AUSSTELLUNGEN

Hundeausstellungen erfüllen zumindest drei verschiedene Aufgaben. Zum einen beruht das Urteil des Richters immer auf den individuellen Qualitäten jedes Hundes - so sollte es zumindest sein - dies steht vor jedem Wettbewerb um die Plätze. Vom kynologischen Standpunkt aus ist zweifelsohne ein Ausstellungssystem, bei dem die Beurteilung jedes einzelnen Hundes durch einen schriftlichen Richterbericht erfolgt, am konstruktivsten.

Zum Zweiten haben Ausstellungen eine kombinierte erzieherische und soziale Aufgabe. Sie sollen Menschen zusammenbringen, einige sind erfahrene Züchter, einige Hobbyaussteller, einige Rassefanatiker und dann kommen noch jene, die einfach einmal die Rasse studieren möchten. Das Ringgeschehen ist für alle außen am Ringrand Stehende sehr interessant. Die Atmosphäre innerhalb wie außerhalb des Rings muss immer positiv sein, um den Austausch von Ideen und Meinungen zu erleichtern. *Geballte Fäuste* - entweder symbolisch oder - was Gott verhüten mag - tatsächlich - sind immer ein großer Schaden für die fragliche Rasse. In Ländern, wo die Richter ermutigt werden, offen zu richten, funktionieren die Ausstellungen vom erzieherischen Aspekt her am besten. Meine persönliche Meinung ist, dass Richter, die nicht in aller Öffentlichkeit ihren Richterbericht und danach ihre Platzierungen im Ausstellungsring zu erläutern vermögen, überhaupt nicht richten sollten. Auf gleiche Art sollte man Ausstellungssysteme, wo ein offenes Richten nicht erlaubt ist, kritisch untersuchen. Gibt es auch nur einen einzigen Grund, weshalb man Beurteilungen nicht in der Öffentlichkeit anbringen darf - es sei denn, man scheute möglicherweise davor zurück, öffentlich die Wahrheit auszusprechen?

Schließlich kommt dann noch das sportliche Element, man kann es auch Wettbewerbselement nennen, einer Hundeausstellung hinzu. Auch dies ist eine echte Funktion, obgleich man solche Wettbewerbe regelmäßig in Frage stellen muss. Aber Wettbewerbe stimulieren das eigene Bemühen, und dies wiederum motiviert die Menschen, sich mehr anzustrengen. In korrektem Ausstellungsumfeld sind Atmosphäre, Stimmung im Ring und die ethischen Regeln des Wettbewerbs auch Teil der Erziehung. Wir können in keiner Gesellschaft unsere Aufgaben erfüllen, wenn wir nicht wissen, wie wir etwas besser machen können, nicht zuletzt auch wie man eine Niederlage akzeptiert und aus diesen harten Lektionen selbst lernt.

WAS SIND AUSSTELLUNGSHUNDE?

Die beste Erziehung für jeden, der sich eine Ausstellungskarriere aufbauen möchte, beginnt damit, siegende Hunde genau zu studieren. Schon als wir diskutierten, wie man einen *Ausstellungswelpen* kauft, haben wir festgestellt, dass es keine solchen Tiere gibt. Es gibt aber fast immer Hunde mit *Ausstellungspotenzial.*

Wenn man sich dann siegende ausgewachsene Ridgebacks anschaut, gibt es viele Lektionen, die man lernen kann, aber letztendlich ist der Einzige, der Ihnen etwas beibringen kann, Sie selbst. Beobachten Sie Hunde, vergleichen Sie diese untereinander, werden Sie sich darüber klar, warum Sie einen Spitzenhund vor dem anderen platzieren würden. Ich gebrauche absichtlich das Wort *warum.* Bestimmt gibt es nichts wie *ich mag ihn (I like)* - insbesondere nicht für einen Ausstellungsrichter. Hinter jeder Entscheidung muss eine Begründung stehen. Und diese Begründung wiederum muss im Zusammenhang mit der Funktionalität des Hundes stehen. Es mag etwas hart klingen, ich erinnere mich aber immer an einen Fachmann, der seinem jüngeren Kollegen sagte: »Es interessiert mich überhaupt nicht, was Sie denken oder fühlen - ich möchte ganz einfach hören, was Sie wissen.« Einfacher ausgedrückt bedeutet dies *Hundeausstellungen verstehen.*

In vielen Sportarten werden die Ergebnisse und damit der Leistungsstand in Zentimetern, Metern, Sekunden oder selbst hundertstel Sekunden gemessen. Es gibt auch solche sportlichen Messzahlen für Hunde. In einigen modernen Sportarten, beispielsweise *Lure Coursing* oder *Agility,* könnte man möglicherweise - wenn die Bahnen voll standardisiert wären - derartige Vergleiche ziehen. Es ist durchaus interessant, die Vorstellungen verschiedener Hunderassen beim *Track Racing* und *Lure Coursing* zu vergleichen, weniger um eine Rangordnung des Leistungsvermögens der einzelnen Rassen aufzustellen, vielmehr um zusätzliches Verstehen von rassespezifischen Qualitäten zu gewinnen.

Im Kontrast hierzu schaffen klassische Hundeausstellungen Helden und Heldinnen, die man von einem Kontinent zum anderen miteinander vergleichen kann, obgleich es gar nicht leicht - wenn überhaupt möglich - ist, unsere Hunde weltweit auszustellen. Umso weniger sollten wir uns einbilden, wir könnten großartige Hundeausstellungen aus verschiedenen zeitlichen Perioden miteinander vergleichen. Die Hundeausstellungen selbst haben sich verändert - zum Guten - in einigen Fällen aber auch zu Lasten der weiteren Entwicklung der Hunde. Showtalent - *Showmanship* - und Vorführen - *Handling* - spielen heute eine viel größere Rolle als vor zehn Jahren. In einigen Ländern hat dies zu extremen Verhältnissen geführt. Ein Hund, auch wenn er überzeugende Qualitäten besitzt, ist nahezu chancenlos, wenn er nicht von einem Berufsvorführer präsentiert wird. Außerdem haben sich auch die Ausstellungsgelände dramatisch verändert, in den meisten Fällen zum Besseren.

Neue ultra-elitäre Wettbewerbe, die verschiedenen *Champion of Champions* und *Supreme Champion* Extravaganzen haben einen vollkommen neuen Schlag von Vorführern hervorgebracht, die ihre Hunde so lange trainieren, bis das Paar wirklich wie eine untrennbare Einheit wirkt. Wir sollten daran denken, dass das ultimative Kriterium beim Richten von Ridgebacks ist, dass es sich um natürliche Hunde handelt, der Natur und ihrem afrikanischen Erbe so nahe wie möglich. Deshalb dürfen wir nicht einmal vorgeben, wir seien in der Lage, Qualitäten verschiedenen Alters und der Generationen gegeneinander zu vergleichen.

Wissen bedeutet in der Hundeterminologie Verstehen, wie Hunde funktionieren, das Spezifische zu erkennen, was hinter einer bestimmten Rasse steht, in der Lage zu sein, den Rassestandard zu lesen, dann noch über die Fähigkeit zu verfügen, das was man sieht - oder mit den Händen fühlt - mit dessen funktionalem Hintergrund zu verbinden. Konsequent betrachtet ist eine Hundeausstellung kein Schönheitswettbewerb, vielmehr eine Veranstaltung, bei der die Anatomie der Hunde in Beziehung zum Rassestandard gesetzt wird, hinzu kommt allgemeines Wissen über hundliches Verhalten.

AUSSTELLEN LERNEN

Nehmen wir einmal an, Sie haben Ihren Ridgeback bereits als Junghund zu einigen Ausstellungen geführt und er hatte wirklich seinen Spaß dabei. Vielleicht haben Sie ihn auch schon daran

Ist Ihr Ridgeback etwa vier bis fünf Monate alt, haben Sie schon die Möglichkeit, sein Ausstellungspotenzial zu erkennen. Dieser Junghund zeigt, dass er einen wunderschönen Körper, gute Länge und wahrscheinlich gute Winkelungen haben wird. Die Front ist gut, die Hinterhand muss sich noch weiter entwickeln. Von vorne gesehen wirkt der Kopf schmal, dies aber ist ein gutes Zeichen, dadurch wird er wahrscheinlich nicht zu breit. Wichtig ist der aufgeweckte Ausdruck und die ausgeprägte Aufmerksamkeit. Fotos: U. B. Persson.

gewöhnt, dass immer eine besondere Ausstellungsleine angelegt wird, wenn der Ringordner Sie auffordert, den Hund dem Richter vorzustellen. Das lehrt den Hund, dass es mit einer solchen Ausstellung eine besondere Bewandtnis hat. Ernsthafteres Ausstellen beginnt und endet mit Ihrer Fähigkeit, die Qualität Ihres eigenen Hundes beurteilen zu können. Die Grundidee von Ausstellungswettbewerben besteht darin, den eigenen Hund ehrlich, aber als Experte von seinen starken Seiten vorzustellen, so gut man das immer vermag. Dies führt dazu, dass ein Hundebesitzer, der sich weigert, die schwächeren Punkte seines eigenen Hundes zu erkennen, höchst wahrscheinlich weniger fähig ist, seine starken Seiten hervorzuheben.

VERLIEREN LERNEN

Seien Sie sich im Klaren, Sie können nie alle Ausstellungen gewinnen, selbst wenn Sie das Glück haben, einen wahren Ridgeback-Star zu besitzen. Siegen macht die Verlierer nicht zu schlechteren Ridgebacks, und das Verlieren nimmt Ihrem wunderbaren Lebensgefährten überhaupt nichts weg. Wie in allen Sportarten ist die Grundanforderung Sportlichkeit. Gratulieren Sie immer dem Sieger! Akzeptieren Sie auch Gratulationen beim eigenen Sieg. Sie dürfen aber nicht Ihre Perspektiven verlieren. Ein guter Sportsmann zu sein bedeutet nicht, dass man die Gründe für das eigene Verlieren übersieht. Möglicherweise war der andere Hund besser oder gleich gut oder sein

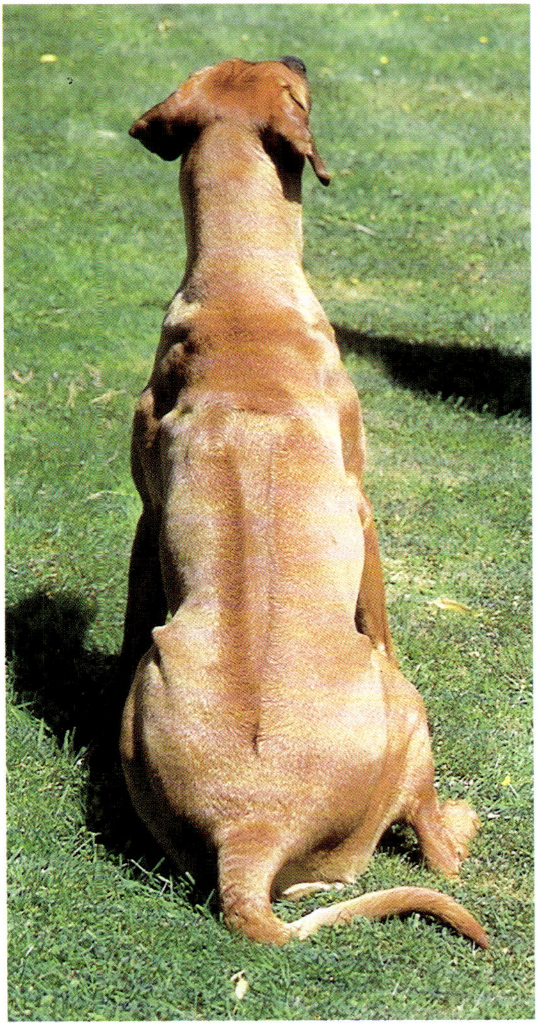

Die Qualität des Ridge kann man meist schon wenige Minuten nach der Geburt beurteilen. Die Längenproportionen zum Körper wie auch die Symmetrie werden sich nie verändern. Bei der Bewertung eines Ridge ist es ein Muss, dass es zwei - und nur zwei - Kronen gibt, symmetrisch gegeneinander angesetzt. Selbst erfahrene Richter übersehen manchmal ein wichtiges weiteres Kriterium, nämlich die Länge des Ridge. Dies ist ein Beispiel für den anatomisch richtigen Ridge, wie man ihn von einem Champion erwartet.

Führer war besser. Nehmen Sie dies als Herausforderung, lernen Sie und üben Sie mit Ihrem Hund.

TEAMWORK

Sie sollten immer ein Team mit Ihrem Hund bilden. Der entscheidende Augenblick ist nicht, wenn Sie Ihren Hund im Stehen präsentieren, er kommt vielmehr bei der Bewegung. Ein Ridgeback ist in erster Linie in der Bewegung ein hervorragender Hund, einer der schönsten unter allen Hunderassen. Vergewissern Sie sich, dass Sie Ihren Hund in allen Geschwindigkeiten vorstellen können, ohne dass er aus dem Trab gerät. Dies wiederum kann und muss trainiert werden. Haben Sie einen sich gut bewegenden Hund, müssen Sie darauf achten, erst dann schneller zu laufen, wenn im Ring genügend Platz ist. Lässt der Richter die ganze Klasse im Kreis traben, brauchen Sie einen Hund, der sich auf Sie konzentriert, nicht dem voranlaufenden Hund nachjagt, andernfalls könnte dies zu einem Galopp ausarten, damit zu einem Verlust an Rhythmus und Präsentation.

Wenn Sie Ihren Ridgeback im Stand präsentieren, dürfen Ihre Handbewegungen nicht zum Ausdruck bringen, dass Sie unruhig sind. Korrigieren Sie niemals eine schwache Stelle an Ihrem Hund, während der Richter ihn beobachtet. Gibt es Schwierigkeiten, hat sich Ihr Hund in einer schlechten Stellung aufgebaut, führen Sie den Hund um sich herum und stellen ihn neu auf. Denken Sie daran, richtig stehen beginnt immer mit den Vorderläufen, die in einem exakten Winkel von 90 Grad zum Boden stehen müssen. Sprechen Sie mit Ihrem Hund. Verfügt er über eine große Ausdruckskraft, sollten Sie versuchen, dass der Hund auf den Richter schaut, mit munterer Neugier in den Augen, während der Richter gerade die ganze Linie der aufgestellten Hunde passiert.

Zum Schluss: Treffen Sie im Ausstellungsring auf Unfairness - das kann passieren, obwohl der Ridgeback-Ring im Allgemeinen solchem Fehlverhalten weniger ausgesetzt ist als Rassen mit noch härterem Wettbewerb -

Die Beurteilung der Anatomie eines Ridgebacks erfolgt am besten im mittelstarken Trab. Dabei wird der Kopf noch über der Rückenlinie getragen, das ändert sich bei schnellem Trab, wobei die Halslinie auf die Rückenlinie absinkt. Der Rutenansatz steht parallel zum Boden - alles andere signalisiert eine weniger perfekte Kruppe, und die Rute wird dann etwas tiefer als die Rückenlinie getragen - was einen Fehler bildet. Die einzelnen Schritte sind lang und mühelos, wobei die Pfoten nahezu den Boden berühren. Hohe Vorderläufe beispielsweise sind ein Hinweis für fehlerhafte Front, meist ausgelöst durch zu steile Schulter. Achten Sie auch auf lange, schlanke Muskeln der Hinterläufe. Kurze, runde Muskeln vermitteln über kurze Entfernungen explosive Schnelligkeit - ein Ridgeback ist aber ein Läufer über lange Strecken.

bleiben Sie kühl. Regen Sie sich auf oder werden Sie nervös, spürt dies ihr Hund noch früher als Sie selbst. Der Ringordner ist dafür verantwortlich, dass jeder Hund unter gleichen und fairen Konditionen vorgestellt werden kann. Scheuen Sie sich nicht, bitten Sie ihn um seine Hilfe, zum Beispiel durch Separieren von Hunden, die im Ring zu eng beieinander stehen oder sich von außen zu nahe am Ring befinden. Und denken Sie unbedingt daran, Ihren Ridgeback zu streicheln und zu loben, was immer auch an einem bestimmten Tag im Ring geschehen mag.

AUSSTELLUNGSAUSRÜSTUNG

Alles Vorstehende bezieht sich auf die Ringpräsentation. Ihr Ausstellungshund hat es aber auch verdient, außerhalb des Rings die besten Voraussetzungen anzutreffen. Vergessen Sie keinesfalls eine weiche, warme Decke, um sie dem Hund unterzulegen. Findet die Ausstellung im Freien statt und waren Sie nicht in der Lage, ein eigenes Ausstellungszeltdach zu erwerben, müssen Sie Ihren Hund zumindest an einer schattigen Stelle unterbringen. Frisches Wasser ist ein absolutes Muss - meine eigenen Hunde trinken alle eine bestimmte Marke von Mineralwasser. Wenn die Ausstellungsregeln verlangen, dass der Hund in einem Ausstellungskäfig untergebracht wird, sollten Sie Ihre Box abschließen, so dass Sie sicher sein können, dass Ihr Hund wie auch eventuelle Wertsachen, die in der Box bleiben, gesichert sind, während Sie sich etwas die Füße vertreten. Denken Sie daran, Ausstellen soll Ihrem Hund immer Freude bereiten. Vermeiden Sie deshalb, ihn über längere Zeit alleine zu lassen. Und führen Sie während der ganzen Ausstellung mit Ihrem Hund ein freundliches Gespräch.

Nun zum Schluss - Sie haben doch zu Hause überprüft, dass Sie die Eintrittskarte und die Katalognummer Ihres Hundes dabei haben?

Kapitel 8

WARUM SIE HERAUSRAGEN?

Genauso wie wir im Sport Helden bewundern, gibt es auch in der Hundewelt bekannte und weniger bekannte Einzeltiere. Die Ridgeback-Annalen weisen ihre eigenen »Helden« aus. Dieses Kapitel präsentiert einige von ihnen, einzig zu dem Zweck Einzeltiere herauszustellen, welche im Ausstellungsring Großartiges leisteten.

DIE AUSWAHL

Bei dieser »Galerie großartiger Ridgebacks« habe ich versucht, als Basis meiner Kommentare eigene Erfahrung und Informationen aus erster Hand zu nehmen. Zahlreiche Einzeltiere, wahrscheinlich ebenso qualifiziert, vielleicht sogar noch mehr, konnten bedauerlicherweise nicht eingeschlossen werden. In den meisten Fällen erzählt ihre Erfolgsserie die ganze Geschichte ihrer Ausstellungskarriere, und erzielte Siege gelten für immer. Als Autor scheue ich mich nicht Entscheidungen oder Feststellungen zu treffen, die einige nicht mögen - das ist nun einmal so im Leben - trotzdem möchte ich mich ausdrücklich bei allen Spitzenklassen-Ridgebacks und ihren Besitzern entschuldigen, die ich nicht erwähnt habe. Es mag sie trösten, dass für den echten Ridgeback-Liebhaber der wahre Wert aller Ridgebacks darin liegt, dass sie gleich wunderbar sind.

LOUSTIGENS DOUGLAS

Dieser bemerkenswerte Rüde durchlebte nicht nur eine, sondern zwei schwedische und nordische Ausstellungskarrieren vom Ende der 70er bis Ende der 80er Jahre. Nach einigen Jahren ohne Ausstellungsring kam er als Veteran zurück und setzte erfolgreich den Wettbewerb mit mehreren Generationen neuer Ridgebacks fort, obwohl er bereits etwa in seinem zehnten Lebensjahr stand. Douglas war weniger verfeinert als die meisten heutigen Sieger. Sein Kopf, obgleich von mathematisch perfekten Proportionen von 1:1:1, wirkte etwas schwer, er hatte auch leicht lose Lefzen. Sein Fell war von mittlerer Weizenfarbe, möglicherweise im Vergleich zu vielen Ausstellungsmatadoren über Jahrzehnte und Länder etwas heller. Sein Ridge besaß eine makellose Länge. Er hatte auch ein wenig Weiß auf den Zehen aller seiner Pfoten, einige Fachleute glaubten, dies sei die Ursache, weshalb manche seinen Bewegungsablauf unterschätzten. Er verkörperte aber nachhaltig zwei Qualitäten, die echte Sieger ausmachen.

LouStigens Douglas war ein *mover,* der schwerlich von irgendeinem anderen übertroffen werden konnte. Ein gut aufgebauter Rüde mit ebenso gut entwickeltem Gefühl für Rhythmus. Ja, genau wie Menschen, können Hunde auch hier sehr verschieden sein. Er wirkte einfach anders. Er wurde körperlich nahezu bis zur Perfektion trainiert, in seiner Blütezeit lief er täglich über zwölf Meilen (20 km) neben dem Fahrrad. Zusätzlich zeigte er eine Ausstellungspräsenz, die

LouStigens Douglas. Ein immer wieder siegender Hund, der nicht in allen Einzelheiten die absolute Perfektion besitzt, braucht ganz besondere Vorzüge. Bei Douglas, dem Sohn von Dalecarlia im Herzen von Schweden, war es seine Front und die Hinterhandwinkelung, seine absolut perfekte Kruppe, zusätzlich ein »go«, das ihn immer wieder auffallen ließ, insbesondere in der Bewegung. Dieser Hund wurde beim Auslauf neben dem Rad täglich bis zu 20 und mehr Kilometer trainiert. Genau wie die Champions Vumba, Shangara's Checheni oder Marsabit M'Fumo zeugte Douglas einen hohen Prozentsatz neuer Sieger.

deutlich zu sehen, aber schwer zu beschreiben ist. Der weltweit bekannte Ausstellungsrichter aus Simbabwe Sammy Wallace drückte es so aus: »Er war ein echter Charakter, ein ganz besonderer Hund, ich vermag aber nicht zu erklären warum.«

Man hört so viele Geschichten über Würfe, aus denen ein, möglicherweise zwei Welpen herausragten; sei es durch ihr Verhalten, durch ihren Aktivitätsspiegel, weil sie laufend Unfug trieben oder weil sie vom allerersten Tag an bereits durch ihre Hundemütter verwöhnt wurden. In einer ganzen Reihe dieser Fälle wuchsen sich diese Welpen zu äußerst erfolgreichen Ausstellungshunden aus. Präsenz zählt im Ausstellungsring ganz besonders, es ist aber schwer sie zu züchten und ebenso schwer, sie zu beschreiben. Bei Ausstellungshunden, insbesondere solchen, die in bestimmten Merkmalen herausragen - beispielsweise Douglas im Trab - sollte man sich auf dieses Merkmal konzentrieren, es bis zur Perfektion verfeinern. Lehren Sie diesen Hund in vernünftig langsamem Trab zu laufen. Wenn Sie beispielsweise mit einem Hund in einer Geschwindigkeit Fahrrad fahren, bei der Ihr Hund galoppieren muss, führt dies zu negativen Folgen, es sei denn, Ihr einziges Ziel wäre es, seine körperliche Kondition zu stärken - oder die Hundekrallen zu kürzen. Ein Ridgeback liebt höhere Geschwindigkeiten. Und dies wird er sobald wie möglich auch zeigen - nicht zuletzt in einem großen Ausstellungsring, wenn Sie gern möchten, dass er sich in flottem Trab bewegt. Aber Vorsicht, Sie riskieren beim Fahrrad fahren Galoppermuskulatur *zu entwickeln, die sich stärker auf Rücken und untere Lendenpartie konzentriert.*

Planen Sie auf Ausstellungen von Anfang an die Präsentation der Vorzüge Ihres Hundes; kontrollieren Sie, wohin der Richter beim Betreten des Ringes schaut. Ohne die Wettbewerber zu beeinträchtigen, sollten Sie prüfen, ob Sie aus einer Ecke hereinkommen können, welche Ihnen die Gelegenheit des Trabens ermöglicht, wenn Sie Ihren Platz beim Aufbauen einnehmen.

CAINEABELS RED LOTUS

Diese CaineAbel Hündin, im Allgemeinen *Loppis* genannt, ist ein Beispiel moderner Zucht, bei der sorgfältig auf *finish* geachtet wird, man insgesamt korrekte Proportionen antrifft. Ihre Front ist kraftvoll, aber nicht zu massiv; die Brusttiefe ist gut, von korrekter angemessener Breite. Die Gesamtwinkelung ist anatomisch gesund und die Pfoten kraftvoll. Diese erfolgreiche schwedische Hündin, Züchter und Aussteller Mrs. Ulla Thedin, könnte unter den vielen Beispielen großartiger

Der lange, elegant aufgewölbte Rippenkorb schafft den besonderen Eindruck von Adel, weist auch auf beachtliche Schnelligkeit hin. Die Knochenstruktur dieser Hündin - der erfolgreichen Ch. CaineAbels Red Lotus - ist kräftig, aber nicht schwer, lenkt keinesfalls von ihrem insgesamt femininen Ausdruck ab.

Foto: Ulla Thedin.

Ridgebacks manchmal übersehen worden sein. *Loppis* ist nicht gerade ein unbeschriebenes Blatt geblieben, denn sie errang die Titel internationaler und nordischer Champion, trug auch den Titel *Nordic Winner* 1997. Sie gewann die große holländische RR Speciality Show 1998, eine der besten Ausstellungen auf dem europäischen Kontinent. Was an dieser Hündin so außergewöhnlich ist, ist die Gleichmäßigkeit ihrer Erfolge wie auch ihre anatomische Gesundheit und ihr Wesen. Sie vermag im Ring geradezu *zu funkeln* und trotzdem hat sie auch ihre einmalige Fähigkeit unter Beweis gestellt, auf langen Reisen und bei langen Ausstellungen sich völlig zu entspannen.

Nur sehr selten können Sie einen Winner kaufen oder selbst züchten. Sie selbst machen den Winner. *Das Verstehen und das Betreuen der seelischen Aspekte eines jungen Ridgebacks sind wichtig, oft entscheidend, um den Hund auf künftigen Ruhm vorzubereiten. So ist es sicher nicht überraschend, dass Mrs. Thedin nicht nur eine erfolgreiche Züchterin und Vorführerin auf Ausstellungen ist, sondern dass sie auch viel Zeit und Energien aufwendete, um die wahren Rassenmerkmale richtig zu verstehen. Wenn Sie laufend Spitzenergebnisse in der Zucht anstreben, muss Ihre eigene Lernfreude und Bildung deutlich über dem Durchschnitt liegen.*

VUMBA

Dieser außergewöhnliche Ausstellungs- wie Zuchtrüde wurde durch das Erringen des Weltsiegertitels 1992 in Valencia jedem Rasseliebhaber bekannt. Eine seiner Stärken liegt in seinem brillanten Rüdenkopf und einem interessanten Augenzwinkern, irgendwo zwischen Härte und Sinn für Humor. In seiner Blütezeit war er ein erstklassiger Läufer, aber dies war nicht der Schlüssel zu seinem großen Erfolg. Hinzu trat seine Fähigkeit, sich völlig natürlich aufzubauen, auf allen vier Läufen gut ausbalanciert, ohne dass der Führer ihn anzufassen brauchte, das gab den entscheidenden Vorsprung. Seine Harmonie mit seinem Besitzer und Führer Rens Trappel wurde zur Legende, und viele junge Vorführer haben versucht, seine Technik des einfachen Sprechens mit einem Hund, Aufrechterhalten des Augenkontakts im Ring zu erlernen, den Aufbau hoher Ringpräsenz und dies alles durch Stimulieren der natürlichen Lebhaftigkeit und Neugier des Hundes.

Natürlich ist beim Ausstellen ein erstklassiger Kopf zusammen mit einem echten Showtalent für den Richter wichtig. Hinzu kam der völlig entspannte Ausstellungsstil, die positive Haltung des Hundes, beides machte jedes Auftreten auf einer Ausstellung des Teams zu einem erfreulichen Anblick, bedeutete für Vumba, dass er über eine erstaunliche Anzahl von Jahren siegte. Und zweifelsohne gebührt Vumba in den Annalen der Geschichte die Anerkennung, dass er in den 90er Jahren der bekannteste holländische Ridgeback war.

Über die Jahre haben die Holländer viele Spitzen-Ridgeback-Sieger hervorgebracht. Trotzdem fällt es schwer, einen Vergleich zu dem großartigen Vumba zu sehen, der seine Siege Anfang der 90er Jahre durch Gewinn des Weltsiegertitels einleitete, dann buchstäblich überall in Europa Spitzenehren einheimste. Dieser Rüde zeigt ringsum Maskulinität, mit kräftigen Pfoten, die einen muskulösen Körper und einen Spitzenkopf tragen.

Foto: R. van Trappel.

Kein Ridgeback wird zum laufenden Sieger, wenn er Ausstellungen nicht mag. Und die Unterschiede im Auftreten werden wesentlich davon beeinflusst, wie der Vorführer seine positiven Eigenschaften im Ausstellungsring zu vereinen vermag. Nicht alle Hunde sind so aufgeschlossen wie Vumba, und nur dies ermöglichte, seine Ausstellungspräsenz zum Extrem zu führen. Aber auch Sie müssen den Kontakt zu Ihrem Hund laufend ausbauen und trainieren. Grundsätzlich stimme ich mit der allgemeinen Meinung überein, dass was die Fähigkeit angeht, laufend engen Kontakt zu halten, Ihr Hund diese besitzt. Was aber die Vorführer angeht, nun - einige besitzen sie - andere nicht. Erwähnenswert scheint, dass die Nachzuchten von Vumba bewiesen haben, dass sie die gleichen Merkmale des Heranwachsens - langsam und sicher - sowie im Auftreten und der Ringpräsenz besitzen.

ZURITAMU IMARA

Diese noch ziemlich junge Hündin - nach der Ausstellungskarriere gesehen - hat es geschafft, alle Rüden zweimal auf der jährlichen *Top Ten list* des deutschen RRCD zu besiegen. Dies ist für jede Hündin eine enorme Leistung, denn sie verfügt im Allgemeinen nicht über mehr als sieben bis acht Monate im Jahr an Spitzenkondition. Ich neige auch dazu, in dieser Hündin ein weiteres Extrem zu sehen. Ihr Kopf ist hübsch und feminin, ohne Spitze zu sein. Ihre Front ist außergewöhnlich, ihre Körperlänge ideal. Die Farbe ist korrekt, sticht aber nicht ins Auge. Ihre bemerkenswerteste Eigenart ist die Leichtigkeit und das Raum greifen ihres Bewegungsablaufs. Wenn man eine ganze Anzahl von Ridgebacks mit Spitzenbewegungsablauf vergleicht, wird man zweifelsohne noch immer die extreme Leichtigkeit ihrer Bewegung anerkennen. Imara wurde von der Familie Spengler außerhalb Hamburgs gezüchtet und meistens von einer jungen, natürlich begabten Vorführerin gezeigt, die Imara mit einer besonderen Leichtigkeit präsentierte (es fehlt mir ein besseres Wort), sowohl in der Bewegung wie auch im Stand. Dies ist eine Kombination von Laufstil an loser Leine und freistehender Technik, ohne überhaupt mit der Hand den Hund aufzustellen, so dass der Hund völlig entspannt, und dennoch begeistert wirkt. Selbst in der Standmusterung erinnert sich der Richter an den Bewegungsablauf des Hundes.

Je mehr man einem Hund die Möglichkeit gibt, dem eigenen Qualitätsmerkmal der Einmaligkeit *Rechnung zu tragen, umso höher die Chancen, dass er herausragt, insbesondere in*

Zuritamu Imara ist eine lange, schlanke und elegante Hündin, die man sich nach Möglichkeit in der Bewegung ansehen sollte. Die kraftvolle Front steht in voller Harmonie mit der perfekten Vorhand- und Hinterhandwinkelung.

Foto mit freundlicher Erlaubnis von Roberto.

großen Klassen. Gerade ein Hund mit magisch superbem Kopf kann den Richter beispielsweise an seine Qualitäten erinnern, während er ihn in der Bewegung betrachtet. Eigenschaften wie Eleganz in der Bewegung werden übertragen, selbst wenn der Hund still steht. Das Geheimnis besteht darin, dass der Führer in der Lage ist, die Qualitäten des Hundes gut zu erkennen, sein Vorführen darauf auszurichten. Es bedarf wohl keiner besonderen Erwähnung, dass man bei Ausstellungen unter harten Bedingungen - beispielsweise extremer Hitze oder Kälte oder in großen Klassen - zwischen den entscheidenden Augenblicken im Ring dem Hund Bequemlichkeit und Ruhe einräumen muss.

RYDGEWAY AFRICAN HUNTER

Die Geschichte von Hunter und seinem begeisterten Vorführer und Freund Herrn Marek aus Deutschland klingt nahezu wie ein Märchen. Herrn Mareks erster Ausstellungshund starb jung und so erhielt er Hunter als neuen Hund. Hunter ist einer der vielen großartigen Nachzuchten des deutschen Stars Besal Fatoka, selbst ein Rüde mit einem absolut überragenden Rüdenkopf. Dieser Rüde wurde viele, viele Male ausgestellt, seine Ausstellungskarriere teilte sich nahezu in zwei Hälften. In den Anfangszeiten wurde Hunter - ob aufgrund innerer Spannung oder aus freier Wahl - an kurzer Leine vorgestellt, nahezu aufgehängt. Er stand immer wie eine Statue, sammelte Spitzenpunkte dank seines Kopfes, er zeigte dabei aber nie seinen herausragenden Bewegungsablauf. Aber als der Rüde schon mehrere Jahre alt war, änderte sein Vorführer und Besitzer den Präsentationsstil, trainierte den Hund, seinen freien Trab zu zeigen und plötzlich hatten die europäischen Ausstellungen ein großartiges neues Team bekommen. Die wunderbare Begeisterung und Sportlichkeit veränderte sich nie, aber die Ergebnisse wechselten. Im Jahre 1996 erreichte Hunter die größte Auszeichnung in der Hitze Ungarns - den Titel Weltsieger und Best of Breed.

Ein einzelner Vorzug reicht selten zum ständigen Sieg, vielleicht mit Ausnahme von Einzeltieren, die in der Bewegung echt überragten. Aber mit guten, wenn auch nicht einzigartigen Gesamtqualitäten und richtig gezeigtem Bewegungsablauf kann der erste Eindruck eines superben Kopfes über einen langen Weg vorwärts helfen. Von Hunter lassen sich noch andere Lektionen lernen - Sie können selbst beim erwachsenen Hund noch den Ausstellungsstil verändern. Und dass es sich auszahlt, wenn man von seiner Veranlagung her ein guter Sieger sowie auch ein guter

Rydgeway African Hunter demonstriert, was der Rassestandard unter einem aktiven, ausgewogenen Hund versteht. Bei diesem Champion stehen alle Einzelteile in völligem Gleichgewicht.

Foto: G. Marek.

Verlierer ist, falls es einmal passieren sollte. Selten hat die Zuschauerschaft einem Ridgeback zum Weltsieger so vollen Herzens zugejubelt wie Hunter und Herrn Marek.

MERTEN

Merten, ein sehr erfolgreicher Sohn des großartigen Vumba, ist ein Musterbeispiel dafür, dass ein Ridgeback eine lange und gleichmäßige Entwicklungsperiode braucht. Von seiner Jugend an regelmäßig ausgestellt, wuchsen die Ausstellungsbewertungen von versprechend über gut bis zu vorzüglich. Merten verfügt sogar noch über eine bessere Körperlänge als sein Vater und einen sehr schön gemeißelten, ausgeprägten Kopf, was sein Auftreten unterstreicht. Über die ersten Jahre wurde er etwas trocken und etwas aggressiv vorgeführt. Dann wuchs er in eine gute Partnerschaftsrolle mit seinem Besitzer und Vorführer Herrn Weinmann aus Deutschland. Merten widerlegte auch eine Anzahl verbreiteter Vorurteile, beispielsweise dass sich über die Zeit ein

Die klassischen äußeren Linien eines Ridgeback mit ausgewogener Winkelung, vorzüglicher Körperlänge und festem Brustbein (prosternum). Der deutsche Champion Merten dokumentiert eine der Erfolgsgeschichten der späten 90er Jahre. Dieser Rüde zeigt einen maskulinen Schädel mit korrekten dunklen Augen, mit der so schwierig zu beschreibenden Balance zwischen eindeutiger Maskulinität und der Eleganz des Ridgebacks.

Foto: H.-J. Weinmann.

Ravvar Red Cor Caroli. Meine persönliche Wahl als ultimative Ridgeback Hündin, *perfekt ausbalanciert in der Front, ohne irgendwelche Merkmale von Schwäche. Ihr Kopf ist superb feminin, aber niemand könnte mangelnde Kraft behaupten. Caroli hat als Hündin eine Vollendung erreicht, in der man nicht nur gesunde Anatomie und Funktionalität findet, sondern auch selbst in kleinen Details die Vollendung. Selbst Spitzen-Ridgebacks zeigen in der Regel mehr gesunde Anatomie ringsum als Perfektion in allen Einzelheiten - aber Caroli hat diese allgemeine Regel durchbrochen.*

sich gut bewegender Hund nicht in einen Hund mit vorzüglichem Bewegungsablauf verwandeln könnte. Der ausgewachsene Merten ist ein Hund, der sich weit über dem Durchschnitt bewegt. Dieser Rüde hat große Ausstellungen gewonnen, von deutschen Spezialausstellungen zu französischen und holländischen, aber es fehlt ihm noch der wohlverdiente Weltsiegertitel. Merten ist insgesamt ein großartiger Ausstellungshund, mit Ausgewogenheit, Lebhaftigkeit und Ausdauer, die ihn auch über mehrere Stunden des Ausstellens präsent halten.

Selbst Söhne und Töchter großartiger Sieger müssen ihren eigenen Stil, ihre eigene Art des Vorführens finden. Eine Kopie ist nie so gut wie das Original. Aber eine Entwicklung, welche die persönlichen Stärken findet, ermöglicht, dass der Hund auch Stars besiegt. Eine besondere Herausforderung dieses empfindsamen Balanceakts, von dem Team Herrn Weinmann und Merten gut bewältigt, ist es, häufig genug auszustellen, so dass sich Hund und Vorführer finden, dabei aber den Hund nicht zu früh im Leben durch übermäßiges Ausstellen müde zu machen.

RAVVAR RED COR CAROLI

Sie war eine australische Championhündin, die alles hatte. Etwas über mittlerer Größe verband sie eine ungewöhnliche Front und Halslinie mit fester oberer Linie und völlig ausgewogener Winkelung. Eine Beurteilung dieser Hündin findet man im Zitat meines eigenen Richterberichts von einer Spezialausstellung in Sydney 1989, wo ich Caroli zur Besten der Rasse machte.

»Femininer Kopf mit guter Gebissstellung. Gute Augenfarbe, schöner Ohransatz. Eleganter Rippenkorb, korrekte Kruppe, Sprunggelenke tief gestellt. Stabiles und angenehmes Wesen. Bewegt sich vorzüglich mit kraftvollem Schub aus der Hinterhand und paralleler Bewegung von vorn wie hinten gesehen.« Feminin ringsum, dabei im Bewegungsablauf so stark, dass ihre Trabgeschwindigkeit durchaus der von Spitzenklassenrüden gleich kommt. Möglicherweise die perfekte Vollendung unter den Ridgeback-Hündinnen.

Wenn Sie Ihre Traumhündin finden, die völlig feminin wirkt, lassen Sie diese auf natürliche Art ihre körperliche Kraft entwickeln. Sind gute Winkelung und charakterliche Ausgeglichenheit vorhanden, wird Ihre Hündin in ihre abschließenden Formen hineinwachsen, es bedarf hierzu keiner Extreme körperlichen Trainings. Ringtraining eines Ridgebacks zielt auf das Erlernen, eine gut ausbalancierte Ganzheit unter so wenig Einwirkung wie möglich zu kontrollieren, um nicht die gesamte Balance umzustoßen. Dies soll selbstverständlich nicht bedeuten, Sie könnten die körperliche Kondition Ihrer Hündin vernachlässigen - nur - Sie sollten sie sich auf natürliche Art entwickeln lassen.

SHANGARA'S CHECHENI
Dies ist der Star der südafrikanischen Zucht für alle Zeiten und der große Stolz - aus einer langen Reihe von selbstgezüchteten Champions - der Megginson Familie aus ihren Shangara Blutlinien. Paco, wie er rund um die Welt bekannt wurde, war ein ziemlich extremer Ausstellungshund. Tatsächlich entwickelte er sich auch zu einem superben Deckrüden, und ich könnte zum Beweis aus seinen Nachkommen eine ganze Reihe nennen. Paco war etwas ganz besonderes - auf der einen Seite außergewöhnlich leicht vorzuführen - ich hatte das Vergnügen, Paco vorzustellen - er besaß dem Ausstellungsring und dem Laufen gegenüber eine sehr positive Haltung. Andererseits war er manchmal ziemlich schwierig, denn er besaß eine ganz hervorragende Seite und eine weniger siegreiche. Um das Ganze einfacher auszudrücken, er bestach durch Kopf, Hals, Front und allgemeines Auftreten, weshalb man ihn am liebsten wann immer möglich mit dem Kopf in Richtung Richter vorstellte. Paco war auch insofern ein einmaliger Ridgeback, dass er nicht nur - vernünftiges - Handling durch einen Fremden akzeptierte, er gab seine eigenen Signale an seinen Handler, wie man ihn am besten vorstellte!

Sowohl in der Zucht wie im Ausstellen geht es nicht immer um Perfektion, vielmehr um Herausfinden und Konzentrieren auf die Elemente extremer Qualität. Positives Denken und die Geschicklichkeit, einen Hund zu analysieren, ermöglichen es, aus Hunden Stars zu machen, die extreme Qualitäten besitzen, hervorragende Eigenschaften aber mit bestimmten Schwächen verbinden - die man jedoch unter keinen Umständen als wirkliche Fehler interpretieren darf. Paco war ein klassisches Beispiel wie man Stärken richtig nutzt.

KIJASAMAN DIKIMBA ZURI
Diese dänische Hündin im Besitz von Inger und Sören Holmgaard hatte eine lange und recht internationale Karriere. Sie ist eine Hündin, übermittelgroß von superber Körperlänge, besitzt einen Kopf gerade mit der gewissen Magie, die Richter zu begeistern vermag und sie verfügt über ein Ausstellungstemperament, das alle Blicke auf sie zieht. Kimba's Ausstellungskarriere lief auf vielerlei Art parallel der des großartigen Rüden in Europa Mitte der 1990er Jahre, von Vishala Kinghunter Lance. Kimba war mehrfach *Best of Opposite Sex* auf der Weltsieger- wie Europasiegerausstellung in den Zeiten, da Lance regierte. Kimba ist einer der sehr belastbaren Aus-

Ch. Shangara's Checheni verfügte über eine Ausstellungspräsenz wie nur wenige - wenn überhaupt Ridgebacks sie je erreichten. Dieser Rüde brachte über seine Nachkommen zusätzliche Qualität in die Zucht anderer Länder, beispielsweise nach England und in die USA.

Foto: B. Carlson.

Kijasaman Dikimba Zuri, eine Hündin, die von sich aus alles hat, von den Körperproportionen bis zu Winkelung und Ausdruck. Sie ist international der erfolgreichste Ridgeback aller Zeiten aus Dänemark. Sie hat sowohl Weltsieger- wie Europasiegertitel gewonnen und war über Jahre ein hoch respektierter Name quer über den ganzen Kontinent.

Foto: S. Holmgaard.

stellungshunde, sie kann lange Reisen gut vertragen, was für eine Hündin manchmal härter als für einen Rüden ist. Auf ihrer eindrucksvollen Siegerliste stehen Titel von Berlin bis Lissabon. Zur ihren großen Geheimnissen gehört es, die Geschicklichkeit des Vorführens ihres Besitzers zu akzeptieren ohne im Ring irgendeine Reaktion oder Irritation zu zeigen. Dies ermöglichte, sie bei der Präsentation vor dem Richter bis zur Perfektion zu korrigieren.

Wenn sich ein Ridgeback von sich aus im Ring präsentiert - großartig. Damit möchte ich aber nicht sagen, dass ein engagierter Vorführer es nicht doch gerne hätte, die Ausstellungstechnik seines Hundes zur Perfektion zu führen. Es bedarf großen Geschicks, einen Hund im Ring vorzuführen und dabei weniger die Schwächen, sondern die Stärken herauszustellen. Eine Erziehung vor einem Spiegel oder - in modernen Zeiten - mit Hilfe eines Freundes, der Videoaufnahmen macht, wäre eine gute Hilfe. Kimba ist ein gutes Beispiel für die jüngeren Fans von Top Class Show Handling. *Mit einem insgesamt guten Hund ist es gar nicht unmöglich, einige Ausstellungen zu gewinnen. Aber laufende Siege unterscheiden den Star von dem guten Hund.*

PARIH'S GHALI-M'ZUNGO

Er ist ein schwedischer Superstar mit Vorfahren, die väterlicherseits auf US-Safari-Linien, mütterlicherseits auf südafrikanisches Glenaholm Zuchtmaterial zurückgehen. Dieser Hintergrund ist deshalb interessant, weil man einmal eine totale Auskreuzung durchführen kann und sollte, vorausgesetzt, man verfügt über genügend Wissen. Erforderlich ist eine detaillierte Analyse der Körpermerkmale der Eltern, verbunden mit einem aufmerksamen Blick in die Ahnenreihen. »Nelson«, wie er von seiner Besitzerin/Vorführerin Carina Pergren genannt wurde, ist ein ziem-

Parih's Ghali-M'zungo, ein Star auf den Ausstellungen, der über ein halbes Jahrzehnt in hartem Wettbewerb stand. Achten Sie auf den eleganten Hals und den langen, eleganten Brustkorb.

Foto: O. Rosenquist, Schweden.

lich großer Rüde mit vorzüglicher Körperlänge und einer Geschmeidigkeit, die dazu führt, dass er in der Bewegung rund um den Ring erstaunlich leichtfüßig wirkt. Der Bewegungsablauf gehört zu seinen Stärken. Hinzu kommt seine Fähigkeit, im Ring über beträchtliche Zeit wie eine griechische Statue zu stehen. Nelson hat nicht weniger als vier *Best-Rhodesian-Ridgeback-in-Sweden-Titel* errungen, in möglicherweise Europas härtestem Wettbewerb und gewann große Ausstellungen quer durch die nordische Region.

Die Auswahl eines Ridgeback-Welpen aus einem Versuchswurf erfordert Mut und Selbstvertrauen. Ist man dabei erfolgreich, kann man einen einmaligen Ausstellungssieger finden - wie Nelson zeigt. Hinzu kommt alle die harte Arbeit, um einen ziemlich großrahmigen Läufer in Spitzenform zu halten, nicht nur während der Ausstellungssaison, auch im nordischen Winter, wenn Schnee und Kälte Auslauf außerhalb des Hauses nahezu unmöglich machen. Aber Nelson und Mrs. Pergren haben bewiesen, dass es zu schaffen ist.

SARULA GUKATIWA

Mrs. Linda Costa und Gukatiwa taten, was alle großen Sieger für den Erfolg tun müssen - genau die richtige Ausstellung für einen internationalen Durchbruch auszuwählen. In diesem Fall war der große Sieg (unter vielen anderen, außerhalb Afrika weniger bekannt) zeitlich perfekt geplant, auf der *75th Anniversary Show of the Rhodesian Ridgeback Parent Club,* 1997 in Harare, Simbabwe. Gukatiwa ist eine junge Lady (zwei Jahre zum Zeitpunkt der erwähnten Show), tiefrot, ein funkelndes kleines Kraftpaket. Nicht so elegant wie einige der großartigen Ausstellungshündinnen, aber ringsum anatomisch perfekt, so dass man unwillkürlich wünscht, diesen Hund in voller Geschwindigkeit auf afrikanischem Boden laufen zu sehen. Es wundert nicht, dass wir bei näherer Betrachtung ein herausragendes Beispiel korrekter Ridgebackmuskulatur finden - gut durchtrainiert, sehr schlank, lang und elastisch. Gute körperliche Kondition mit richtig funktionierender Muskulatur - begleitet von gesunder Winkelung - ein vertrauenswürdiges Rezept für einen gesunden Bewegungsablauf. Gukatiwa ist einer der Repräsentanten der Hunde, die ich zu porträtieren ausgewählt habe, weil ich hoffe, Züchter zu stimulieren, ihre Verbindungen zum Mutterland der Rasse aufrechtzuerhalten.

Ein gesunder Ridgeback besteht nicht alleine aus Proportionen, Größe und vorzüglichem Skelett. Die software - das sind die Muskeln - *muss gut entwickelt sein, ebenso die mentale Seite. Manchmal vergisst man, dass sich zwei völlig identisch aufgebaute Hunde beispielsweise nicht gleich gut bewegen. Züchter mit gut entwickeltem Sinn für korrekte Bewegung, erzielen systematisch auch eine bessere Bewegung. Gukatiwa ist für diese Tatsache ein großartiges Beispiel.*

Sarula Gukatiwa ist bei einem ziemlich kompakten, kraftvollen Körper vorzüglich ausbalanciert, dennoch elegant und feminin. Ihre Farbe ist dunkelrot, liegt im oberen Bereich der korrekten Fellfarben.

Finnlands Durchbruch in großen internationalen Zirkeln erfolgte durch Shadyridge MaBruki Mbili, der seinen Weltsiegertitel im Heimatland der FCI Belgien gewann. Zwei Worte reichen, um seinen Kopf zu beschreiben - klassisch maskulin.
Foto: M. Aaltonen.

SHADYRIDGE MABRUKI MBILI

Er war ein Spitzenrüde, von einer schwedischen Dame in den USA gezüchtet, der in dem weit entfernten Finnland landete. Marianne Aaltonen, einer der heutigen Pioniere für den Internationalismus in der finnischen Ridgeback-Welt, betreute sorgfältig das Potenzial dieses ihr überlassenen Rüden. Bruki, wie sein Kosename lautete, startete seine steile Laufbahn zur Spitze während der Saison 1994/95, krönte diesen Weg mit dem Weltsiegertitel Brüssel 1995 in der härtest möglichen Konkurrenz. Das einzige Wort, diesen Rüden zu beschreiben, lautet Eleganz. Etwas romantisch hat man einmal gesagt, dass die perfekte Stimme eines Tenors einer glitzernden Perle ähnele, die auf dem Gipfel einer Wasserkaskade balanciert. Meines Wissens gibt es keine ebenso gute Beschreibung der *ultimate balance* bei einem Hund. Aus diesem Grunde muss man sich mit dem Wissen zufrieden geben, dass wenn man auf die richtige Balance zwischen Mobilität, Kraft und Eleganz trifft, man auf Anhieb weiß, dass jeder Grad Abweichung gleich in welche Richtung falsch wäre. Bruki, der viel zu früh starb (1998), gebührt die Ehre, die Vielzahl von Spitzenrüden aus dem Zuchtgebiet USA zu symbolisieren. Und dieser Champion erfüllt auch das Kriterium, dass ich ihn sehr gut aus erster Hand kenne.

Weiches Handling eines Ridgebacks - und besonders eines verhältnismäßig großen Rüden - ist weder leicht noch weit verbreitet. Shadyridge MaBruki, vorgestellt von Mrs. Aaltonen, ist ein vorzügliches Beispiel für einen Hund, der immer under-handled *schien. Trotzdem zeigte er sich in Spitzenform, wann immer es notwendig war. Hierfür braucht man einen ganz bestimmten Hund und einen ganz bestimmten Handler. Die absolute Meisterschaft auf Ausstellungen ist, wenn man kaum bemerkt, dass der Hund geführt wird.*

KINGHUNTER'S CASSIOPEJA-LIONSTAR

Es folgt eine weitere Hündin, die mehr ein Extrem als ein Star war. Pepeja gewann drei aufeinander folgende *Swedish Top Ten* Veranstaltungen von 1988 - 1990, sie hatte einen außergewöhnlichen Kopf, der kaum übertroffen und selten erreicht wurde. Sie war eine kleine bis mittelgroße Hündin, im Normalfall ein Nachteil, wenn man mit den Rüden um Best of Breed in Konkurrenz steht. Es schadete ihr überhaupt nichts. Ihr Ridge war korrekt, nicht gerade großartig, ihre Farbe etwa normal - in kälteren Ländern ein ziemlich verbreitetes Problem, wenn Hunde eine dickere Unterwolle und weniger Glanz entwickeln. Sie gewann zahlreiche Platzierungen *Best in Group,* erzielte *Best in Show-Platzierungen* von Schweden und Finnland bis hinunter in das sonnige San Marino. Ihr Geheimnis war ganz einfach - sie liebte Ausstellungen - und - sie betete jedermann geradezu an, der sich ihr näherte und sie streichelte. Lange, schlanke Muskulatur und eine Vorliebe für freien Auslauf, wann immer man sie freigab, vermittelten ihr eine mehr als durch-

Die erste unbestrittene »girlpower« in der schwedischen Ridgeback-Welt war Kinghunter's Cassiopeja-Lionstar, dreimal Siegerin der Top Ten und gleichzeitig erfolgreich auf dem ganzen Kontinent. Beachten Sie die Klarheit der klassischen Proportionen des Kopfes und die lange, schlanke Muskulatur.

schnittliche körperliche Kondition. Dies zahlte sich auch noch aus, als sie als Veteran in den Ring kam, was sie bis zum Alter von acht Jahren mit beträchtlichen Erfolgen tat.

Der ganz nahe der Perfektion stehende Ridgeback-Kopf mit Proportionen 1 zu 1 zu 1, korrekt bis auf den Millimeter, ist selten. Wenn aber ein intensiver, interessierter Blick aus dunklen, durchdringenden Augen hinzu tritt, kommt in den Ausdruck ein kleiner Hauch von Magie. Wird ein Ridgeback mit solchen Qualitäten vernünftig ausgestellt, das heißt immer so den Ring betretend, dass die Richter als Erstes den Ausdruck erblicken, kann dies dem Hund den Weg nach oben erschließen. Für Cassiopeja-Lionstar war dies der Fall.

MARSABIT M'FUMO

Ein Rüde, der in einem Satz schwer zu beschreiben ist - war es sein großartiges Auftreten als Spitzenausstellungshund oder seine globale Anerkennung als Zuchtrüde? Pauline Sadler und Pat Clancy Worrell, die M'Fumo gezüchtet haben, sowie Matt und Jan Benson-Lidholm, die ihn zu einem nie vergessenen australischen Sieger machten, müssen hierüber entscheiden. Die schwedische Züchterin Ann-Mari Hilding erkannte seine außergewöhnlichen Qualitäten und importierte seinen Samen, der sich als so wertvoll wie Gold erwiesen hat. Ihre eigene Zucht nach M'Fumo hat sich gut bewährt, und die Aakemba Kennels, denen man gestattete, den Samen zu nutzen, haben außerordentliche Ergebnisse erzielt. Die Hauptstärken von M'Fumo lagen in der Art, wie er seine Größe kontrollierte, die seinem Bewegungsablauf einen extremen Rhythmus gab. Korrekter Kopf, gute Front und ein kleines Extra in seinem ernsten Ausdruck machten ihn zum Ausstellungsstar. Was aber machte ihn zum großartigen Vererber? Kann man dies wirklich wis-

Marsabit M'Fumo. Mittelgroß, mittlere Knochenstärke, hervorragende Ausgewogenheit zwischen Maskulinität, Kraft und Eleganz im Kopf, verbunden mit korrekter Winkelung und entspannter leichtfüßiger Bewegung - dies alles macht den Champion aus. Unter den Vorzügen könnte man noch die superben kräftigen Pfoten sehen und die tief gestellten Sprunggelenke. Die Qualitäten von Marsabit M'Fumo wurden auf neue Generationen übertragen.

sen? Die logischste Theorie besagt, dass man an diesem Hund nur sehr schwer irgendeinen Fehler zu erkennen vermochte.

Das Mysterium eines exzellenten Deckrüden wird nie ganz geklärt werden. Ohne Zweifel, ein Einzeltier mit wenigen oder gar keinen Fehlern, von Eltern von homogener Qualität geboren, bietet schon eine ganze Menge. Aber trotzdem wissen wir immer noch nicht, ob wir nur fehlerlose Nachzuchten oder herausragende Supernachzuchten erhalten. Nur der Versuch führt zur Antwort. Was bewiesen wurde, nicht zuletzt dank des Einsatzes von Marsabit M'Fumo auf der anderen Seite des Globus in seinem heimatlichen Westaustralien, ist, dass die Technik des Einsatzes von gefrorenem Samen für kleine und mittelgroße Rassen echten Segen bringt.

BEARSTAR DIAMOND WILLOW

Eine einzige Ausstellung machte diese Hündin berühmt, deshalb wird sie immer erwähnt, wenn man nach echten Durchbrüchen Ausschau hält. In Australien geboren wurde sie nach Schweden exportiert, wo Mrs. Veronica Gomes-Hansson sie zum Ausstellungshund führte. Im Herbst 1997 war Bearstar Diamond Willow der erste Ridgeback, der jemals die Gruppe auf der Stockholmer Dezember Ausstellung gewinnen sollte. Dies ist eine der legendären Ausstellungen in unserer Welt, vergleichbar mit Wimbledon, zumindest mit den großen australischen und italienischen offenen Tennisveranstaltungen. Zur gleichen Zeit wurden die noch jungen Rex Ventor Kennels zu einem allgemein anerkannten Namen. Diese Bearstar Hündin hat wie so viele großen Sieger korrekte Körperproportionen, zeigt entsprechend langen, raumgreifenden Trab. Dass der große Sieg in Stockholm kein Zufall war, hat sich zweifelsohne danach bestätigt. Diamond Willow bewies dies beispielsweise durch ihren Sieg auf der *Norwegian RR Specialtiy 1998* - dabei sollten wir nicht vergessen, dass der Weltsieger 1998 aus Norwegen kam.

Ridgeback-Besitzer in vielen Ländern haben sich lange beklagt, dass ihre Rasse zu selten sei, um in den Gruppenwettbewerben anerkannt zu werden, insbesondere auf größeren Ausstellungen. Darin liegt natürlich ein Körnchen Wahrheit. Auf der anderen Seite werden Spitzen-Ridgebacks früher oder später ihren Durchbruch erzielen. Die hervorragenden Ergebnisse, die amerikanische Ridgebacks auf Ausstellungen aller Rassen erzielt haben, beweisen dies. Natürlich braucht man dabei auch einen Vorführer, der im Gruppenring mit dem Willen zum Sieg auftritt. Bearstar Diamond Willow hat die starke schwedische Ridgeback-Welt um einiges stärker gemacht, indem sie bewies, dass sich die Rasse auch in großen Ringen durchzusetzen vermag.

APALACHEE UMQOLO OF PRONKBERG

Dies ist ein großer, nahezu magerer Rüde mit dunkler Farbe und - im Stand betrachtet - von majestätischer Eleganz. Dieser südafrikanische Champion Rüde sollte jedoch nicht nur stehend betrachtet werden, gerade auf Ausstellungen wirkt er großartig, wenn er läuft, absolute Weltklasse.

Bearstar Diamond Willow (Schweden). Die Erfolge dieser Hündin sprechen für sich selbst. Wollte man mit einem einzigen Wort Bearstar Diamond Willow beschreiben, wäre dies »Energie«! Es ist gar nicht selten, dass einige Hunde sich erfolgreicher in Gruppen- und Best in Show-Wettbewerben schlagen. Dabei kommt es mehr auf den Hund insgesamt als auf Details an, wichtig sind funkelnde Energie und Ausdauer. Diese gut ausgewogene Hündin hat bewiesen, dass sie alle Qualitäten besitzt, durch die ein Einzeltier unter all den anderen Rassen herausragt. Foto mit freundlicher Erlaubnis von Studio Per Unden.

Eine Studie exellenten Bewegungsablaufs. Der südafrikanische Ch. Apalachee Umqolo of Pronkberg bezauberte seine Zuschauer auf dem 75-jährigen Jubiläum des Parent Club, *abgehalten in Harare, mit seinem typischen Trab.*

Vorgestellt von dem legendären Dr. Potgieter, gezüchtet von Mrs. Fitzgerald und meisterhaft ausgestellt von Ms. Marite Potgieter, haben wir hier einen Rüden, der die Ziele für jedermann, der im südafrikanischen Ausstellungsring konkurrieren möchte, hoch schraubt. Umqolo bewegt sich mit dieser sehr effektiven, niedrigen, nahezu das Gras streichelnden Leichtigkeit, die nur perfekte Winkelungen ermöglichen. In kleineren Einzelheiten ist er vielleicht nicht so verfeinert wie einige der ganz Großen unserer Welt, aber dies alles wird kompensiert durch die gesunde Bewegung dieses Hundes. Und letzten Endes ist es die Qualität der Bewegung, worin echte Größe jedes einzelnen Rhodesian Ridgeback anfängt oder endet.

Die Debatte über die richtige Größe von Ridgebacks wird nie enden. Die originalen Rassestandards, oft verändert - möglicherweise in vielen Fällen, weil es bestimmten Personen passte oder nicht passte - sind zu vage, um klare Zeichen zu setzen. Nutzlose Diskussionen über Gewichte haben das Ganze noch weiter verwirrt. Am Ende sind immer die Funktionen das wahre Maß. Wer immer einen Rüden sich so bewegen sah wie Umqolo of Pronkberg muss erkennen, dass eine Diskussion über leichte Größenvariationen vergeudete Zeit ist. Schauen Sie einfach, wie sich dieser Hund zeigt.

JANAK MAJA OF MKISHI

Einige Zeit zurück - im Jahre 1987 - schrieb diese englische Hündin ein kleines Kapitel nationaler RR-Geschichte. Maja war der erste Ridgeback mit leberfarbener Nase, der ein Challenge Certificate gewann. Die Zucht von Spitzentieren mit leberfarbener Nase ist außergewöhnlich schwierig. Maja ist superb ausgewogen, hervorragende Winkelung, reizender Kopf mit korrekten Proportionen. Vielleicht tragen ihre Pfoten etwas zu viel weiße Farbe, aber dann wiederum zeigte sie helle, aber warme bernsteinfarbene Augen, die so entscheidend für Ridgebacks mit leberfarbener Nase sind. Dazu kam, dass in einer Zeit, da English Ridgebacks mit nur wenigen Ausnahmen Probleme mit ihrer Körperlänge hatten, Maja für manchen Wettbewerber mit

Ein sehr kräftiger, großrahmiger Rüde mit herausragenden Körperproportionen und Kraft in Front und Knochen. Ch. Mirengo's Mandambo ist einer der vielen Hunde aus erfolgreichen Mirengo Linien, die in der Regel rassetypische Kraft und Körperlänge zeigen.

Foto mit freundlicher Erlaubnis von A. Dixon.

schwarzer oder leberfarbener Nase richtige Maßstäbe setzte.

Nach meiner Meinung ist die Genetik für Ridgebacks mit leberfarbener Nase nicht genügend bekannt. Es erscheint wahrscheinlich, dass nicht nur das Farbsystem unterschiedlich ist, sondern dass es vielmehr beispielsweise sehr schwierig ist, Hunde mit leberfarbener Nase von angemessener Knochenstruktur zu finden. Einige Züchter haben der Zucht hochklassiger leberfarbener Ridgebacks Priorität eingeräumt. Aber noch immer sieht man erstaunlich wenig leberfarbene Ridgebacks in der Statistik der Spitzensieger. Manchmal scheinen auch die Richter zögerlich, einen unterschiedlichen Ridgeback als Sieger zu platzieren. *Maja hat viel dazu beigetragen, dass sich dies änderte.*

MIRENGO'S MANDAMBO

Dieser Rüde war vor etwa 20 Jahren die große Legende von Ann Woodrow. Er ist der extremste aller Superstars, mit dem sich dieses Kapitel beschäftigt. Groß, zweifelsohne. Lang im Körper, kraftvoll bis zum Äußersten, mit hervorragender Winkelung vorn wie hinten. Sein Kopf hätte ihn nicht zum Champion gemacht, aber all der Rest tat es doch. Sein Bewegungsablauf war für England einzigartig, in seiner Zeit kann seine Ringpräsenz nur als *königlich* beschrieben werden. Er trug einen weißen Flecken auf der Brust in Größe einer Männerhand. Warum sollte dies jemand veranlassen, ihn zu kritisieren - bei einem so superb gesunden Hund? Für dieses Kraftpaket war seine Bewegung erstaunlich leichtfüßig. Zusätzlich zu seinen anatomischen Vorzügen besaß er ein Wesen, das mich dahinschmelzen ließ - kontrolliert bis zu den Pfotenkrallen, dabei arrogant in einer Art, uninteressiert, dass es schon vorsätzlich sein musste. Er war der klassische Ridgeback, akzeptierte Fremde, aber mit sehr eingeschränkter Begeisterung. Ich wünschte mir, es gäbe eines Tages eine internationale Ruhmeshalle - *Hall of Fame* - wenn auch nur eine in Gedanken. Mandambo wäre in einer so erlesenen Gesellschaft immer ein Muss.

Die Frage wie viel Abweichung vom Rassestandard zulässig sein soll, beispielsweise in Gewicht und Größe, muss gestattet sein, kann aber nicht genau beantwortet werden. Die normale Antwort sollte sein »so wenig wie möglich«. Dabei gibt es Ausnahmen. Und Ausnahmen müssen es bleiben, und hierfür muss man alle Vorzüge betrachten. Die echte Herausforderung besteht darin, die wahrhafte Ausnahme zu erkennen, wenn man sie sieht, aber Ausnahmen zu vermeiden, wenn nicht genügend Vorzüge vorliegen.

KALAHARI'S BUBEZI

Wenn Mirengo's Mandambo ein extremer Rüde war, gilt das Gleiche für Kalahari's Bubezi als Hündin. Die Proportionen lassen sich nicht vergleichen, da man Bubezi als nichts anderes als eine starke mittelgroße Hündin klassifizieren kann. Aber sie ist kräftig, sie grenzt nahezu an die Bezeichnung *maskuline Hündin,* mit kräftigen Knochen und sehr schön entwickelten, korrekten und langen Muskeln. Weiter ist sie anatomisch absolut korrekt aufgebaut, von ihrer tief schwarzen Nase bis zur Rutenspitze. Hinzu kommt, dass ihr Ausdruck auffällt - er wirkt nahezu magnetisch. Ihren echten Durchbruch erzielte Bubezi mit dem Titelgewinn auf der prestigeträchtigen Kopenhagener Ausstellung 1996. Im Jahr danach wiederholte sie ihren Auftritt, wurde zusätzlich auf der europäischen Siegerausstellung in Dänemark Rassebeste. Bubezi wird stilgerecht durch ihre Führerin Susan Falck vorgestellt, mit einer imposanten Technik, die deutlich dem Handling größerer Hunderassen ähnelt.

Mirengo's Mandambo und die junge Bubezi wurden hintereinander aufgeführt, ein Star aus der Vergangenheit, danach eine junge, zukunftsträchtige Siegerin. Sie beide verdienen ihre Titel deshalb, weil sie bestimmte Qualitäten im Überfluss zeigen, dabei daraus das Allerbeste machen. Für alle jene, die glauben, es sei konstruktiv, auf Details zu achten, um solche Hunde herunterzurichten, kann ich nur anmerken, dass ein Ridgeback immer eine Frage des Ganzen - nicht von Details - ist. Die ganz große Einheit verlangt immer einen gewissen Abstand von der bloßen Summe guter Details.

Im Jahre 1997 wurde die Hündin Kalahari's Bubezi der erste in den nordischen Ländern geborene Ridgeback, der den FCI-Europasiegertitel gewann. Sie ist eine Hündin mit starker Ausdruckskraft, ringsum ausgewogen, die laufend gute Ausstellungsergebnisse erzielt.

Foto: Joergen Bak Rasmussen.

Der erfolgreichste Ridgeback aller Zeiten unter schwedischer Flagge (trotz australischer Herkunft) war Vishala Kinghunter Lance. Beachten Sie die Kraft seiner Muskulatur, die außergewöhnliche Körperlänge, dazu die besondere Ausgewogenheit der Winkelung. Dies alles ist die Grundlage für den Bewegungsablauf dieses Rüden, der zu vielen Siegen führte.

Foto mit freundlicher Erlaubnis von Rosy Brook-Risse.

VISHALA KINGHUNTER LANCE

Dieser in Australien gezüchtete Hund, der in Europa zur lebenden Legende wurde, bildet den würdigen Abschluss einer Übersicht von Hunden, die gerade das kleine bisschen Extra aufweisen, das sie zu mehr als nur Siegern machte. Lance liegt etwa 1 cm über dem offiziellen Größenmaximum, ist ein langer Rüde mit elegantem Körper und korrekten Proportionen. Er besitzt einen korrekten Kopf, vielleicht aber nicht mit einem besonders starken Ausdruck. Sein Ridge ist außergewöhnlich, aber kaum die Ursache aller seiner Erfolge. Gezüchtet wurde er von Mrs. Bacon und Mrs. Hawkins in Sydney aus zwei Spitzeneltern. Sie wagten diese Verbindung, obwohl diese Eltern im Typ ziemlich voneinander abwichen. Movement war die Trumpfkarte von Lance, lässt sich am besten als *Tanzen* beschreiben. Der Rüde liebte Ausstellungen immer und er ist - wie viele andere große Sieger - selbstsicher genug, um auf aggressives Gebhabe verzichten zu können. Er begann seine Karriere als Junghund auf Ausstellungen ringsum in Europa, wo weder er noch sein Besitzer je zuvor gesehen wurden. Er eroberte 1994 einen Weltsiegertitel und drei Europasiegertitel, dazu zwölf nationale Championate. Seine Karriere beendete er 1998 als Veteran auf der Weltsiegerausstellung in Helsinki, und er wurde weltweit verehrt. Seinen Ruf baute er dank glänzender Ringpräsenz auf, nicht extrem, aber eindeutig anders, mit einer körperlichen Präsenz, denen nur wenige je nahe kommen konnten.

Beide Eltern von Lance waren Ausstellungshunde. Trotzdem waren sie sehr unterschiedlich, und Lance war eine weitere jener gewagten Kombinationen, die sich einfach auszahlten. Sein Vollbruder gewann 1997 die Ausstellung in Melbourne zusammen mit dem Weltkongress, er besiegte 240 Wettbewerber. Sein großer Vorteil könnte es gewesen sein, dass die Zucht auf Spitzenbewertungen im Bewegungsablauf beider Eltern beruhte. Das lässt schließen, dass die Wahl von Linien, die systematisch Hunde mit gutem Bewegungsablauf bringen, eine gesunde Ausgangsposition bringt. Lance hat nahezu gleiche Qualitäten an seine Nachkommen weitergegeben, und die Zukunft wird zeigen, wie lange diese Qualitäten erhalten bleiben.

Kapitel 9

RIDGEBACK-ZUCHT

Nach gründlichem Studium der Genetik und der Erkenntnis, vor dem Problem von Paarung, Welpengeburt, Aufzucht und Fütterung der Welpen zu stehen, geht es jetzt um die äußerst wichtige Entscheidung - die Auswahl des Zuchtpartners. Gute Zucht ist keine Frage der Magie - sie erfordert harte Arbeit, Sie müssen logisch denken und brauchen etwas Glück. Bei der Planung der Paarung müssen Sie die Analyse aufstellen, die wir bereits besprochen haben, Erkenntnis der Stärken und Schwächen Ihres eigenen Ridgebacks. Zusätzlich sollten Sie sich klar darüber sein, dass einige Qualitäten, die Ihrem Hund fehlen - im Guten oder Schlechten - unter Einbeziehung seiner Eltern und Wurfgeschwistern - sich in der nächsten Generation wieder zeigen könnten.

BEWERTUNG DES ZUCHTPAARES

Gründliches Studium aller möglichen Partner ist notwendig. Lassen Sie Ihre Ridgeback-Hündin erstmals decken, sollten Sie nach Möglichkeit einen erfahrenen Rüden wählen. Jetzt zurück zur Zuchtplanung. Was wissen Sie über die Eltern der vorgesehenen Partner? Verwenden Sie immer Bleistift und Papier. Das so genannte PeCa-System ist ein Hilfsmittel, wodurch Sie sich ein optisches Bild von Gleichheit und Diskrepanzen der geplanten Elterntiere machen können. Der Name dieses Plans basiert auf dem Bemühen des erfolgreichen schwedischen Züchters Stig Petterson und mir, neuen Züchtern dabei zu helfen, Fakten zusammenzustellen, die sie systematisch erforscht haben - daher PeCa. Es umfasst eine Liste wichtiger Merkmale. Das System ermöglicht

Der Aufbau eines erfolgreichen Zuchtprogramms braucht Zeit und Nachdenken und immer ein Quentchen Glück!

Foto: T. Torkelsen, Norwegen.

dem interessierten Züchter eine korrekte Feststellung der Stärken innerhalb einer vorgeschlagenen Fünf-Punkte-Skala zu markieren, fünf ist dabei der mögliche Spitzenwert.

DIE ROLLE DER NATUR

Züchten führt immer zu einem Dialog mit der Natur, dabei liegen 90 Prozent der Karten bei der Natur, sie zeigt aber nur wenige von ihnen. Die Variationsmöglichkeiten jeder Kombination sind recht verwirrend. Einfache Wahrheiten, die in diesem Buch bereits dargestellt wurden, führen zu der Folgerung, dass die beste Maßnahme in Richtung voraussehbares Ergebnis, in einer gründlichen Erforschung der Fakten der Elterntiere selbst, ihren Würfen, wenn sie schon Nachzuchten haben, und auch der Großeltern liegt. Ein verbreitetes Missverständnis ist, dass jede Paarung immer eine Art Kompromiss verlange - zu einem Mittelwert zwischen den Elterntieren führt. Völlig falsch! Und hier stoßen wir auf die Weisheit von Mutter Natur: Gewisse Einzeltiere und Blutlinien haben eindeutig ausgeprägte Tendenzen, gewisse Merkmale hervorzubringen, und

EIGENSCHAFTEN	**Vorgesehener Rüde**					**Vorgesehene Hündin**				
	1	**2**	**3**	**4**	**5**	**5**	**4**	**3**	**2**	**1**
Proportionen					X	X				
Kopf:										
Geschlechtstyp					•	•				
Proportionen 1:1:1				•		•				
Augenfarbe				•		•				
Zähne und Gebiss					•		•			
Front					X	X				
Knochen					X	X				
Winkelung:										
Vorhandwinkelung					•	•				
Hinterhandwinkelung					•	•				
Sprunggelenke tiefgestellt					•	•				
Pfoten				X		X				
Brust:										
Brusttiefe					•	•				
Angemessene Brustbreite					•	•				
Brustlänge					•	•				
Farbe					X		X			
Ridge:										
Länge					•	•				
Symmetrie der Crowns					•	•				
Symmetrie des Arch					•		•			
Bewegung					X	X				
Wesen					X	X				

diese zeigen sich auch nachhaltig bei der Paarung mit verschieden aussehenden Partnern. Nehmen wir an - auf der einen Seite der Zuchtpartner gibt es Probleme mit der Vorhandwinkelung, die sich über zehn Generationen bereits fortsetzen. Ein weiterer wichtiger Faktor, der berücksichtigt werden muss, sind Qualitäten, beispielsweise Beweglichkeit und ursprüngliches Verhalten, die in der selben Linie endgültig verloren gegangen scheinen. Die einzige Lösung in einem solchen Fall ist, mit Auskreuzung einen Generationenplan über viele Generationen einzuleiten, Paarung mit einem nicht verwandten Einzeltier, von dem man annehmen kann, dass dieses Qualitäten besitzt, die in der anderen Linie verloren scheinen.

Es versteht sich von selbst, dass dabei die Zuchtordnung des jeweiligen Rhodesian Ridgeback Clubs beachtet werden muss. Bei der Zuchtplanung ist eine *positive Suche* nach Vorzügen am wichtigsten. Dies bedeutet keinesfalls, dass man absichtlich Fehler übersehen sollte, aber *Fehler vermeiden ist nicht das Ziel, vielmehr eine Voraussetzung.* Planmäßige Zucht bedeutet zielgerechte Annäherung an Spitzenqualität.

Um zu unserem Schema zurückzukommen, je mehr Spitzenwerte in den Zielen, auf die Sie züchten, umso besser die Chancen für ein gutes Ergebnis. Dabei muss man aber daran denken, dass der Ridgeback eine *gemischte Rasse* darstellt, immer sollte man auf Abweichungen gefasst sein, selbst in gleichen Würfen. Wenn Sie erstmals überlegen, Ihre Hündin decken zu lassen, sollten Sie genau wissen, was es bedeutet, Züchter zu werden. Was die Verantwortung angeht, gibt es keinen Unterschied zwischen der Planung eines einzelnen Wurfs aus Ihrer Hündin oder einem Züchter im großen Rahmen, der mehrere fruchtbare Hündinnen im zuchtfähigen Alter hält.

Jeder Wurf, jeder einzelne geborene Welpe, bringt die Zucht vorwärts - oder - wenn etwas schief geht, verändert er die Zukunft der Rasse in negativer Richtung. Daher bedeutet die Entscheidung zur Zucht ein wenig mehr als einfach das Paaren einer Hündin. Zucht ist nicht einfach ein Entschluss, sondern mehr - um die Definition des schwedischen Zuchtexperten Bitte Lind auszuborgen, »Zucht ist eine Art zu leben.« Nachstehend eine Liste der zehn entscheidenden Aspekte für die Zucht - bewusst habe ich den abgenutzten Begriff *zehn Empfehlungen* vermieden.

1) Halten Sie das Wohlbefinden der Hunde von ihrem eigenen Leben getrennt.
Die Entscheidung, einen Hund zu besitzen, bedeutet Übernahme der Verantwortung für einen Lebensgefährten, der in allen Situationen seines Lebens von Ihrer fairen Behandlung abhängig ist. Zucht - mit harter Arbeit und Pflichten Tag und Nacht, die sie nun einmal mit sich bringt - setzt voraus, dass der Züchter bereit ist, gleichzeitig zwei verschiedene Leben zu führen. Ihr eigenes Leben, zu dem - wie wir alle wissen - auf und ab gehört, Probleme mit der Arbeit, persönliche Beziehungen, Lieblingssport, Finanzen - sie alle dürfen nie negative Einflüsse auf die Behandlung Ihrer Hunde haben. Die Prioritäten sind ziemlich eindeutig, wenn Sie über einen Wurf im sensiblen Alter, der Sozialisierungsphase und ihrer Entwicklung nachdenken. Wichtig ist, dass die gesamte Familie hinter der Entscheidung zur Zucht steht. Aufzucht eines Wurfes ist mehr als die Aufgabe für eine Einzelperson.

2) Abklärung wirtschaftlicher Fragen der Zucht.
Nehmen wir einmal an, dass Sie sich bei der Planung des Hundekaufs auch bereits mit den ökonomischen Aspekten der Hundehaltung befasst haben. Eine Entscheidung zu züchten führt dann in der Wirklichkeit zu immer neuen Dimensionen. Verschaffen wir uns einen Überblick über die Kosten, vom Hündinnenkauf bis zum ersten Wurf.

Da steht zunächst der Kaufpreis der Hündin, dann ihr Unterhalt einschließlich Futter, Tierarztkosten, Zwinger, Beitrag zu Rassezuchtvereinen, jährliche Impfung, Röntgen von Hüften und Ellenbogen sowie Haftpflichtversicherung.

Danach kommen die Kosten, um für Ihre Hündin die notwendigen Zuchtbewertungen zu erhalten - in einigen Ländern beginnt dies mit einer zwingenden Zuchtzulassungsprüfung, möglicherweise auch Wesenstests. Hinzu kommen Meldegelder für Hundeausstellungen, Reisekosten und möglicherweise Übernachtungen in Hotels. Dann sollte man auch die eigenen Ernährungskosten einschließen.

Die Ausschau nach einem passenden Rüden fordert im Normalfall zusätzliche Reisen, entweder zu Ausstellungen oder Hundebesitzern, dies alles kostet Geld. Hat man sich für die Paarung entschieden, kommen Reisekosten zum Wohnsitz des Rüden plus Telefon und andere Auslagen. Ja es ist richtig - in der Hundewelt kommt das Mädchen immer zum Jungen!

Dann gibt es möglicherweise Tierarztkosten, um den richtigen Paarungszeitpunkt zu bestimmen. Nach der Decktaxe für die Paarung selbst folgen zusätzliche Futterkosten für die tragende Hündin, manchmal auch eine Ultraschalluntersuchung beim Tierarzt, um die Trächtigkeit zu bestätigen.

Jetzt muss wohl ein Zwinger aufgebaut, zumindest im eigenen Haus ein passender Geburts- und Aufzuchtraum geschaffen werden. Hinzu kommen das Zubehör für die Geburt und der Kauf von Futter für die heranwachsenden Welpen. Möglich sind noch Arztkosten im Zusammenhang mit Geburtskomplikationen - hoffentlich fallen sie nicht an. Später müssen die Welpen geimpft werden, sie brauchen die notwendigen Zertifikate, und es müssen die Eintragungen beim Zuchtbuchamt erfolgen. Außerdem kommt die Entwurmung und Tätowierung hinzu, möglicherweise braucht man auch etwas Geld, um in Anzeigen den Wurf anzukündigen. Immer sollte man noch etwas Reserven auf dem Bankkonto übrig behalten.

Einerseits - das werden wir noch erläutern - müssen Sie noch einige Folgekosten des Wurfes für die fortdauernden Beziehungen zu den Käufern einplanen. Andererseits führt die Produkthaftung in vielen fortentwickelten Gesellschaften zur Verantwortung für eventuell aufgetretene Erbschäden.

3) Halten Sie Verbindung zu Ihren Welpenkäufern.
Es reicht nicht aus, einen gesunden Welpen mit allen Schutzimpfungen und Dokumenten an seine neue Familie auszuliefern. Man nimmt zu Recht an, dass Sie einen passenden *Fahrplan für Liebhaber* aushändigen, darin enthalten detaillierte Ratschläge über Fütterung, Haltung und Erziehung. Viele erfahrene Züchter planen regelmäßige Informationen einschließlich Versand kleiner »kennel bulletins« von Zeit zu Zeit an die Welpenkäufer. Der Aufbau eines *team spirit* bringt viel mehr Vorteile als nur Schaffung eines neuen, größeren Freundeskreises. Wenn bei den Käufern irgendetwas schief geht, besteht eine wesentlich höhere Wahrscheinlichkeit, dass Sie beim Umplatzieren oder Zurücknehmen des Welpen mitsprechen können. Achten Sie darauf, nicht alle Gerichte akzeptieren eine Klausel im Kaufvertrag, die verlangt, dass der Züchter immer erstes Rückkaufsrecht hat, falls beim Käufer Probleme auftreten. Denken Sie auch daran - es kommt viel häufiger zu Scheidungen als man denkt. Kinder können Allergien entwickeln, Menschen ihren Job verlieren und damit die finanzielle Möglichkeit, ihren Hund weiter zu betreuen.

Meine Frau und ich verkaufen Welpen, wobei im Preis bereits das Meldegeld für die erste Hundeausstellung enthalten ist. Wenn Sie möchten, dass Ihre Nachzuchten auf Ausstellungen präsentiert werden, ist dies immer eine praktische Lösung.

4) Vermeiden Sie zum Großzüchter zu werden.
Der Aufbau eines guten Zwingers nahe beim Haus ist wichtig. Aber bestimmt möchten Sie ein guter Züchter sein, mit engem Kontakt zu Ihrem Hund oder Hunden, dabei sollten Sie sich nicht zum Gefangenen der Realitäten von Hundebesitz und -zucht machen.

Züchten ist etwas wundervolles, wenn Sie sich dieser Aufgabe voll hingeben, die notwendigen Vorarbeiten geleistet haben und der Wurf da ist. Sie sollten aber nicht erwarten, dass dieser Grad an Zufriedenheit sehr lange andauert. Ein Ridgeback-Wurf besteht aus lauter kleinen Engeln, die aber außergewöhnliche Energieausbrüche haben.
Foto mit freundlicher Erlaubnis von S. Clayborough.

Niemand, dem es um enge Beziehungen Mensch/Hund geht, sollte auf den Gedanken kommen, eine Art »Welpenfabrik« aufzubauen. Bedauerlicherweise gibt es solche, und in Belgien beispielsweise, dem Heimatland der internationalen FCI, haben diese Hundefabriken noch die Möglichkeit, ihre Nachzuchten an gigantische Tier-Supermärkte zu verschicken, von wo aus die armen Tiere verkauft werden, mit hübschem Szenario, aber ohne viel Kontrolle, wie und wohin diese Tiere gehen.

Dass solche Tier-Supermärkte bestehen können, liegt weniger an den nicht wissenden Käufern - dies ist nun einmal ein Fakt des Lebens - sondern ist in erster Linie ein Ergebnis des Vorhandenseins von Hundezüchtern mit wenig Moral. Solche Menschen gibt es in allen Rassen, sowie aber die Popularität einer Rasse wächst, werden diese Züchter zur besonderen Gefahr. Und Ridgebacks stehen in vielen Ländern in Gefahr, übermäßig populär zu werden.

5) Haben Sie das Herz und finanzielle Mittel, um auch alternde Hunde liebevoll zu betreuen?
Wenn Ihre Hündin - oder Hündinnen - einige Würfe gebracht haben, Ihnen das Vergnügen schenkten, neue attraktive Ridgebacks in unsere Welt zu entlassen, denken Sie bitte an die Hündinnen, denen Sie diese Welpen verdanken. Schaffen Sie ihnen ein würdiges Leben, menschliche Gemeinschaft und gute Betreuung, auch wenn sie nicht mehr im Zuchtalter stehen. Technisch gesehen sind Hündinnen bis ins hohe Alter fruchtbar, aber kein verantwortungsbewusster Züchter würde daran denken, mit einer Veteranenhündin zu züchten.

Viele Ridgeback Clubs in aller Welt regulieren heute die Anzahl von Würfen - ebenso das Zuchtalter. Das Gleiche - nebenbei bemerkt - sollte auch für Ausstellungsrüden gelten. Ist ihre Ringkarriere zu Ende, sollten Sie diesen wunderbaren Begleitern nicht danken, indem Sie ihn oder sie kurzerhand verkaufen oder mit einem Minimum an Pflege in gefängnisähnlichem Zwingerumfeld halten.

6) Verwandeln Sie sich in eine menschliche Reinigungsmaschine.
Die weniger auffällige Realität der Hundezucht besteht darin, dass absolute Hygiene zwingende Voraussetzung ist. Akzeptieren Sie deshalb bitte, dass das Alltagsleben eines Züchters etwas unromantisch abläuft. Welpen sind außergewöhnlich empfindlich und bereits in ihrem frühen Leben vielen Risiken ausgesetzt. Die beste Lebensversicherung für Welpen ist Sauberkeit, sowie rechtzeitige Durchführung der Schutzimpfungen.

7) Durchleuchten Sie interessierte Welpenkäufer.
Sie erinnern sich - hoffentlich - daran, wie die Interviews verliefen, als Sie sich erstmals nach einem Ridgeback umhörten! Die gleiche Aufmerksamkeit sollten Sie Ihren Welpen schenken! Interviewen Sie gründlich jeden einzelnen Interessenten. Lernen Sie zwischen den Worten zu lesen. Ist die Familie gesund? Leben in der Familie kleine Kinder, denen sie zu viel Beachtung schenken? Wie und wo leben sie? Finden sie mit ihren vorhandenen Hunden guten Kontakt?

Lernen Sie die Technik, beim Erstbesuch eines Kaufinteressenten nie etwas endgültig zu versprechen. Legen Sie eine Liste aller Interessenten an, die Sie kennen gelernt haben und treffen Sie am Ende eine systematische Auswahl.

Lernen Sie, dass Sie zu hören vermögen, was gar nicht gesagt wurde und hören Sie genau zu, was man Ihnen sagt. Sie brauchen natürlich die Sicherheit, dass der Junghund - und später der ausgewachsene Hund - nie über lange Zeiten alleine im Hause gelassen wird. Das absolute Maximum, während dem man einen Hund den Tag über alleine lassen kann, liegt bei drei bis vier Stunden. Natürlich sollten Sie keine Ausreden der Art annehmen wie »Unsere Kinder werden ihn ausführen, wenn sie von der Schule kommen« oder »ich werde nach vier Uhr nachmittags nach Hause kommen«.

8) Seien Sie offen mit den Interessenten.
Über die Jahre bin ich selbst ernsthaften Züchtern begegnet, die sich beklagten, wenn Artikel oder Bücher offen legten, dass Ridgebacks auch ihren eigenen Kopf haben. So können sie sich aus - nahezu jedem - Zwinger herausgraben. Sie brauchen eine ganze Menge körperliche Bewegung. Sie haben ihren eigenen Willen, sind körperlich kräftig. Ihre Mentalität ist die eines sehr natürlichen Hundes. Kurz gesagt - wie ich schon zuvor erwähnte - möglicherweise ist ein Ridgeback nicht gerade der ideale Anfängerhund.

Und es ist falsch, wenn Züchter dagegen sind, dass solche Informationen auch offengelegt werden. Hier gibt es keine Überinformation. Schon die reine Vorstellung, dass ein Welpenverkäufer den Kaufinteressenten nicht nach allerbestem Wissen und Gewissen über die Rasse informieren sollte, erscheint mir absurd.

Die absolute Grundlage guter Hundezucht ist Ehrlichkeit und Offenheit. Liegt im Wurf ein Welpe mit verschobenen Kronen oder gar ein Fall von *Dermoid Sinus,* gibt es einen Welpen ohne Ridge, informiert der gewissenhafte Züchter die Käufer absolut offen. Ja, Offenheit ist das Gütemerkmal eines guten Züchters!

Damit versteht sich wohl von selbst, dass man Welpen mit eindeutigen Fehlern nicht als irgendetwas anderes als Familienhunde verkaufen sollte - die Käufer müssen sich der Fehler bewusst sein - im Idealfall werden sie im Kaufvertrag sogar spezifiziert. Mir gefiel immer ein Zuchtsystem, bei dem der eintragende Verein es den Züchtern gestattet, Welpen zwar einzutragen, aber gleichzeitig eine spezielle Markierung in der Ahnentafel vornehmen zu lassen, wonach dieser Welpe von jeder Zucht ausgeschlossen ist. Die »B Registration« des American Kennel Clubs ist hierfür ein gutes Beispiel. Auf diese Art erreicht man zwei wichtige Ziele - der Kennel Club kann alle Einzelheiten über die Würfe in sein Computersystem aufnehmen, wodurch Fehleraufzeigeprogramme glaubwürdig werden. Gleichzeitig verhindert man, dass fehlerhafte Hunde zur Zucht eingesetzt werden, zumindest nicht in einem offiziellen Zuchtprogramm.

9) Aufbau und Unterhalt einer Datenbank.
Zu den vielen Gründen, warum man mit seinen Welpenkäufern in Kontakt bleiben sollte, gehört, dass der Züchter dadurch viele Informationen - *ein feedback* - erhält. Es ist so wichtig zu erfahren, wie sich die Welpen weiter entwickeln. Welche davon haben ausgereift die richtigen Propor-

tionen, die korrekte Körperlänge, gute Winkelung u. a.? Noch viel mehr interessiert, wie haben sie sich charakterlich entwickelt? Erstellen Sie eine *Ahnentafel nach dem echten Leben.* Eine normale Ahnentafel ist meist nur ein Stück Papier und viele ernsthafte Züchter haben nie die Faszination entdeckt, sich stundenlang Ahnentafeln anzusehen. Aber Ahnentafeln werden dann interessant, wenn man aus ihnen Fakten und Details erfährt.

Der Aufbau einer Datenbank über die eigene Zucht ist nur ein Teil dessen, was ein intelligenter Züchter unternimmt. Beim Besuch von Hundeausstellungen sollten Sie ein kleines Diktiergerät nutzen, machen Sie sich Notizen und möglichst viele Fotos! Hinzu kommen die Informationen Ihres Clubs, nicht zuletzt Ihrer Kollegen, die Sie hoffentlich von diesen über deren Hunde erhalten. Und dies alles führt am Ende zu einer höchst wertvollen Datenbank für die Langzeitplanung Ihres künftigen Zuchtprogramms.

10) Sehen Sie Ihre Stellung in der Öffentlichkeit, Ihre Aufgabe Vorbild zu sein.
Haben Sie erst einmal den Pfad beschritten, eigene Ridgebacks zu züchten, sind Sie für die nächste Generation von Wichtigkeit. Seien Sie großzügig, beantworten Sie Fragen und sprechen Sie mit Menschen, die sich für unsere Rasse interessieren. Hören Sie bitte nicht zu früh damit auf, Ihre Spitzenhündin oder Ihren alternden Champion auf Ausstellungen zu präsentieren. Die Nachwachsenden brauchen Vorbilder.

Und seien Sie immer in Ihrem eigenen Verhalten ein Vorbild. Seien Sie im Ring sportlich, offen und ehrlich über Ihre eigene Zucht, fördern Sie unsere Rasse, wann immer Sie es können. Beteiligen Sie sich an den Hundeclub-Aktivitäten, insbesondere aber, wann immer Sie mit Ihrem Ridgeback einen Ausstellungsring betreten, sind Sie in den Augen der Hundeliebhaber, wo immer es sein mag, ein Botschafter der Rasse.

WIE MAN BEGINNT

Darf ich davon ausgehen, dass Sie sich mit den *drei absoluten Muss* befasst haben, ehe Sie sich für die Ridgeback-Zucht entschieden, spätestens aber vor dem ersten Wurf? Diese sind:

1. Sie haben ausführlich über die Rasse gelesen und sich über die meisten wichtigen Qualitäten, die man von einem guten Ridgeback verlangt, Ihre eigene Meinung gebildet. Danach haben Sie Ihre eigene Hündin auch eingehend analysiert. Weiterhin kennen Sie die ethischen Regeln für die Züchter Ihres Landes. Für Ihre Hündin haben Sie einige Alternativ-Rüden ins Auge gefasst, sind davon überzeugt, dass die Paarung die Zucht nach vorne bringen soll.

2. Sie haben Zeit, äußere Voraussetzungen und finanzielle Grundlagen, um Paarung, Geburt und Aufzucht der Welpen zu gewährleisten.

3. Sie tun dies alles aus Liebe zum Ridgeback, nicht des Geldes wegen!

ALTER UND ERFAHRUNG

Eine Hündin wird erstmals im Alter von neun bis zwölf Monaten heiß. Es kann aber auch bis zu zwei Jahren dauern, ohne dass dies als unnatürlich anzusehen wäre. Es ist ein zwingendes Gesetz, niemals eine Hündin bei der ersten Hitze decken zu lassen. Insgesamt gesehen sollte eine Hündin nicht mehr als vier, in ganz besonderen Fällen fünf Würfe über ihre Lebenszeit gebären. Die abschließende Entscheidung ist abhängig von ihrer körperlichen Kondition, sowie von der Größe der Würfe, die sie schon geboren hat. Auch die Gesamtzahl an Welpen, die sie geboren hat, sollte letztendlich als entscheidender Faktor gesehen werden, wenn man festlegt, wie stark man seine

Hündin belastet. Man könnte sagen, wenn die Gesamtanzahl von Welpen aus vier Würfen nicht mehr als 20 waren, auch der Tierarzt grünes Licht erteilt, man einen fünften und abschließenden Wurf noch in Erwägung ziehen könnte.

Für die erste Paarung sollte man nie künstliche Besamung wählen. Vernünftig wäre es, einen Rüden auszuwählen, der bereits mehrere Hündinnen gedeckt und Nachkommen vorzuweisen hat, die man schon beurteilen kann.

Rüden werden im Allgemeinen zwischen neun und elf Monaten fruchtbar, bei einigen ist das aber auch schon sehr früh im Alter von sechs bis sieben Monaten der Fall. Es wäre völlig unfair, einen Rüden einzusetzen, der noch im Entwicklungsstadium steht. Dadurch könnte man irreparable Schäden an Bändern wie Knochen auslösen. Hinzu kommt, dass man bei einem Rüden unter zwei Jahren, selbst wenn die Röntgenaufnahmen gut sind, nicht abschließend sagen kann, dass sein Hüftstatus einwandfrei abgeklärt ist. Neue, kommerziell vermarktete Hüftgelenksröntgenmethoden geben vor, man könnte für das Röntgen schon ein niedrigeres Mindestalter festlegen. Es gibt aber dafür noch nicht genügend statistische Beweise, um dies als narrensicher anzusehen.

Wenn man abschließend noch an die Praktiken des Deckaktes selbst denkt, ist eine Erstlingshündin immer besser bedient, wenn Sie mit einem ruhigen, erfahrenen Partner gepaart wird.

WELPENNACHFRAGE

Wir haben bereits abgeklärt, dass keine ethische Zuchtentscheidung auf ökonomischen Kalkulationen aufgebaut werden sollte - besser wäre, von der Zucht ganz Abstand zu nehmen. Am Ende des gesamten Abenteuers könnten Tierarztkosten und all die anderen Auslagen für den Züchter immer noch eine schwere finanzielle Belastung sein. Der Vernunft wegen sollten Sie aber mit ihrem nationalen Zuchtverein die Nachfrage nach Ridgebacks überprüfen, er verfügt über die notwendigen statistischen Zahlen. Es steht im Verantwortungsbereich des Züchters, sich über die Wahrscheinlichkeit zu vergewissern, nicht nur Käufer zu finden, vielmehr Interessenten, bei denen es die Welpen wirklich gut haben.

An dieser Stelle müssen wir noch einem alten Märchen widersprechen. Es gibt absolut keinen Hinweis darauf, dass eine Hündin gesünder sein wird, wenn sie einmal geboren hat. Ob sie einen Wurf hat oder nicht, für das Glücklichsein und Wohlbefinden Ihrer Hündin macht dies keinen Unterschied.

ZUCHTKONDITION

Es versteht sich wohl von selbst, dass eine Hündin in Spitzenverfassung sein muss, wenn sie gedeckt, werfen und einen Wurf Welpen aufziehen soll. Erfahrene Züchter haben ein Grundprinzip: Es gibt keine bestimmte Periode, in der eine Hündin in exzellenter physischer Kondition gehalten werden muss - dies gilt vielmehr für alle Zeit! Achten Sie darauf, dass Sie Ihre Hündin richtig bewegen, mit langen Spaziergängen oder nach Methoden, die Sie eigens hierfür ausgewählt haben; dies gilt natürlich besonders während der Wochen vor der erwarteten Hitze. Aber einige körperlich und geistig besonders anstrengende Sportarten wie *Lure Coursing* und *Agility* könnten Stress auslösen, dies sollte man bei einer in die Hitze kommenden Hündin vermeiden.

Unfruchtbarkeit kann bei Rüden durch viele Ursachen bedingt sein, eine davon ist fehlende körperliche Kondition. Besitzen Sie einen Rüden, achten Sie darauf, dass er die gleiche körperliche Ertüchtigung findet wie die Hündin. Gibt es beim Rüden irgendwelche Anzeichen von Fruchtbarkeitsproblemen, sollte man immer eine Spezialklinik aufsuchen, sie kann Wunder bewirken. Auch wenn es darum geht, Samen zum Tiefgefrieren Ihrem Rüden zu entnehmen, achten Sie darauf, es muss eine erstklassige Klinik sein. Die Unterschiede in der Wurfgröße können dann sehr überraschend sein.

FÜTTERUNG

Als Erstes brauchen wir eine Gesamtübersicht über den Nährstoffbedarf der Hündin. Aus Gründen der Einfachheit und Sicherheit gehen wir davon aus, dass Sie sich für eine hochwertige, industriell hergestellte Komplettnahrung guter Marke entschieden haben, die unbedingt frei von Zusätzen und Farbstoffen sein sollte. Geben Sie keinesfalls Vitamine oder Kalzium dem Futter bei. Dadurch wird die wissenschaftlich ausgewogene Zusammensetzung des Produktes gestört.

Vor der Paarung erhält die Hündin ihr Normalfutter, keinesfalls darf sie übergewichtig werden. Drei bis fünf Wochen nach der Paarung verlieren die meisten Hündinnen auf einige Zeit ihren Appetit, dies ist normal. Andererseits gibt es Hündinnen, die einen völlig unnatürlichen Hunger entfalten. Vorsicht, die Hündin darf nicht überfüttert werden, neben anderen negativen Auswirkungen bleibt sonst für die Welpen zu wenig Platz um zu wachsen. Es muss sicher gestellt werden, dass die Hündin vor der Paarung (nicht Geburt) genügend Folsäure erhält, Näheres dazu in Kapitel 10.

Bis zur fünften oder sechsten Woche nach der Paarung wachsen entsprechend der Wurfgröße die Welpen langsam heran und es besteht kein Bedarf, der Hündin andere Nährstoffe als das normale Erhaltungsfutter zu geben.

In den letzten drei Wochen vor der Geburt der Welpen braucht die Mutter etwa die eineinhalbfache Energiemenge. Um diese zusätzliche Energie bereitzustellen, ohne dabei den Hündinnenmagen mit zu viel Ballast zu überfüllen, stellt man auf Welpennahrung um.

Während der ersten 24 Stunden nach der Geburt braucht die Mutter nur Wasser in Hülle und Fülle, zusätzlich flüssige Ernährung wie Rinderbrühe. Bei einem kleinen oder mittelgroßen Wurf kann es ausreichen, der Hündin in den ersten drei Wochen weiter Welpenfutter zu verabreichen. Bei normaler Wurfgröße - sechs oder mehr Welpen - stellt man am 28. Tag nach der Geburt auf Hochenergienahrung um, behält diese für etwa zwei Wochen bei.

Was die Welpenfütterung angeht, besprechen wir diese näher, nachdem wir uns mit der Geburt selbst befasst haben. Aber ehe wir uns nun zuerst einmal mit der Paarung befassen, noch einige Anmerkungen über den Nährstoffbedarf der Hündin. Es ist notwendig, in ihr einen gesunden Vorrat an Vitaminen, Mineralien und Aminosäuren zu speichern. Wird dies unterlassen, besteht die große Gefahr, dass einige Welpen bereits während der Tragezeit absterben.

DIE PAARUNG

Bei der Zucht benötigt man als menschliche Hilfskräfte zwei Helfer für die Paarung selbst und im Idealfall zwei bei der Geburt, einer sollte dabei genügend Erfahrung haben, um auf den *Dermoid Sinus* überprüfen zu können. Der Züchter muss Gewähr leisten, dass bis zur Abgabe der Welpen an die neuen Besitzer in einem Alter von mindestens acht Wochen, Hündin und Welpen nie über längere Zeiträume alleine gelassen werden.

Es ist Sache des Züchters, die verfügbaren Methoden zur Bestimmung des richtigen Decktags zu nutzen. Die traditionelle Methode vertraut dabei alleine dem Rüden. Die wissenschaftliche Alternative ist der tierärztliche Expertentest. Ein erfahrener Rüde wird sich gleichgültig verhalten bis der richtige Augenblick gekommen ist. Die meisten Hunderassen werden zweimal jährlich heiß, in Intervallen von 26 Wochen oder länger. Basenjis - und interessanterweise auch einige Ridgebacks - werden nur einmal jährlich heiß. Der Proöstrus dauert normalerweise ein bis zwei Wochen, in extremen Fällen aber bis zu 30 Tagen. Über diesen Zeitraum wird die Hündin jede zu genaue Inspektion des Rüden ablehnen. Sie trinkt und uriniert sehr viel, zeigt manchmal Anzeichen von Irritation, sogar Teenagerverhalten.

Achten Sie darauf, den Rüdenbesitzer zu benachrichtigen, wenn mit Sicherheit anzunehmen ist, dass der Zeitpunkt der Paarung der Hündin kurz bevor steht.

Wählen Sie für das Decken einen abgeschlossenen, ruhigen Platz. Dies erfolgt aus Rücksicht auf die Hunde und manchmal auch auf Ihre Nachbarn, die möglicherweise mit den Realitäten von Mutter Natur nicht so vertraut sind. In einigen Fällen kontrolliert der Rüde die Hündin nur, indem er eine Pfote und seine Nase auf ihren Rücken legt und dann wird er - wenn kein Widerstand erfolgt - bereit sein, sie zu besteigen. Oft braucht eine junge Hündin aber mehr Flirt, Sie dürfen nicht überrascht sein, wenn das Paar in fröhlichem Spiel rundum läuft, das ist völlig normal. Dies ist auch der Grund, warum immer eine feste Einzäunung erforderlich ist.

Ist die Paarung erfolgt, stehen Sie der Tatsache gegenüber, dass die beiden Partner für bis zu 20 Minuten - in seltenen Fällen sogar länger - zusammenhängen. Dabei ist es wichtig, sie unter Kontrolle zu halten, so dass die Hündin nicht plötzlich versuchen kann wegzulaufen. Dies könnte beide Partner ernsthaft verletzen. Immer müssen die Hunde Halsbänder tragen, Leinen verfügbar sein. Mein Ratschlag wäre auch an zwei kleine Stühle für die menschlichen Helfer zu denken!

GEBURTSVORBEREITUNGEN

Trägt die Hündin? Erste Anzeichen sind, dass die Rüden auch nach der Hitze weiter an ihr interessiert sind; dass ihre Vulva weiterhin angeschwollen bleibt; dass sie drei bis fünf Wochen nach der Paarung zeitweise erbricht; dass sich etwa fünf Wochen nach der Paarung die Zitzen vergrößern - zu diesem Zeitpunkt sollte man auch im Bauchbereich eine gewisse Ausdehnung erkennen; dass man nach sieben Wochen einige Bewegungen der noch nicht geborenen Welpen zu sehen vermag. Bereits nach etwa 25 Tagen kann man mit Ultraschalltests den Erfolg feststellen, Röntgen ist erst ab sechs Wochen möglich.

Große Rassen haben normalerweise eine Tragezeit von 63 Tagen, aber seien Sie vorbereitet, manchmal tritt der große Tag etwas früher ein. Deshalb muss man mit den Vorbereitungen rechtzeitig beginnen. Sie brauchen für die Hündin ein Zimmer, in das man die Wurfkiste aufstellt. Genügend Tageslicht ist notwendig, denn den Rhythmus von Tag und Nacht zu erlernen ist für die Welpen sehr notwendig. Achten Sie darauf, dass die schnell heranwachsenden Welpen keine Elektrokabel oder andere Gefahrenstellen erreichen. Für die eigene Bequemlichkeit muss in den ersten Wochen ein Ausgang bestehen, durch den die Hündin nach draußen kann. Etwa mit einem Monat folgt die gesamte große Familie mit ins Freie. Wenn man die Welpen mehrfach täglich nach draußen und anschließend wieder ins Haus hinein tragen muss, entwickelt sich dies bald zu einer sehr anstrengenden Tagesroutine.

Achten Sie darauf, dass am Unterbringungsort von Mutter und Welpen keine Zugluft auftritt, insbesondere über dem Boden, wodurch sich die Welpen erkälten könnten. Gestalten Sie den Bereich so, dass die Hündin auch einen eigenen Ruheplatz findet, wenn sie nach den ersten zwei bis drei Wochen vor den Welpen Ruhe braucht. Entweder können Sie ihr Ruhe geben, indem Sie den Wurfraum durch ein niedriges Gitter teilen oder Sie platzieren das Lager der Mutter deutlich höher. Achten Sie unbedingt darauf, dass Wasser- und Futterschüsseln der Mutter außerhalb der Reichweite der Welpen sind. Dadurch besteht kein Risiko, dass sie in der Wasserschüssel ertrinken, wenn sie erst einmal umherwandern.

Unabdingbar ist eine Temperaturkontrolle im Umfeld der Welpen, wo sie die ersten zwei Lebensmonate verbringen. In der ersten Woche sollte die Raumtemperatur etwa 30°C, die nächsten zwei Wochen 26°C und danach in der vierten und fünften Woche 23°C betragen. Denken Sie daran, dass die Körpertemperatur der Mutter die Wärme verstärkt.

Ich hoffe, dass Ihnen bei der ersten Geburt ein Erfahrener hilft. Sie müssen zunächst die notwendigen Hilfsmittel bereitstellen. Aber als Erstes sollten Sie sich der Erreichbarkeit Ihres vertrauten Tierarztes versichern, seine Telefonnummer zur Hand haben. Bei einer so natürlichen Rasse wie dem Ridgeback gibt es bei der Geburt aber nur sehr selten Schwierigkeiten.

Nachstehende Vorbereitungen sind für den Normalfall, nicht für Notlagen. Zu den regelmäßigen Vorbereitungen gehören:

- Vetbed oder ähnliches, mit sauberen Tüchern im Vorrat, um sie der Mutter unterzulegen, sobald die Geburt vorbei ist.
- Ein riesiger Stoß Zeitungen, sie bilden eine Unterlage im Welpenraum für die kommenden Wochen.
- Antiseptische Tücher (kein Alkohol) und Reinigungsmittel.
- Eine Schere (sterilisiert), um wenn notwendig die Nabelschnur zu durchtrennen.
- Sauberer Faden, um wenn notwendig die Nabelschnur abzubinden.
- Sauberes kaltes Trinkwasser für die Mutter. Ich selbst nehme immer für Mutter wie Kinder Tafelwasser.
- Eine Wärmflasche, die der Körpertemperatur entsprechen sollte.
- Plastikbeutel, um den Abfall zu entsorgen.
- Für die Hündin frisch zubereitete, lauwarme Rinderbouillon.
- Notizblock und Kugelschreiber, um die Welpengewichte zu notieren.
- Waage und Thermometer.
- In Reserve halte ich etwas Dextrose (Hochenergiezucker), falls ein Welpe eine frühe Stärkung benötigt.

Bei größeren Hunderassen wird kurz vor der Geburt die Körpertemperatur auf 37°C - möglicherweise sogar etwas tiefer - sinken. Dieses vorgeburtliche Stadium mit leichten Wehen und Schmerzen kann zwischen zehn und zwölf Stunden dauern. Zeigt sich die Hündin ermüdet, tritt keine Verstärkung der Wehen ein, sollte man den Tierarzt rufen.

Das aktuelle Geburtsstadium, mit sich steigernden Wehen und Kontraktionen, sollte nicht länger als eineinhalb bis drei Stunden dauern. Wenn dann die Geburt nicht beginnt, die Wehen unregelmäßig auftreten, muss unbedingt mit dem Tierarzt Kontakt aufgenommen werden. Das Gleiche gilt bei starken Wehen und Schmerzen ohne Geburt. Sie können beispielsweise auf einen falsch gelagerten Welpen zurückzuführen sein, innerhalb von 30 Minuten bedarf es der Hilfe des Tierarztes.

Im Normalfall werden die Welpen in Intervallen zwischen fünf Minuten und einer Stunde geboren. Der gesamte Geburtsvorgang sollte nicht länger als zwölf Stunden dauern. In der Regel verändert die Hündin nach der Geburt des letzten Welpen ihr Verhalten, sie zeigt sich entspannter, kümmert sich voll um ihren Wurf. Durch Abtasten der unteren Bauchpartie kann man prüfen, ob kein Welpe mehr zu erwarten ist.

DER NEUGEBORENE WURF

Sie sollten die Geburtsgewichte aller Welpen aufschreiben, dabei sorgfältig darauf achten, jeden Welpen ab Geburt einwandfrei identifizieren zu können. Nehmen Sie sich Zeit, lassen Sie die Hündin sich erst beruhigen, danach vergewissern Sie sich, dass die Welpen die Fähigkeit schnell erlernen, die Zitzen zu suchen und selbst zu saugen.

Ein gesunder, neugeborener Wurf trinkt eine ganze Menge, schläft dann gut und ist verhältnismäßig ruhig. Wenn die Welpen irgendwelche Anzeichen von Unbehaglichkeit zeigen, weniger schlafen und unruhig sind, liegt der Grund oft bei ungenügender Ernährung. Steigern Sie dann die Futtermenge (Welpennahrung, industriell hergestellte Trockennahrung), die Sie der Hündin geben.

Vergewissern Sie sich auch, dass die Hündin immer genügend Zugang zu frischem Wasser hat. Wenn die Hündin einen bestimmten Welpen systematisch abweist, sollten Sie ihn direkt zum Tierarzt bringen. Es besteht eine gewisse Wahrscheinlichkeit, dass dieses Tier krank ist. Wenn dies vom Tierarzt bestätigt wird, muss der Welpe sobald wie möglich schmerzlos eingeschläfert werden, was nur der Tierarzt vermag. Erscheint der Welpe dagegen nur zu schwach, um von der Mutter genügend Milch zu bekommen, füttern Sie ihm sobald wie möglich eine handwarme Wasser/Dextrose-Mischung. Es bestehen gute Chancen, dass damit der Welpe genügend Energie aufnimmt, um seine Körperfunktionen normal aufzubauen.

Nach Möglichkeit sollte man künstliche Fütterung immer vermeiden. Tritt aber ein ernsthaftes Problem auf, beispielsweise ein übergroßer Wurf oder eine Hündin, die schwer erkrankt, müssen die Welpen mit Babyflaschen gefüttert werden. Füttern Sie die Welpen so, dass Sie immer die runde Form eines schön geformten Bäuchleins fühlen, streicheln Sie den Welpenbauch mit Ihrem Finger leicht oberhalb der Rippen. In den ersten Tagen brauchen die Welpen

Ein gesunder, problemfreier Wurf ist das, wovon wir träumen.

Foto: H. Tandefelt.

rund um die Uhr alle zwei - maximal drei Stunden eine Fütterung. Etwa nach einer Woche reduziert man die Fütterung auf die Tageszeit - vom frühen Morgen bis späten Abend - versucht die Nacht über ohne Fütterung auszukommen. Verwenden Sie einen Milchersatz, entweder industriell hergestellt oder selbst gemacht. Nebenstehendes Rezept habe ich als recht verlässlich erprobt:

Kuhmilch (3 % Fett)	**800 ml**
Büchsenmilch (12 % Fett)	**200 ml**
Knochenmehl	**6 Gramm**
Zitronensäure	**4 Gramm**
1 Eigelb	**15 Gramm**
Vitamin A	**2000 IU**
Vitamin D	**500 IU**

Der Energiewert oben stehender Mischung liegt bei ungefähr 88 Kcal. Pro 100 g Welpengewicht benötigen Sie ...g Milchaustauscher gemäß nachstehender Tabelle.

1. Woche	**22 g**
2. Woche	**25 g**
3. Woche	**28 g**
4. Woche	**30 g**

Bei normaler Entwicklung öffnen die Welpen die Augen etwa zwischen zehn und vierzehn Tagen, die Ohren etwas später zwischen dreizehn und siebzehn Tagen. Mit 21 bis 28 Tagen beginnen die Welpen ihr direktes Umfeld zu erkennen. Reaktionen auf Geräusche und visuelle Einflüsse beginnen mit drei Wochen und setzen sich weiter fort. Schon im Alter von 21 Tagen entwickeln sich die Zähne, Vorsicht - sie wachsen sehr schnell - und mit drei Wochen beginnen die Welpen auf die Beine zu kommen, bewegen sich bereits mit vier Wochen auf allen vier Läufen quer durch den Raum.

Vergessen Sie nicht, die Welpen auf *Dermoid Sinus* zu prüfen, wiederholen Sie diese Überprüfung zumindest drei- oder viermal wöchentlich. Bereits wenige Stunden nach der Geburt sind die *Ridges* in Symmetrie, Proportionen zur Körperlänge wie Anzahl und Symmetrie der *Crowns* klar sichtbar. Etwa im Alter von einer Woche wirken die Ridges auf einige Zeit etwas ausgefranst. Es ist aber möglich, nahezu sofort zu wissen, wie sich die Qualität des *Ridge* der Welpen weiter entwickelt. Auch ein Welpe ohne Ridge ist ein wertvoller Welpe. Ich vertrete nachhaltig die Meinung, dass *Ridge oder kein Ridge* das Lebensrecht eines Welpen bei sonstiger Gesundheit in keiner Weise beeinträchtigt.

Die erste Periode der Wurfentwicklung - die neonatale Phase - die bis zum Öffnen der Augen andauert, erfordert qualitätsreiche Nahrung von der Mutter, Ruhe und Frieden und genügend Wärme sowie viel Hygiene. Es folgt die *Übergangsphase* - der Zeitraum nach dem Öffnen der Augen bis zum klaren Erkennen des sozialen Umfelds - sie dauert etwa bis zu einem Alter von drei Wochen. In dieser Zeit müssen Sie darauf achten, dass alle Welpen genügend Nahrung erhalten, dass insbesondere ein oder zwei Einzeltiere nicht durch ihre kräftigeren Wurfgeschwister zur Seite gedrängt werden. Die *soziale Bewusstseinsphase* beginnt etwa mit drei Wochen, dauert bis zum Ende des Absetzens. In diesem Zeitraum ist es wichtig, dass die Welpen nicht nur mit ihrer Mutter, sondern sehr häufig auch mit uns Menschen Kontakt haben.

Zum Ende der Entwöhnung wäre es wichtig, obwohl oft vergessen und meist schwierig zu realisieren, dass die Welpen mit ihrem eigenen Vater zusammenkommen. Manchmal ist er ein strenger und raubeiniger Vater, aber die hier erlernten Lektionen dauern für das ganze Leben des Welpen.

Wenn die Hündin etwas von ihrem Futter in die Wurfkiste ausbricht, kein Anlass zur Aufregung oder Beunruhigung. Es ist völlig natürlich, dass die Mutter ihre Welpen füttert, wenn das

Säugen langsam zu Ende geht. Sie »trägt das Futter nach Hause in ihr Lager«. Es kann sogar passieren, dass auch der Vater auf gleiche Art Futter ins Lager trägt. Wenn die Welpen alt genug sind, um ihre Mahlzeiten aus einer Schüssel aufzunehmen, sollten Sie daran denken, dass Wasser- und Futterschüsseln manchmal zu gefährlichen Fallen werden können. Achten Sie beispielsweise darauf, dass das Wasser in den Schüsseln nie so hoch ist, dass ein Welpe darin ertrinken könnte.

Das Füttern heranwachsender Würfe ist heute einfach geworden. Achten Sie selbst darauf, dass die Dinge nicht zu kompliziert werden. Verwenden Sie industriell hergestelltes Spitzenwelpenfutter, halten Sie sich an die Anweisungen, ohne zu viel - in Wirklichkeit gar nichts - dem Futter beizumischen. Es gibt aber einen Trick, den man möglicherweise den alten Züchtern abschauen kann, das ist die Art, wie man Welpen beibringt, festes Futter zu fressen. Sobald die Welpen aufstehen können und mit selbstständigem Fressen und Trinken beginnen, versucht man zusätzlich eine Entwöhnungsfütterung, auch wenn die Mutter noch genügend Milch bietet. Sie besteht aus einer Kombination von gutem, klein geschabtem Rindfleisch mit einer ganz normalen Maissuppe und erweist sich als sehr erfolgreich.

Zum Abschluss dieses Teils ein grober Hinweis auf den täglichen Nahrungsbedarf eines Ridgebacks. Dabei gehe ich davon aus, dass die Hündin mit etwa 30 Kilo, die Rüden mit etwa 40 Kilo ausgewachsen sein werden. Unten stehende Tabelle zeigt den täglichen Bedarf:

GESUNDHEITSBETREUUNG UND SCHUTZIMPFUNGEN

Während der Säugeperiode haben die Welpen über die Kolostralmilch genügend Schutz. Vernünftig wäre es, kurz nach dem Absäugen den Welpen die erste Injektion gegen Parvovirose zu verabreichen, jedoch nicht später als eine Woche, bevor sie zu ihren neuen Besitzern gehen. Dies wäre also spätestens acht Wochen nach der Geburt. Vier Wochen nach der Ankunft im neuen Zuhause erfolgt eine Wiederholungsimpfung. Danach sind regelmäßige jährliche Wiederholungen beim Besitzer erforderlich. Staupe- und Hepatitis-Schutzimpfungen sollten im Normalfall eine Woche vor der Welpenabgabe an die neuen Besitzer stattfinden, also etwa mit sieben bis acht Wochen. Nachimpfung vier bis fünf Wochen nach der ersten Impfung.

In einigen Ländern muss man den Welpen auch eine Leptospiroseimpfung sowie eine Tollwutschutzimpfung verabreichen. Da in den einzelnen Ländern die medizinischen Verhältnisse unterschiedlich sind, sollte man sich darüber immer mit seinem Tierarzt beraten.

Die Entwurmung sollte bereits in der dritten Woche nach der Geburt beginnen, zehn bis vierzehn Tage später wiederholt werden. Welpen die im Zwingerumfeld leben, sollten alle vierzehn Tage entwurmt werden, bis sie an die neuen Besitzer übergeben werden.

Die Tätowierung der Welpen im Ohr erfolgt vor Übergabe an den neuen Besitzer, alternativ bieten sich moderne elektronische Techniken wie der Mikrochip an.

Gewicht Welpe/Junghund in Kilogramm				
3 kg	**6 kg**	**12 kg**	**18 kg**	**30 kg**
Täglicher Nährstoffbedarf gerechnet in Kcal je Kilogramm Körpergewicht				
180-195	**145-155**	**100-115**	**80-85**	**60-65**

Kapitel 10

GESUNDHEIT UND RASSE-SPEZIFISCHE GENETISCHE ERKRANKUNGEN

Es gibt zwei *absolute Muss* für Besitzer von Ridgebacks bei jeder Diskussion über Gesundheit und genetische Erkrankungen - das sind *Ridge/Ridgelessness* und *Dermoid Sinus.*

DER RIDGE

Der Ridge, diese symmetrische Haarbildung auf dem Rücken des Ridgebacks, entstammt einer mähnenähnlichen Haarformation, wie man sie bei den eingeborenen afrikanischen Hunden antrifft. Diese - gemischt mit einer großen Anzahl anderer Hundetypen - formten nach und nach den heutigen Ridgeback. Wir wissen, der heutige Ridge ist elegant, nahezu mathematisch symmetrisch geformt. Das war vor etwa 70 Jahren bei weitem nicht so. Die genaue genetische Herkunft des Ridges, wie wir ihn heute kennen, ist nicht genau erforscht. Was wir aber wissen - der Ridge wird als dominantes genetisches Merkmal vererbt. Darüber hinaus können wir nur über eigene Gesetze der Natur spekulieren, die den Ridge bestimmen.

Ausgangspunkt muss eine Mutation gewesen sein. Mutationen - so haben wir gelernt - sind ganz seltene Veränderungen. Die moderne Wissenschaft in ihrer Vielfalt aber beginnt sich der Idee zu nähern, dass Mutationen »funktional gesteuert« sein könnten. In anderem Zusammenhang habe ich Mutationen und Weiterentwicklungen mit Spitzenexperten diskutiert. Es handelt sich um Bereiche, wie mir einer meiner Gesprächspartner sagte, wo die Grenzen zwischen Wissenschaft und Theologie langsam undeutlich werden.

Bekannt ist die Tatsache, dass sich die Spezies Caniden in der freien Natur und durch Druck einer neuen Umwelt innerhalb von 23 bis 24 Generationen in eine neue, angepasste Form verändern kann. Wir wissen auch, dass es bei nicht den Ridgebacks zugehörigen Caniden, beispielsweise dem südamerikanischen Mähnenwolf, bestimmte Haarformationen gibt. Einige dieser Theorien besagen, dass diese Haarbildungen als Teil des tierischen Signalsystems arbeiten, oder sie das Tier Schrecken erregender aussehen lassen. Ob dies der wahre Grund für die sehr frühe Mutation des Ridge ist, werden wir nie herausfinden. Wahrscheinlich werden wir aber eines Tages wissen, wie das Auftreten des Ridge gegenüber Ridgelosigkeit in präziserer Form genetisch zu definieren ist.

Die Wahrscheinlichkeit besteht, dass die Veränderung der Wuchsrichtung des Haars der entscheidende Faktor ist. Besteht hier eine Beziehung zum Rücken? Logischerweise würde ich folgern, dass der Bereich über dem Rückgrat der ist, wo sich der Haarwuchs gegenüber allen anderen Hunden umkehrt. Sind die Kronen ein fester Bestandteil? Das können wir nicht beweisen, die

Antwort lautet wahrscheinlich nein.

Wie sich der heutige *show ridge* vererbt, erscheint recht verwirrend, wenn wir feststellen wollen, wie symmetrisch fehlerhafte Ridges gezüchtet werden können. Der verbreitetste Ridge-Fehler - in Ausstellungsbegriffen - fehlende Crowns - ist tatsächlich der am wenigsten interessierende. Aber die Tatsache, dass sich *Ridges* nur in »Teilen« aufzubauen scheinen, ist erstaunlich. Wir sehen völlig von oben nach unten gehende Bögen mit zwei zusätzlichen Kronen, wir sehen einen Halbbogen mit einer extra Krone auf jeder Seite, zusätzlich zu dem korrekten Ridge unten. Wir sehen auch halbe Ridges, beispielsweise nur auf der linken oder rechten Seite, mit einer Krone und einem halben Bogen. Vor kurzem traf ich einen Ridgeback-Junghund mit einem Extrabogen und zwei Kronen in einem Winkel zum normalen Hauptridge abweichend. Dies ist ein Gebiet, wo wir zusätzliche Studien brauchen, um dadurch vielleicht verstehen zu können, wie sich Zucht aus fehlerhaften Ridges auswirkt. Damit möchte ich keinesfalls Versuchszuchten fordern, aber ich weiß von der Tatsache, dass beispielsweise Hunde mit zusätzlichen Kronen zur Zucht eingesetzt wurden. Schritt eins wäre die Nachzuchten genau zu kontrollieren, um festzustellen, ob es daraus mehr fehlerhafte Ridges gibt als im Durchschnitt, und zum Zweiten über wie viele Generationen sich dies fortsetzt. Es wäre auch interessant zu erforschen, ob sich die »Teiletheorie« statistisch bewahrheitet.

Grundlage aller Genetik ist, dass alle Eigenschaften durch Genpaare bestimmt werden. Diese Gene sind reinerbig - homozygot - oder unterschiedlich - heterozygot genannt. Bei unserem Beispiel in der Diskussion um den Ridge gibt es als Alternativen: zwei Gene für den Ridge oder eins für Ridge und ein weiteres, das *ohne Ridge* signalisiert. Nennen wir das erste R, das zweite rl. Der Buchstabe R steht für die Tatsache, dass das Merkmal Ridge dominant ist. Dies bedeutet, dass bei einem hetorozygoten oder gemischten Genpaar dieser Art das Gen gegen Ridge überlagert.

Option A:

		Elternteil A R	Elternteil A R
Elternteil B	R	RR	RR
	R	RR	RR

Logischerweise erhält jeder Nachkomme seine Genpaare von seinen Eltern. Betrachten wir, wie die Grundeigenschaft *mit Ridge* von den Eltern auf die Nachkommen übertragen wird. Ehe wir in die Schemata eingehen eine Warnung: Die statistischen Proportionen gelten nur für eine große Anzahl von geborenen Welpen. Wenn die statistische Wahrscheinlichkeit zum Ausdruck bringt »die Hälfte der Welpen ist ohne Ridge«, bedeutet dies im tatsächlichen Leben nicht exakt 50 Prozent Welpen ohne Ridge. Nur wenn diese arme Mutter aus der gleichen Kombination hunderte von Welpen bringen müsste, käme das Endresultat dem 50 Prozent-Verhältnis nahe.

Oben stehende Tabelle zeigt die Idealsituation bei der modernen Ridgebackzucht. Beide Elternteile sind für den Ridge homozygot, alle Nachkommen haben Ridges. Hinzu kommt - alle Nachkommen haben den dominanten Faktor für Ridges.

Beachten Sie bitte, die einzige Art, sicher zu wissen, ob ein Elternteil homozygot ist, liegt dann vor, wenn man alle Fakten seiner beiden Eltern kennt. Das bedeutet, dass das Einzeltier mit einem anderen Ridgeback gepaart sein musste, von dem die Tatsache bekannt ist, dass er ein Gen für »ohne Ridge« besitzt, trotzdem nur Welpen mit Ridge geboren wurden.

Wenn wir auf die Anmerkungen zur Option A schauen, könnte dies theoretisch die Testpaarung gewesen sein, die unter Beweis stellt, ob ein bestimmter Rüde oder eine bestimmte Hündin homozygot das Merkmal für Ridge vererbt.

Option B:

		Elternteil A: R	Elternteil A: rl
Elternteil B	R	RR	Rrl
	R	RR	Rrl

Bei Option B ist ein Elternteil homozygot, das andere heterozygot, das heißt, es trägt ein Gen für Ridge und eins ohne Ridge. Dies bedeutet, dass alle Nachkommen einen Ridge tragen. Andererseits, ohne dass dies aufgeklärt ist (wenn keine Testpaarungen unternommen wurden), tragen im Durchschnitt 50 Prozent der Welpen das Merkmal für ohne Ridge.

Option C:

		Elternteil A: R	Elternteil A: rl
Elternteil B	R	RR	Rrl
	rl	Rrl	rlrl

Mit Option C haben wir die erste Verbindung, aus der Welpen entstehen, die keinen Ridge haben. Im Durchschnitt drei viertel der Nachkommen zeigen Ridge, aber nur ein viertel der Welpen ist für Ridge homozygot. 50 Prozent aller Welpen haben einen Ridge, sind aber heterozygot, und dem letzten Viertel fehlt der Ridge, sie sind homozygot für das Fehlen eines Ridges.

Achten Sie bitte darauf, theoretisch ist es natürlich möglich - insbesondere bei kleinen Würfen, dass kein Welpe ohne Ridge geboren wird. Dann kann die statistische Wahrscheinlichkeit uns zu dem Irrglauben führen, dass zumindest eines der Elterntiere für einen Ridge homozygot sei.

Option D zeigt die Situation, die in der Entstehungsgeschichte unserer Rasse Wirklichkeit war. Hunde - wo immer sie herkamen - die eine ridgeähnliche Haarformation auf dem Rücken trugen, wurden mit Hundetypen gepaart, die keine solche Haarbildung zeigten. Wenn ein Elterntier für Ridge homozygot war, das andere (einer anderen Rasse?) ohne Ridge, brachten sie nur heterozygote Nachkommen, aber alle mit Ridge. Damit waren ridges in den nächsten Generationen vorhanden, vorausgesetzt es gab in der Gesamtpopulation eine beträchtliche Anzahl ridges. In diesem Stadium war es wahrscheinlich, dass sich heterozygote Hunde mit Ridge mit einigen homozygoten Hunden mit Ridge paarten, damit haben wir die Option B. Hinzu kam eine Anzahl Heterozygoter, die sich untereinander mischten, wodurch es zu einer Ridgepopulation wie in Option C kam. Die Option D sollte in der heutigen Zucht nur auftreten, wenn ein Ridgeback durch Unachtsamkeit seines Besitzers sich mit einem Hund anderer Rasse paart. Alle Nachkommen dieser unerwünschten Kombination werden auf ihrem Rücken einen Ridge tragen.

Option D:

		Elternteil A: rl	Elternteil A: rl
Elternteil B	R	Rrl	Rrl
	R	Rrl	Rrl

Option E ist eine weitere Version, wie es in den Gründungstagen geschehen sein mag, eine zweite Alternative zum Auftreten des Ridgebacks, dieses Mal mit einem Ridgeback, der für Ridge heterozygot ist. Aus Option D wis-

Option E:

		Elternteil A: rl	Elternteil A: rl
Elternteil B	R	Rrl	Rrl
	rl	rlrl	rlrl

sen wir, dass ein Hund mit homozygoter Ridgebildung, der mit einem normalen Hund gepaart wird, Nachkommen mit heterozygotem Vorhandensein der Ridgebildung bringt, die alle noch Ridges tragen.

Unsere Option E zeigt, was passiert, wenn einer dieser Hunde, unverändert mit Haarwuchs auf dem Rücken, einen Hund trifft, bei dem es kein Gen für einen ridgeähnlichen Haarwuchs gibt. Die Hälfte der Nachzuchten haben Ridge, sie alle sind aber für Ridge heterozygot, die andere Hälfte ist ohne Ridge, auch homozygot für Nichtvorhandensein eines Gens für Ridge.

WAS TUN MIT WELPEN OHNE RIDGE?

Es liegt eine ganze Welt zwischen einer Ausmerzung rassereiner Ridgeback-Welpen ohne Ridge und der Ausmerzung aufgrund von *Dermoid Sinus.* Eine alte Züchtertradition verlangte, sofort nach der Geburt Welpen ohne Ridge schmerzlos zu töten.

Die heutige Ethik hat sich rapide geradezu radikal verändert. In einem vorangegangenen Kapitel erwähnte ich den ansteigenden Trend in unserer Gesellschaft gegen Hundebesitz. Das Positive daran ist, dass bei jedem Trend auch ein Gegentrend geschaffen wird. Ohne hier in die Details zu gehen, aus der schwedischen pro-canine Kampagne entstand ein positiver Trend hin zu vermehrtem Respekt vor der Natur und allen Lebewesen. In einer großen Zahl von Ländern bedeutet dies unter anderem, dass jüngere Tierärzte sich weigern, völlig gesunde Welpen, nur aufgrund eines kosmetischen Problems, einzuschläfern. In einigen Ländern hat sich auch die Gesetzgebung verändert, den Hunden bessere Grundrechte gesichert.

Meine Überzeugung ist, wir sollten unbedingt vermeiden, in unserer heutigen Gesellschaft so viele Ridgebacks zu züchten, dass wir nicht für alle von ihnen eine gute Zukunft finden - einschließlich der Hunde ohne Ridge!

Es gibt Menschen, die Hunden aus der Ridgeback-Zucht ein vorzügliches Zuhause bieten, auch wenn der Ridge fehlt. Sie sind natürlich anders als jene, die Ridgebacks ausstellen oder sogar züchten möchten. Ich denke an junge Menschen, die besonders gerne einen Hund haben möchten, der sich vorzüglich für Agility, Lure Coursing oder Unterordnung eignet, die möglicherweise gar nicht in der Lage sind, einen rassereinen Hund von Spitzenqualität zu kaufen. Sie könnten aber sehr gute Besitzer für einen Ridgeback ohne Ridge werden. Die Alternative für einen solchen jugendlichen Hundeliebhaber wäre höchstwahrscheinlich, dass er sich einen Mischling kauft.

Ich fordere alle Grundrechte auch für Mischlinge, bin aber dagegen, Mischlingszucht zum Geschäft zu machen. Der Grund für die Auswahl eines rassereinen Hundes jeder Art ist, dass man mit einem wesentlich höheren Wahrscheinlichkeitsgrad als bei Mischlingen weiß, was für eine Art Hund aus der Paarung entsteht. Sich in der menschlichen Gesellschaft ethisch zu verhalten, fordert auch einen Tribut an die Gemeinschaft zwischen Mensch und Hund über tausende von Jahren, aus der letztendlich die verschiedenen Rassen entstanden sind.

DERMOID SINUS

Hier handelt es sich möglicherweise um einen Lethalfaktor, wenn Ridgebacks - manchmal auch andere Hunde - mit einem Dermoid Sinus geboren werden. Ganz einfach ausgedrückt, verstehen wir darunter eine Haarröhre mit einer Öffnung durch die Haut an die Oberfläche, die im Hund heranwächst und im schlimmsten Fall bis zur Wirbelsäule reicht.

Die voraussehbare Erblichkeit dieses Defekts in Prozentsätzen ist nicht bekannt. Die Erfahrungssätze - berichtet von Züchtern aus mehreren Ländern - besagen, dass etwa drei bis fünf Prozent der lebend geborenen Welpen *Dermoid Sinus (DS)* tragen, dies mag aber von Land zu Land variieren.

Jüngere Tests in Australien mit Folsäure, die der Hündin vor der Paarung gegeben wurde, signalisieren einen dramatischen Rückgang von Welpen, die mit DS geboren werden. Nach den australischen Testergebnissen ist es auch wahrscheinlich, dass Hündinnen, die einen natürlichen Appetit auf Futtermittel (beispielsweise bestimmtes Gemüse) haben, die reich an Folsäure sind, oder die bereit sind, erhöhte Mengen dieser Produkte vor der Paarung zu fressen, in ihren Würfen ein kleineres Risiko des Auftretens von DS aufweisen.

DS kann heute in vielen Ländern mit guten Chancen auf volle Genesung operiert werden. Aufgrund der unklaren erblichen Ursachen ist es unverändert Tatsache, dass DS, wenn man es bei einem sehr jungen Welpen nicht entdeckt, unausweichlich zu Leiden führt, nicht behandelt zu schmerzhaftem Tod. Infolgedessen besteht eine akzeptable Begründung für die Empfehlung, Welpen mit DS einschläfern zu lassen.

DS tritt am häufigsten auf dem Rücken des Welpen auf, ist aber nicht notwendigerweise auf diesen Bereich beschränkt. Er kann sehr bald nach der Geburt festgestellt werden, indem man systematisch das Fell anhebt, zwischen Daumen und Zeigefinger nach röhrenähnlichen Elementen sucht, die aus der Haut wachsen. DS findet man auch auf der Rutenwurzel, am Oberkopf und selbst an den Flanken des Welpen.

Man sollte am besten als neuer Ridgeback-Züchter die Hilfe eines erfahrenen Züchters erbitten, wenn man sicher sein möchte, dass der Wurf gründlich auf DS untersucht wird. In dieser Frage hat der Rhodesian Ridgeback Club of Great Britain ein vorzügliches, lehrreiches Videoband über DS entwickelt.

DIE ROLLE DER FOLSÄURE

Nachstehender Report über die Rolle der Folsäure zur Vorbeugung gegen Dermoid Sinus beim Rhodesian Ridgeback wurde von John G. Roberts und Felicity A. Nicholls-Grzemski (Flinders Medical Centre and University of Adelaide, Adelaide, South Australia) auf dem Weltkongress über den Rhodesian Ridgeback in Melbourne, Australien, im April 1996 vorgestellt. Er wird mit freundlicher Genehmigung der Autoren nachstehend veröffentlicht.

Über den »Dermoid Sinus (›sinus‹), der einfach oder mehrfach auftreten kann, wurde erstmals beim Rhodesian Ridgeback (RR) 1932 berichtet. Diese Krankheit gilt seither als Geißel der RR-Züchter, allgemein glaubt man, dass diese Krankheit etwa bei zehn Prozent der Welpen auftritt. Das tatsächliche Auftreten liegt im Dunkeln aufgrund des Fehlens eines zuverlässigen Erfassungssystems und des Widerstands vieler Züchter, das Auftreten von DS in ihrem Zuchtbestand offen zuzugeben. Züchter von gutem Ruf versuchen eine Frühdiagnose innerhalb der ersten Lebenswoche und euthanasieren die Tiere. Nur in seltenen Fällen wird der Sinus entfernt und der Hund sterilisiert. Wenn man einen Sinus nicht entfernt, führt dies später zu Zystenbildung und möglicherweise zur tödlichen Infektion.

Von Embryoforschern wird der Dermoid Sinus als ›neural tube (fusion) defect (NTD)‹ kategorisiert. Wenn die Nervenrille, die linksseits dem verläuft, was der Rücken des sich entwickelnden Embryos sein wird, sich vertieft und sich zur Bildung des Rückenmarks und der Wirbelsäule formt, verbindet sich auch die Haut des Rückens in der Mittellinie, und Rückenlinie und Haut trennen sich dann völlig. Teilweises Versagen bei diesem Prozess führt beim Rhodesian Ridgeback zu einem Dermoid Sinus, die Schäden bei Menschen rangieren von *dermal sinus* (einer identischen Erkrankung) bis zur *spina bifida occulta* (verborgen) weiter zur *spina bifida cystica* mit ernsthaften Lähmungen. RRs zeigen diese extreme Form der NTD nicht.

Die neurale Röhrenfusion und der Trennungsprozess ist bei Menschen etwa am 35. Tag nach der Empfängnis abgeschlossen, erfolgt also bei einer normalen Austragezeit von 280 Tagen sehr früh. Hunde haben eine Tragezeit von 63 Tagen, daher erfolgt diese Verbindung (oder fehlende Verbindung) in den ersten zwei oder drei Wochen nach der Empfängnis. Dieses sehr frühe Auftreten jedes Fusiondefektes ist entscheidend, wenn man präventive Maßnahmen einleiten will. Der Prozess ist bereits vorbei und abgeschlossen, ehe man die Trächtigkeit überhaupt verlässlich diagnostizieren kann - besonders beim Hund.

Im Juli 1991 wurde ein außerordentlich wichtiges Forschungsergebnis in *The Lancet (UK)* veröffentlicht. Der Titel lautete ›Prevention of Neural Tube Defects: Results of the Medical Research Council Vitamin Study.‹ Diese Studie berichtet über Forschungsergebnisse, die das Denken über diätetische Folsäure in der ganzen Welt verändert haben - empfiehlt die Verabreichung einer nicht-toxischen, wasserlöslichen Vitaminergänzung vor und während der Schwangerschaft. Diese Untersuchung basiert auf Beobachtungen, wonach ein Fehlen an Ausgewogenheit in der Ernährung der Mutter die Babys für NTD prädisponiert.

Eine große Versuchsreihe über viele Länder wurde durchgeführt. Frauen, die zuvor ein Kind mit NTD geboren hatten, wurden unter strikt kontrollierten Voraussetzungen untersucht. Diese Frauen erhielten ein bis vier Behandlungen, die schon bereits vor der Empfängnis begannen (siehe Tabelle unten).

Diese Mengen wurden täglich bis zumindest drei Monate während der Schwangerschaft eingenommen. Die übrige mütterliche Ernährung wurde nicht kontrolliert. Definitive Ergebnisse, ob der Fötus/Baby tatsächlich durch NTD befallen oder nicht befallen wurde, wurden bei 1.195 Schwangerschaften ermittelt. Die Studien wurden danach abgebrochen, weil diese Ergebnisse so völlig eindeutig waren, dass man aus ethischen Gründen die Studien nicht fortsetzen wollte.

Das Auftreten von Neuralrillendefekten bei Schwangerschaften der Mütter in einer der zwei Folsäuregruppen wurde um 72 Prozent reduziert im Vergleich zu dem Auftreten in den Gruppen ohne Folsäure. Diese Untersuchung revolutionierte geradezu die Richtlinien über perinatale Ernährung. In den USA wurde vor kurzem Folsäureanreicherung für auf Getreide basierende Grundnährstoffe zwingend vorgeschrieben.

Diese Tatsachen lösten bei einem von uns (JR) Überlegungen aus, warum dieser einmalige Fortschritt in der menschlichen Medizin nicht auf die ähnliche Erkrankung (Sinus) beim RR angewandt werden könnte. Es kam zu einer Zusammenarbeit von Pharmakologen und Toxikologen (F.N-G.) in der Forschung. Mit Zustimmung durch das RRCSA wurde eine offene Studie in Vorlesungen und Hundefachzeitschriften propagiert. Interessierte Hundezüchter erhielten einen detaillierten Fragebogen. Es blieb den Teilnehmern überlassen, ob sie das Futter ihrer Hündinnen mit 2,5 bis 5 mg Folsäure/Tag spätestens am Tag der Paarung, möglichst früher anreicherten. Einzelheiten der Normaldiät und des Auftretens von Sinus in Würfen der Zuchtpaare wurde detailliert erforscht. Die Teilnehmer berichteten unter anderem über Wurfgröße, Geschlecht der Welpen, Auftreten von Dermoid Sinus und andere bei der Geburt vorliegende Abnormitäten.

	1. Vitamine A, D, B1-B6, C, Nikotinamide
alternativ	2. Vitamine wie zuvor + Folsäure 4 mg
alternativ	3. Folsäure 4 mg
alternativ	4. Eisen/Kalzium

DIE ERGEBNISSE

Bis zum Februar 1996 lagen Berichte über 51 Würfe mit insgesamt 429 Welpen vor. Weitere Berichte werden in unseren späteren Veröffentlichungen berücksichtigt.

Hunde auf Normalernährung (Fleisch, Knochen, Tischabfälle, kommerzielles Hundefutter) brachten 25 Würfe (213 Welpen). Hündinnen, die eine folsäurereiche Diät (Gemüse) erhielten, so auskalkuliert, dass sie zumindest 200 mcg Folsäure/Tag bekamen, brachten elf Würfe (93 Welpen), während mit Folsäuretabletten unterstützte 15 Hündinnen 123 Welpen brachten.

Das Sinusrisiko, basierend auf dem Sinusauftreten in vorangegangenen Würfen von Vater und Mutter, wurde als hoch angesehen, wenn bei beiden Elterntieren in Würfen Sinus auftrat; mittelhoch, wenn nur Würfe eines Elterntieres betroffen waren, niedrig, wenn keines der Elterntiere Sinuswürfe hatte und ›unbekannt‹. Es gab bei den Welpen, die in diesen Bericht einbezogen wurden keine Korrelation zwischen angenommenem Risiko und Auftreten von Sinus. Das Vorkommen von Sinus in der ›normalen Ernährungsgruppe‹ (niedriges Fol) belief sich auf 16 Prozent. Die zwei hoch folsäurehaltig ernährten Gruppen (Gemüse oder Tabletten) zeigten gemeinsam ein Auftreten von Sinus bei 4,2 Prozent. In der Hochfolsäurediätgruppe wurde über null Prozent Auftreten von Sinus berichtet. Die durch Folsäuretabletten ergänzte Gruppe brachte ein Sinusauftreten von 7,3 Prozent. Alle Unterschiede im Auftreten von Sinus in der Kontrollgruppe mit wenig Folsäure und den folsäurereichen Gruppen sind statistisch beachtlich (Wilcoxon rank-sum test, Mann Whitney U-test).

DISKUSSION

Diese Ergebnisse zeigen eindeutig, dass ein hoher Folsäurespiegel in der Ernährung von Rhodesian Ridgeback-Zuchthündinnen zu einer beachtlichen und bedeutenden Reduktion des Auftretens von Dermoid Sinus unter den Nachkommen führt. Dies ist weitgehend der nachgewiesenen Situation bei Menschen analog. Eine Reduktion um etwa 70 Prozent kann im Normalfall erwartet werden. Die kleine Anzahl von Würfen mit hohem Versorgungsgrad an pflanzlicher Folsäure, bei der Sinus mit null auftrat, daneben nur 55 prozentiger Rückgang bei Würfen, die Folsäuretabletten erhielten. Warum gibt es diese Unterschiede? Die Antwort besagt, dass es wahrscheinlich nicht an den anderen Vitaminen in der pflanzlichen Ernährung liegt, dies wurde auch bei der Erforschung bei Menschen nicht festgestellt. Höchstwahrscheinlich ist die Tatsache ausschlaggebend, dass Hündinnen mit reicher folhaltiger Ernährung einen laufenden und automatischen Vorrat an Folsäure während ihrer Jugend, sexuellen Reife, Paarung und Trächtigkeit haben. Niemand brauchte dann daran zu denken, Tabletten zu verabreichen und sie tagtäglich einzugeben - alle die eingeschränkten körperlichen Speicher für Folsäure waren laufend aufgefüllt, ebenso die sich entwickelnden Eier.

Das Gegenteil gilt hinsichtlich der Folsäuretablettenvergabe, wenn die Behandlungszeit nur in Verbindung zum Zyklus der Hündin stand, vielleicht nicht immer wie empfohlen erfolgte. Zwei Hündinnen in der Gruppe mit den Folsäuretabletten erhielten eine Woche, beziehungsweise zehn Tage nach der Paarung (zu spät) ihre Tabletten, eine weitere Hündin der Gruppe wurde erst behandelt ›bei Bestätigung der Trächtigkeit‹ (viel zu spät). Dieses Einbeziehen in die Folsäurebehandlungsgruppe kann nur den beobachteten schützenden Effekt einer Reduktion um 55 Prozent haben, bei rechtzeitiger und laufender Versorgung darf man ihn höher erwarten.

SCHLUSSFOLGERUNG

Hohe Folsäureeinnahme der Mutter vor der Konzeption und in der frühen Schwangerschaft reduziert das Auftreten von Dermoid Sinus bei Rhodesian Ridgebacks genauso wie es das Risiko der in gleichem Zusammenhang stehenden Erkrankungen beim Menschen verringert. Sehr zu befürworten ist folsäurereiche Ernährung oder laufende Folsäureversorgung durch Normalernährung über das gesamte züchterische Leben von RR-Hündinnen.

KOMMENTAR

Die australische Studie ist zweifelsohne interessant genug, um die Empfehlung, schon vor der Paarung Folsäure in die Ernährung der Hündin einzubeziehen, zu unterstreichen. Unbeantwortet scheint die Frage, ob *alle Ridgebacks* eine Prädisposition für DS aufweisen, mit niedrigerer Wahrscheinlichkeit des Auftretens bei Einsatz von Folsäure, oder ob es Einzeltiere mit erblicher Prädisposition für DS gibt, möglicherweise durch Folsäure beeinflusst. In diesem Licht unterstütze ich die Darlegungen der Besucher des Weltkongress 1996 in Melbourne. Diese Position wurde als Antwort auf die von mir gestellte Frage von dem französischen Rhodesian Ridgeback-Züchter Bruno Hachet vertreten. Seine Meinung war: »an DS operierte Ridgebacks sollten auf Ausstellungen keine Preise zugesprochen werden, ebenso wenig sollten diese Tiere in der Zucht Einsatz finden.« Man könnte die ernsthafte Warnung hinzusetzen, keine Einzeltiere züchterisch einzusetzen, die aus Würfen stammen, in denen DS aufgetreten ist.

HÜFTGELENKSDYSPLASIE

Es gibt sie bei Ridgebacks wie bei nahezu allen Hunderassen. Sie lässt sich aber unter Kontrolle halten, wenn systematisch geröntgt wird, die Bekämpfungsprogramme transparent sind. Drakonische Regeln ohne Kompromisse und Zuchtverbote haben sich nicht besser bewährt als flexiblere Informationen und Erziehung auf Grundprinzipien. Zucht mit Grenzfällen unter kontrollierten Umständen hat sich nach allgemeinem HD-Prozentsatz als nicht risikoreicher erwiesen. Länder mit HD-Durchschnitten über etwa fünf Prozent sollten der Krankheit spezielle Aufmerksamkeit schenken, brauchen möglicherweise striktere Programme. Sie sollten im Idealfall ein ganz klares Ziel haben, danach muss aber wieder Flexibilität eingeführt werden. Dies alles hat zur Voraussetzung, dass alle Einzeltiere geröntgt und die kompletten Ergebnisse publiziert werden.

Schon der gesunde Menschenverstand gebietet, dass Käufer über den HD-Status der Elterntiere ihres Welpen, im Idealfall auch über den der Großeltern Bescheid wissen sollten. Es mag naiv klingen, dabei eindeutig auf klare Identifikationsmöglichkeiten zu achten, aber es ist besser auf der sicheren Seite zu sein, als dass es einem später Leid tut. Jedes Röntgensystem geht davon aus, dass die nationalen Identifikationsprobleme gelöst sind, dass auf den Röntgenbildern immer die Identifikation eindeutig verankert ist.

Die HD-Debatte und die Aktionsprogramme beleuchten in breiter Perspektive zwei Fakten. Zum Einen, dass ein systematisches Fehlererkennungsprogramm erforderlich ist, voll transparent sein muss. Zum Zweiten, dass gerade das Überkonzentrieren auf ein einzelnes Erbproblem

TABELLE 1

	Anzahl Welpen	Anzahl Sinus	Prozentsatz	Verhinderter Befall %	Bedeutung
Unbehandelt (normale Ernährung)	213	34	16,0 %		
Folsäuretabletten	123	9	7,3 %	55 %	P = 0,03
Folsäurereiche Ernährung	93	0	0 %	100 %	P = 0,0003
Folsäure gleich aus -welcher Quelle	216	9	4,2 %	74 %	P = 0,0005

schädlich sein kann, von anderen wichtigen Fragen abzulenken vermag. Ich schlage vor, dass HD-Bekämpfungsprogramme als wichtig angesehen werden, nicht aber als Ausrede beispielsweise dafür, dass Clubs unverhältnismäßigen Einfluss über das Recht der Selbstbestimmung der einzelnen Züchter ausüben.

ANDERE ERKRANKUNGEN

Diese können auftreten, sind meist von Kontinent zu Kontinent, von Land zu Land verschieden. Die wichtigste Rolle, die jeder Zuchtverein ausüben sollte, ist, Entwicklungen auf dem Gesundheitssektor zu beobachten, systematisch Fakten zu sammeln, wenn Krankheiten vorkommen und sich dann mit genetischen Fachleuten wie auch gleich gerichteten Zuchtverbänden in anderen Ländern zu beraten. Beide Wege führen zu zusätzlicher Erfahrung und bieten gute Ratschläge.

Der *Grand Old Man of FCI,* Fachmann der europäischen Forschung über Genetik und Erbkrankheiten, Professor Skari Paatsama, leider im Frühjahr 1998 verstorben, entdeckte beispielsweise vor Jahren Korrelationen zwischen Knickruten und Problemen im Rückgrat. Sehr bedeutend war eine seiner letzten Botschaften, die besagte, dass übermäßige Schutzmaßnahmen nicht die erwarteten Ergebnisse brachten. Er war über ein halbes Jahrhundert bis zu seinem Tode forschend sehr aktiv.

Man kann dies noch anders ausdrücken, übermäßige Hysterie über neu entdeckte tatsächliche oder eingebildete Krankheiten nützen der Rasse überhaupt nichts. Auf der anderen Seite müssen wir notwendigerweise von allen Clubs - nicht zuletzt allen Ridgeback Clubs - erwarten, dass sie absolut neutral sind, kompromisslos bereit als Informationsquellen zu dienen. Zusätzlich zwingend erforderlich sind nie endender Respekt und Bereitschaft des einzelnen Besitzers und Züchters zuzuhören, zu lernen und selbst aktiv zu handeln.

Kapitel 11

DER RIDGEBACK IN ALLER WELT

Zielsetzung dieses Kapitels ist die Vorstellung von Hunden aus verschiedenen Ländern. Der Leser soll dabei auch in die Lage versetzt werden, die in den Fotos gezeigten interessanten Hunde zu studieren und sich mit ihrer Abstammung zu befassen.

Die Wanderung durch die Welt des Ridgebacks beginnt in Europa, bewegt sich weiter nach Australien und dann in die USA. Weiter geht es in andere Regionen, über die Informationen vorliegen, wir enden dann nach olympischer Tradition im Heimatland des Ridgebacks Südafrika. Alle Daten, Fakten und Berichte stammen aus einer großen Zahl verschiedener Quellen. Die Bereitstellung dieser Information erfolgte in den meisten, aber nicht in allen Fällen begeistert und großzügig. Trotzdem ist zweifelsohne das Quellenmaterial in Aufmachung und Stil etwas unterschiedlich.

ÖSTERREICH

Österreich gebührt die Ehre, unseren Land-zu-Land-Vergleich zu eröffnen. Dieses Land mit acht Millionen Einwohnern bietet aktiven Hundebesitzern eine großartige, natürliche Landschaft. Erste Ridgebacks wurden in den 1950er Jahren importiert, aber nicht offiziell eingetragen. Die ersten zwei Namen im Zuchtbuch sind die Afrika-Importe Huntridge Amedeus und Glenaholm Lalela (Yaligimba's Budi - Glenaholm Khanya) aus dem Jahre 1977. Auf Lalela treffen wir noch heute in vielen österreichischen Ahnentafeln, ihr Sohn Mtubatuba's Ambul (nach Glenaholm

Stehen auf kerzengeraden Vorderläufen ist für jeden Hund Voraussetzung für Ausgewogenheit. Sarula Forosi zeigt auch solide Hinterhandwinkelung, korrekte Kopfproportion und guten Ausdruck.

Foto: M. Bernkopf.

Es muss betont werden, dass mit gutem Bewegungsablauf die Qualität des Ridgebacks beginnt und endet. Ch. Marunguela's Nanganura zeigt besten Bewegungsablauf mit langen, tiefen Schritten, aktiver Fesselgelenkbewegung, dabei eine absolute Leichtigkeit im Gang. Achten Sie auch auf den korrekten Verlauf des Rutenansatzes. Foto: K. Vogelsinger.

Yuma) war der erste in Österreich gezüchtete Champion und wurde in Dortmund Weltsieger. Bis zum Jahre 1997 hatte der Club seinen 300. Ridgeback ins Zuchtbuch eingetragen. Man schätzt, dass es zurzeit mehr als 200 dieser Hunde im Lande gibt.

Der Club sieht den Hundebestand als ziemlich heterogen an, da die eigene Zucht im Land - im Verhältnis zu den Importen - nicht besonders aktiv war. Über die Jahre kamen Ridgebacks vorwiegend aus Afrika, der Schweiz, Deutschland und Italien nach Österreich. Die gute Seite daran ist, dass die genetische Vielfalt breit ist, durch Inzucht erbliche Probleme erfolgreich vermieden wurden. Der Club erlaubt nur Zucht aus HD-freien Tieren.

Korrekterweise berichtet der Club, dass bisher nur etwa 40 Hunde geröntgt wurden, insofern könnte man die statistische Bedeutung in Frage stellen. Interessant ist dennoch, dass die geröntgten, in Österreich gezüchteten Ridgebacks mit Ausnahme von vier Hunden HD-frei, vier Einzeltiere Grenzfälle waren. Einige der Importe erwiesen sich bedauerlicherweise als HD-geschädigt. 1996 beschloss der Club verbindlich das Röntgen von Ellenbogen und Schultern, um das Aufkommen von Osteochondrose unter Kontrolle zu haben. Für die Zucht vorgesehene Hunde müssen auch eine Zuchttauglichkeitsprüfung ablegen. Hierbei wird auf Abweichungen vom Rassestandard geprüft und ein einfacher Wesenstest durchgeführt.

Die meisten Ridgebacks werden in Österreich als Familienhunde gehalten. Es gibt aber einige Ausnahmen, wobei diese Hunde meist in Unterordnungswettbewerben und auf der Jagd eingesetzt werden - es gibt auch einige gute Ergebnisse im Agilitysport. Jährlich veranstaltet der Club eine Clubausstellung und veröffentlicht dreimal jährlich ein Bulletin für seine Mitglieder.

Die Weltsiegerausstellung wurde 1986 in Wien abgehalten und diese Ehre teilte Österreich 1996 mit Budapest. Budapest war bei diesem Championat Gastgeber der Ridgebacks. Auch international haben österreichische Ridgebacks bedeutende Erfolge auf Ausstellungen vorzuweisen. Neben dem Durchbruch von Mtubatuba's Ambul erzielten auch andere Hunde gute Erfolge, etwa Int. und Multichampion Gilah von der Ybbstalheide und Sakwi della Cime Bianche; Mehanna's Mataco, Int. und Multichampion, außerdem der Spitzenausstellungs-Ridgeback Österreichs; Mehanna's Macumba, Weltsieger und BOS in Budapest; Ctoret Beni's Ridges, Int. und Multichampion. Hinzu kommt der österreichische Spitzen-Ridgeback Int. und Multichampion Mavunguela's Nanganura. Der Rüde Int. Ch. Gabaza's Cabo trat auch in Frankreich erfolgreich in Wettbewerb.

BELGIEN

Belgien, das kleine dreisprachige Land, politisch gesehen Hauptstadt von Europa, ist auch

Der erfolgreichste belgische Ridgeback ist bisher Burdimas Cyrus, Int. und französischer Champion. Kräftiger Kopf und nahezu magnetische Ringpräsenz öffneten ihm den Weg zu seinen Ausstellungserfolgen.

Foto mit freundlicher Erlaubnis des RRCB.

Gastland der FCI (Fédération Cynologique International). Dieses Land, erst seit 1830 bestehend, hat über zehn Millionen Einwohner, wurde bekannt als eines der hundefreundlichsten Länder Europas, allerdings eingeschränkt durch jüngere, völlig neue politische Bewegungen, die den Ridgeback-Besitzern große Sorgen bereiten. Es gibt viele historische Verbindungen mit dem Kontinent Afrika - bis 1908 war Kongo (Zaire) der Privatbesitz des belgischen Königs. Für Ridgebacks haben sich hieraus günstige Verbindungen ergeben.

Der Club ist noch jung, wurde von der begeisterten Familie Francis Materne und seiner Frau Liliane Volont 1992 ins Leben gerufen. Die Frühgeschichte des Clubs gründete sich auf etwa 60 Mitglieder, einige brachten ihre Hunde mit ins Land, als sie nach Arbeitsaufenthalten in Zaire nach Belgien zurückkamen. Im Jahre 1998 zählte der Club etwa 150 Mitglieder mit 300 Ridgebacks, ein rapides Wachstum! Zweifelsohne hat dabei die Nachbarschaft zu dem Machtzentrum des europäischen Ridgebacks - Holland - und auch Frankreich - dazu beigetragen. Die erste Clubschau wurde 1997 abgehalten, ihre Sieger verteilten sich über diese drei Länder.

Bisher gibt es in Belgien keine professionellen Ridgeback-Züchter. Der Club bewegte sich direkt in Richtung des zentral-europäischen Zuchtsystems, bei dem die Paarungen strikt reguliert, die Würfe vom Club kontrolliert werden. Eine der wichtigsten Erfolgsgeschichten ist der erzieherisch gesehene *Day of the Ridgebacks* - er wird in großartiger, natürlicher Umgebung abgehalten, beispielsweise im Sognes Park in den Ardennen. Diese Veranstaltungen bieten auch die Gelegenheit, dass die Hunde einen Wesenstest ableisten.

Erster nationaler belgischer Champion wurde 1991 Thembisa Khangeli, Besitzer Mr. Aenderkerk. 1994 gewann Temba v. Masjonaland, Belgischer Besitzer Mr. Materne, auf einer der härte-

Temba v. Masjonaland, eine Hündin mit schönem Körperbau ist nicht nur Int. Champion, sondern auch in Agility und Unterordnung aktiver Wettbewerber. Achten Sie auf die Brusttiefe und den aufgeweckten, durchdringenden Blick.

Foto mit freundlicher Erlaubnis des RRCB.

sten Clubsiegerausstellungen Europas das BOB - auf der holländischen Rhodesian Ridgeback Spezialausstellung.

TSCHECHISCHE REPUBLIK

Erst seit dem Jahre 1993 besteht die heutige Struktur von Hundezucht und Ausstellungen der *Czech Republic,* wenige Jahre, nachdem die Tschechoslowakei ihre Freiheit von dem sowjetischen Blocksystem gewonnen hat. Tschechien verfügt über eine Bevölkerung von zehn Millionen Menschen. Dieses Land bietet sehr viel altes und eine ganze Menge neues. Die Zuchtorganisationen mussten neu aufgebaut werden. Nach europäischem Standard liegt das Durchschnittseinkommen in dieser ehrgeizigen Nation niedrig. Trotz rapidem Wachstum ist es noch immer ein Hindernis für eine schnelle Ausdehnung der Hundewelt. Die tschechische Zivilisation reicht über hunderte von Jahren auf das alte Böhmen zurück, im 14. Jahrhundert einmal das führende europäische Kulturzentrum. Dies bedeutet - im Hinblick auf Hunde - dass die Tradition, unterschiedliche Typen von Arbeitshunden zu halten, schon sehr alt ist. Die enge Nachbarschaft zu Deutschland gab Anstoß zu neuen Bemühungen, eine aktive Zuchtorganisation und Ausstellungskultur aufzubauen. Sowohl aus der allgemeinen Hundeperspektive sowie speziell hinsichtlich Ridgebacks ist diese Arbeit der letzten Jahre außerordentlich beeindruckend.

Sicherlich nicht ganz überraschend erfolgte der erste Ridgeback-Import bereits vor der Befreiung im Jahre 1987. Die Tschechen haben niemals den Eisernen Vorhang akzeptiert, der sie davon abhalten sollte, echte Europäer zu werden. In diesem Jahr erhielt Mrs. Viktorinova nach außerordentlichen Problemen und unter Hilfestellung von Mittelsmännern Merigal's Elanda (Nagaja's Eyk - Merigal's Anouchka) von Mrs. Pestalozzi in der Schweiz. In dieser Zeit gestattete das kommunistische Regime keine Reisen für Hundeeinkäufe in den Westen. Eine versteckte Hilfe zu diesem Import kam von Lone Lorenzen aus Dänemark, und die erste Paarung erfolgte zwischen Torhusets's Tan Tally-Ho (Troldeborgs Dyero - Troldeborgs Ehla) und Elanda.

Der erste Rhodesian Ridgeback Club (KCRR) wurde in Brno gegründet, einer Stadt, die über Jahrzehnte für ihre Hundeausstellungen bekannt ist. Zur Unterstützung der damaligen Tschechoslowakei übertrug die FCI 1990 die Austragung der Weltsiegerausstellung nach Brno (Brünn).

Die Ridgeback-Szene in der Tschechei entwickelte sich schnell dank mehrerer Importe und einem aktiven Ausstellungswesen. Mennystone's Shingi, ein junger Rüde, wurde ausgewählt, um das schnell wachsende Interesse der Tschechei zu illustrieren. Bereits in jugendlichem Alter zeigt dieser Hund gute Muskelkraft. Achten Sie auf die dunklen Augen, im Einklang mit dem dunklen Nasenspiegel.

Foto: Mrs. Brejchova.

Heute gibt es noch einen zweiten Club - den CKRR. Der Originalclub (KCRR) begann 1991 mit einer Clubschau und elf gemeldeten Hunden. 1997 erreichte derselbe Club eine Meldezahl von 88 Hunden. Auch der neue Club CKRR veranstaltet alljährlich Clubausstellungen, ein Hund seiner Mitglieder war Ali Rodyrry (Dorian Ropotamo - Bessy Z Africke Savany), Spitzenausstellungs-Ridgeback der Tschechei.

Die tschechischen Importe kommen von Simbabwe, Italien und Zentraleuropa. Der frühe Erfolg, auf den eigenen Ausstellungen gute Hunde aus den Nachbarländern anzuziehen, brachte es mit sich, dass beide tschechischen Clubs mit einer erstaunlichen Schnelligkeit wuchsen. Ob sich der Aufbau zweier Vereine positiv erweist, muss sich noch herausstellen. Der CKRR befasst sich im Vergleich zu uns auf verschiedene Art mit dem HD-Status, fordert bei Rüden 0, erlaubt bei Hündinnen Maximum 1, auch ist eine Wesensprüfung erforderlich. Über das Auftreten von *Dermoid Sinus (DS) - Dermoid Zysten* - wird berichtet, aber in sehr niedrigem Grad. Einige Mitglieder der Zuchtvereine sind mit ihren Ridgebacks bei der Jagd und im Agilitysport aktiv.

DÄNEMARK

Dieses schöne Land mit etwas mehr als fünf Millionen Einwohner und einer Fläche, die etwa 30 % kleiner ist als Belgien, hatte über Jahre seine Besonderheiten in der nordischen Region. Die Gesetze und Umgangsregeln der dänischen Gesellschaft waren immer viel liberaler als die in Schweden, Norwegen und Finnland. Auch die Landverbindung zum Kontinent half Dänemark, internationaler als seine Nachbarn zu werden.

Die Tatsache, dass Dänemark 1998 Gastgeber der FCI-Weltsiegerausstellung war, auch der Europasiegerausstellung 1997, zeigt deutlich, wie seine Hundewelt von den engen Verbindungen zum übrigen Europa profitiert hat. Über Jahre waren die Hunde frei, nach Dänemark ein- und auszureisen, während Finnland erst Ende der 80er Jahre, Schweden und Norwegen 1994 ihre Grenzen öffneten.

Man weiß, dass die ersten Ridgebacks etwa 1965 nach Dänemark kamen. Mrs. Stenlycke begann Ende der 60er Jahre die Zucht mit ihrer Stammhündin Wawa of Owlsmoor und züchtete sechs Würfe. In der heutigen Zeit klingt diese Anzahl von Würfen einer einzigen Hündin über-

Dieser in den USA gezüchtete Rüde Kwetu's Xoxa, mit leberfarbener Nase, begann seine erfolgreiche Ausstellungskarriere, darunter ein BOB, unter der starken Konkurrenz des Swedish Speciality. Tragischerweise verstarb er aber bereits in jugendlichem Alter. Dieses Bild zeigt Xoxa als Teenager, dokumentiert bereits die Kraft seiner Knochen, seinen großartigen Ausdruck und seine herausragend kräftigen Pfoten.

Foto: C. Tekirdali.

trieben, aber wir sprechen über das Zuchtgeschehen vor 30 Jahren. Mrs. Stenlycke züchtete Boya (Zumbo Zimbawa - Wawa of Owlsmoor), der 1974 erster dänischer Ridgeback Champion wurde.

1982 kam es zur Gründungsversammlung des Dänischen RR Clubs, der dank der Begeisterung und Energien von Mr. und Mrs. Schrattenholtz aufgebaut wurde. Die erste Vorsitzende war Mrs. Mette Kjaersgaard. Seither durchlebte der Club Zeiten des Friedens und - wenn nicht Krieg - so zumindest vieler Turbulenzen.

1988 war der Dänische Club einer der Gastgeber des *Ridgeback World Congresses,* dessen Vorsitz ich inne hatte. Es erwies sich als Pan-Nordisches Ereignis mit Gästen aus Finnland und Norwegen.

Im Ausstellungsring treffen auf eine Anzahl würdiger Namen wir aus diesem Land. Der erste Ridgeback, der außerhalb des Landes bekannt wurde, war Kinghunter's Artus-Lionclaw (LouStigens Douglas - Sanjika Nandiswaya of Janak) - Besitzer Familie Schrattenholtz. Der Rüde war auch bemerkenswert erfolgreich in Unterordnung und seiner Ausbildung zum Militärhund. Der dänische und nordische Champion Tuasiwa's El-Chack H'Lobo (Makaranga Famous Chaka - Torhusets Fairfax Ella) errang über sechs Jahre viele Ausstellungserfolge, darunter vier Siege im Wettbewerb um den *Danish RR of the Year.*

Der im dänischen Besitz stehende, lebernasenfarbene Kwetu's Xoxa (Rusteau of Kwetu - Kwetu's Belmont Lady) gewann die schwedische *RR Speciality,* diese ist parallel zu der holländischen Ausstellung heute der schwierigste Wettbewerb in Europa. Der Spitzen Rhodesian Ridgeback in Dänemark war bestimmt die Hündin Kijasaman Dikimba Zuri (Mushana Jango - Kijasaman Bine), Züchter Mr. Mogens Boerjesen, Besitzer und Aussteller Soeren Holmgaard *(vergleiche Kapitel acht: Warum sie herausragen).* Diese außergewöhnlich elegante Hündin wurde 1994 Weltsieger mit BOS (hinzu kommen zwei Europasiegertitel, viermal wurde sie in Dänemark beste Hündin und so weiter). Sie trat auch in den *Obedience Classes I und II* in Wettbewerb. Seit diesen siegreichen Jahren waren Exporte aus Dänemark verständlicherweise sehr gefragt.

ENGLAND

Dieses Land ist das Mutterland des Hundesports, sein Kennel Club wurde 1873 gegründet. England ist auch das Einfallstor des Ridgebacks nach Europa.

Es besteht wenig Zweifel, dass die erste Hundezuchtorganisation am südafrikanischen Kap bereits 1891 gegründet wurde, das brachte vermehrtes englisches Interesse an dieser Rassehundezucht. Für die interessierten Statistiker können wir auch feststellen, dass die erste 1895 auf Crufts ausgestellte, wirklich in Afrika gezüchtete Hunderasse der Basenji war.

Rüden sollten im Kopftyp Kraft und Maskulinität zeigen, aber ohne Grobheit und den Eindruck von Schwere. Der dänische H'Lobo bietet uns ein gutes Beispiel eines kräftigen Rüdenkopfs.

Foto mit freundlicher Erlaubnis des DRRC.

Der Reichtum der englischen Hundewelt basierte schon immer auf der relativ starken Population des Landes, etwa 50 Millionen Menschen leben alleine im englischen Teil des United Kingdoms. Hinzu tritt das internationale Denken, das auch das Empire überlebt hat. Die Kehrseite, die sich immer mehr zeigt, ist die altmodische Isolation mit rigiden Quarantänegesetzen gegen Importe. Selbst wenn einige Importregeln etwas erleichtert wurden, wird es zu einem echten Aufblühen der englischen Hundezucht erst kommen, wenn dieses Land dem schwedisch/norwegischen Beispiel folgt und erkennt, dass moderne Medizin und intelligente Organisation es heute jedem Land erlauben, für Hunde die Grenzen zu öffnen. Wir alle außerhalb des United Kingdoms warten ungeduldig darauf, nicht zuletzt weil die englische Hundewelt immer neue Erfindungen macht, beispielsweise den Agilitysport.

Jack Selby, ein international anerkannter Richter, hat die Ridgebacks in den UK näher erforscht, dabei entdeckt, dass der allererste nachgewiesene Ridgeback in England Ende der 20er Jahre ankam. Mrs. Foljambe, eine Großwildjägerin, importierte 1928 zwei Ridgebacks aus Kenia. Die ersten Ridgeback-Besitzer in der oberen Gesellschaftsschicht war die Tabak-Familie Mr. und Mrs. John Player - das passte besonders gut, wenn man an die Rolle denkt, welche Ridgebacks als Wachhunde auf den Tabakfarmen in Südafrika spielten. Mrs. Player stellte ihre zwei Ridgebacks 1932 auf Crufts vor. Es waren Lobengula (I'Nkosi of Avondale - Vimy Ridge) und Juno (Viking Mondora - Santalukela of Avondale).

Nachdem die Schrecken des Zweiten Weltkriegs vorüber waren, erregten Dr. und Mrs. MacKenzie zunehmend Eindruck mit ihrer Mancross Zucht. Der erste Rassezuchtverein - der *Rhodesian Ridgeback Club of Great Britain* - wurde 1952 gegründet, zwei Jahre später bekam die Rasse bereits auf Crufts das Recht, CCs (Anwartschaft zum Championat) auszuschreiben.

1964 wurde der *Midlands and Northern Rhodesian Ridgeback Club* gegründet, er sollte später der erste Rasseclub werden, der in England Championship Status erhielt. Diese Entwicklung setzte sich fort, bald begann die *Southern Rhodesian Ridgeback Association* mit ihren Aktivitäten. Heute gibt es auch eigene Organisationen in der Republik Irland und in Schottland.

Es ist überliefert, dass Queen Elizabeth einen Ridgeback als Geschenk erhielt. Dieser Rüde, Just of Bamba (Rory O'Connor - Larissa of Brabant), war Vater des ersten UK Champion Maiduba of Mancross (nach Larissa of Brabant).

1992 wurde in England der *World Congress of Ridgebacks* abgehalten, er führte die Erfolge der Jahre 1984 und 1988 weiter. Manch ein kontinentaler Ridgeback Züchter glaubte, dass dies der Türöffner zu und für die englischen Züchter würde. Die Ausstellungen nahmen schnell an Größe zu. Als 1994 Sammy Wallace aus Simbabwe richtete, kam es zu einer Spitzenmeldezahl von 172 Hunden. Beachten Sie dabei, der englische Begriff *entries* ist nicht direkt vergleichbar mit der kontinentalen Zählung eingeschriebener Hunde. In England kann ein Hund in mehr als

UK Ch. Gunthwaite Corrina of Sonstraal mit leberfarbener Nase. Achten Sie auf den wie eine Skulptur wirkenden Körper und die außergewöhnlich kräftige, gut bemuskelte Hinterhand.

Foto mit freundlicher Erlaubnis von S. Rossiter.

Ein kräftiger Rüde mit starkem Kopf, äußerst aufmerksam, worauf jeder Richter im Ausstellungsring achten sollte. Dies ist eine Rasse, die auf gutes Wesen gezüchtet wurde, sie sollte genau dies auch bleiben. Ch. Shabani Kana zeigt Läufe mit besten Knochen, ringsum korrekte - nie gerundete - Körperformen.

Foto mit freundlicher Erlaubnis von G. & P. Regler.

einer Klasse vorgestellt werden.

Wenn wir uns mit den heute führenden Namen befassen, dürfen wir Mirengo's Mandambo, Besitzer Mrs. Woodrow, mit seiner Rekordzahl an CCs nicht übersehen - *vergleiche Kapitel acht: Warum sie herausragen.* Ebenso wenig Sansilver Senga (Kono of Owlsmoor - Zaza Akeha) der Familie Seaman. Beide Hunde zeigten eine wunderschöne Körperlänge, sicherten dies entscheidende Qualitätsmerkmal auf Jahre. Hinzu kam Ulundi Ushumba of Eilack, ein RSA Import von Jack Selby.

Englische Exporte waren für viele Länder maßgebend, um Qualitätslinien aufzubauen. Darunter waren auch die Exporte der Familie Webster *Kennel of Janak,* beispielsweise Penda Sana of Janak (Janak Piedt - Suzereine of Janak), der großen Einfluss auf die norwegische Zucht hatte; Janak Saara (Dannar of Janak - Houghtonvale Kit of Janak), auf Crufts BOS, Mutter der Allzeit-RR-Legende von Schweden; dazu Rooinek Jason of Janak (M'Kishi's Nallim Mhlekazi - Janak Purdey of Rooinek), auch Crufts Winner - er wurde zum ersten Gruppensieger in Schweden.

Für die Fans von Rekordaufzeichnungen sei auch noch einer der sehr wenigen lebernasenfarbenen Ridgebacks erwähnt, die Championtitel errungen haben - nämlich Gunthwaite Corrina of Sonstraal, Besitzer Bob Miller, ausgestellt von Sharron Rossiter. Während wir im Allgemeinen noch immer nicht genügend über die Beziehungen zwischen leberfarbener Nase und anderen Merkmalen wissen, steht fest, dass die Zucht erstklassiger Leberfarbener möglicherweise die höchste Herausforderung unserer Rasse darstellt.

Zu der Gruppe der Elitehunde in England gehören: RRCGB Championship Club Show Winner und Spitzenausstellungs-Ridgeback Nyassa Eiko (Gunthwaite Avenger - Sheemar Sassi of Nyassa), Besitzer Mr. und Mrs. Campbell und Wheeler; Club Open Show Winner KweKwe Kumi (Burncote Baron - Kweduve Kim), Besitzer Mr. Harden.

Ein Rüde mit durchdringendem, wachen Ausdruck. Sein langer, eleganter Körper und vorzügliche Winkelung halfen dazu, Ch. Nyassa Eiko zu einem Spitzen Ridgeback zu machen.

Foto mit freundlicher Erlaubnis von S. Campbell.

Champion Mwenga Mgeni (Trendsetter Mtoko - Mwenga Marijka), Besitzer Mr. und Mrs. Agnew; der Nyassa Rüde Falco (Gunthwaite Avenger - Sheemar Sassi of Nyassa); Flametrees Ruby Tuesday (Sansilver Samuru - Shona of Bunnockholm), Besitzer Familie Ringer; der sehr erfolgreiche irische und englische Champion Tombezi Gypsy Girl (Rockridge Columbus - Eber of Cloncrean), Besitzer Eddie Patterson.

England erlebte auch einen holländischen Vizara-Import, der schnell die Ausstellungsleitern hoch kletterte - Ch. Mangwe Llesha (Mangwe Kantua - Mangwe Shamwa), Besitzer Mr. und Mrs. Baldwin, Sieger auf Crufts, wobei das BOS auf dieser Ausstellung an Ch. Tukela Shona (Diamondridge Mkuki - Tukela Zulu Dawn) im Besitz von Mrs. C. Joslyn ging. Die große Mehrheit dieser UK-Sieger zeigt einen modernen, etwas leichter aufgebauten Ridgeback-Typ, mit guter Körperlänge und festem Ausdruck. Unverändert ist die englische Szene von großem internationalen Interesse, und das Land unternimmt alle Anstrengungen, mit der Rassenentwicklung in anderen Ländern Schritt zu halten, die leichten Import neuer Blutlinien ermöglichen.

Die englischen Clubs arbeiten auf Basis ethischer Grundlinien für ihre Züchter. In der zweiten Hälfte der 1980er Jahre wurden HD-Auswertungen für die Öffentlichkeit verfügbar. Der RRCGB produzierte sowohl ein Standardvideo für die Rasse sowie ein vorzügliches Demonstrationsvideo über die Krankheit *Dermoid sinus.*

Außerdem veranstaltet der Club aktiv jährliche Konferenzen, dazu Spezialveranstaltungen um Mittel zu Gunsten der Hilfsfonds der Rasse aufzutreiben. Die lange Liste englischer Richter, die kontinentale (und andere) Hundeausstellungen richteten, spiegelt den Respekt, den das Land über Jahre in der Ridgeback Welt errungen hat. Zahlreiche europäische Ridgeback Besitzer stellten ihre Hunde unter Richtern wie Elizabeth und Wilf Webster, Jack Selby, Janet Parker, Trish Barber, Sue Simper, Julia Bates und Sue Wheeler aus, um nur einige unter vielen hervorzuheben.

Zum Schluss ein Wort über die Standards. Im UK Standard, auch im RRCGB Year Book of 1997 enthalten, gibt es einen Druckfehler hinsichtlich der Zentimeterumrechnung bei der maximalen Widerristhöhe der Rüden. Im Text stehen 67 cm, in Wirklichkeit sind es 68,6 cm.

Bedauerlicherweise hatte dieser Druckfehler ziemlich schwerwiegende Folgen in Zentraleuropa, wo man nicht erkannte, dass es sich um eine falsche Umrechnung der 27 inches handelt. Dies sollte man auch beim Abdruck des Standards auf Seite 40 beachten.

FINNLAND

Dieses kleine Land mit ungefähr fünf Millionen Einwohnern verfügt über die größten unbe-

Einer der vielen erfolgreichen UK-Exporte war Nordustufial Liza of Janak, vorgestellt von Betty Webster, einer der ganz Großen unter den englischen Ridgeback Züchtern. Liza wurde an die Maridadi Kennels in Norwegen verkauft, die Bringslid Familie setzte diese Hündin recht erfolgreich ein. Liza - wie auch einige der anderen erfolgreichen Exporte der 80er Jahre - beispielsweise Rooinek Jason of Janak und Janak Saara - ragten deutlich aus der Mehrheit der englischen Ridgebacks jener Tage heraus, insbesondere aufgrund ihrer vorzüglichen Körperlänge. Das Zurückgewinnen korrekter Körperproportionen in der Rasse erwies sich über die letzten 15 Jahre in England als besonders erfolgreich.

wohnten Flächen Westeuropas, über nicht nur tausende, sondern zehntausende von Seen, war aber in der Ridgeback-Familie ein später, langsamer Starter.

Der erste Ridgeback wurde 1965 von Mr. Lucander importiert - stammte aus alten schwedischen Linien, gezüchtet von dem Rassepionier Bengt Floren. Sein Name war Simba 5 (Simba 3 - Suster 3). Ihm folgte die Hündin Elona (Rhosaf M'Kimba - Cora), 1975 geworfen. 1978 brachte sie einen Wurf, aber nur zwei Welpen blieben in Finnland. Der erste Internationale Champion in finnischem Besitz war ein Import aus dem schwedischen LouStigens Kennel - LouStigens Assam (LouStigens Haijk - Janak Kelly), Besitzer Mrs. Marita Laitinen. 1974 importierte die Ridgeback Züchterin Leni Nousiainen ihren ersten Rüden LouStigens Bihscara (Roseridge Red Slim - Janak Kelly), ihm folgte später LouStigens Cama (Kungstorps Soleb - Janak Kelly). Beide Hunde erreichten in der *Winner Class in Obedience* bemerkenswerte Erfolge. Mrs. Nousiainen hielt auf dem Weltkongress Dänemark 1988 einen Vortrag über *Obedience*. Das Jahr 1988 war auch Gründungsjahr des Ridgeback Clubs, er registrierte 15 Mitglieder.

Spätere Importe stammten aus Schweden, England und den USA. Der England-Import Mbwa Jike Shinda Moyo, Kimba genannt, Besitzer Mrs. Marianne Aaltonen, wurde der erste nordische Ridgeback, der in *Obedience* Championship Status gewann. Ein großartiger Ridgeback-Erfolg kam durch den Import von Mrs. Aaltonen - Shadyridge Mabruki Mbili (Shadyridge Fairviews Imba - Shadyridge Nadra), exportiert von der in Schweden geborenen und in den USA lebenden Züchterin Ulla-Britt Ekengren *(vergleiche Kapitel acht: Warum sie herausragen)*. Auf der Weltsiegerausstellung in Brüssel 1995 gewann Mbili BOB und den Weltsiegertitel. Im finnischen Club ist heute eine Gruppe junger Enthusiasten vereint und arbeitet mit den Pionieren der Rasse eng zusammen. Der Club ist jährlich Gastgeber von Spezialveranstaltungen, Obedience und Agilitywettbewerben, Lure Coursing und *Tracking Competitions.*

Der Club hat Richtlinien zur Bekämpfung von Erbkrankheiten erlassen. Alle Zuchthunde müssen auf HD geröntgt werden. In der Vergangenheit - zwischen 1988 und 1997 - wurden 37 Prozent des Ridgeback Bestands geröntgt, dabei zeigten nur fünf Prozent HD. 1997 wurden 16 Hunde geröntgt, keiner hatte HD. Mit diesem Hintergrund hat der Club vernünftigerweise ein offenes Informationssystem aufgebaut, aber auf strikte Zuchtregeln, die für Züchter verbindlich sind, verzichtet.

Die in Helsinki abgehaltene Weltsiegerausstellung brachte für die Rasse in Finnland einen Melderekord, war aber im Grundsatz eine norwegisch/schwedische Auseinandersetzung. Weltjugendsieger wurde der Rüde Ikimba Nembo von Mika und Sari Paakkanen, gezüchtet von Marianne Aaltonen. Sie züchtete auch Ch. Dahari Darubini (Shadyridge Mabruki Mbili - Imbali Khangayo), Finnlands Spitzen-Ridgeback 1996, der auch Best in Show in Tallinn, Estland wurde.

Aber die Finnen haben auch noch auf anderen hundesportlichen Gebieten gute Erfolge. Ms.

Finnland ist das jüngste unter den nordischen Ländern, das Ridgebacks züchtet und ausstellt, macht aber rapide Fortschritte. Ch. Dahari Darubini ist eine Hündin, die in jedem Land in Wettbewerb treten könnte. Sie ist ein vorzüglich ausgewogener Ridgeback mit korrekter Winkelung, richtigen Proportionen von Kopf wie Körper, dazu kräftigen Pfoten.

Foto mit freundlicher Erlaubnis des RRCF.

Vappu Alatalo trat in der Siegerklasse von Agility mit ihrem Ch. Lord Calvert in Wettbewerb. Hinzu kommt Kingizi Bayana (Shadyridge Wazari - Ikimba Kingaza), Besitzer Paeivi Rantasalo, der sich als Rettungshund qualifizierte. Aus langsamen Anfängen haben die Finnen jetzt mit echter Ridgeback-Geschwindigkeit beschleunigt.

FRANKREICH

Frankreich ist eines der führenden europäischen Länder in der Jagd, auch Spitzennation in verschiedenen Hundesportarten. Hinzu kommt aber, dass Frankreich die hundefreundlichste Gesellschaft Europas bildet. In Hotels wie Restaurants sind Hunde immer willkommen, völlig unabhängig, wie viel Sterne das Hotel hat. Und in vielen Fällen treten die Hotels untereinander in Wettbewerb, bieten freie Hundemahlzeiten, Hundekuchen und Wasserschüsseln für alle Gäste, die ihre Hunde mitbringen. Diese Hundefreundlichkeit scheint anzuhalten, trotz jüngerer zweifelhafter Anti-Hunde-Gesetzgebung im Land.

Frankreich ist ein großes Land, sowohl in der Bevölkerung - etwa 60 Millionen Einwohner - wie in der Fläche. Es ist nach Russland das zweitgrößte europäische Land. Der französische Kennel Club wurde 1882 gegründet, veranstaltet eine der elegantesten Freiluft-Hundeausstellungen von Europa, nämlich die jährliche Ausstellung in Paris-Longchamps.

Trotz dieser vorzüglichen Voraussetzungen für Hundebesitz wurden die Ridgebacks mit ziemlich langsamen Schritten eingeführt. Einer der Gründe dafür waren wirklich die weiten Entfernungen zwischen den einzelnen Landesteilen, das führte in den Anfangsjahren zu etwas isolierter Zucht. Der erste Ridgeback wurde 1951 aus England importiert - Kali of Emasne. Die Zucht nahm einen echten Anfang als die Familie Servant Tiere sowohl aus Südafrika wie den USA importierte. Die Initiativen 1988 kamen von Mrs. Maria Robertson, Mr. Servant und Mrs. Rey und Wintermantel. Im darauf folgenden Jahr erkannte der Französische Kennel Club den neu gegründeten Club an. Die Eintragungszahlen erreichten 1997 erstmals die Zahl 50, von nun an wurden Welpen in beachtlichen Zahlen sowohl exportiert wie importiert.

Der Club führte den so genannten TAN-Test ein, einen Wesenstest über vier Einzelprüfungen, Voraussetzung für Zuchterlaubnis wie für die Erringung eines Championats. Günstige HD-Werte waren gleichzeitig Voraussetzung für die Zucht sowie das Championat. Das Erringen des französischen Championats ist eine große Herausforderung, es bedarf vier CACs, eines davon muss auf Longchamps, ein anderes auf einer Spezialausstellung erworben sein. Aus diesem Grunde haben vorwiegend internationale Spitzenhunde diesen Titel errungen.

Der Club unterstützt Aktivitäten auf vielen Gebieten, beispielsweise Agility und veranstaltet eine jährliche Clubschau. Diese begann in Nevers 1991, entwickelte sich zu einem internationalen Ereignis, hat aber trotzdem ihre freundliche Atmosphäre bewahrt. Noch unverändert wird das Ausstellungswesen von

Fuiga MeisKe v. Huize Laurillard.
Foto mit freundlicher Erlaubnis des RRCF.

Im Allgemeinen zeigen französische Ridgebacks einen guten Ridge, dieser importierte Thembisa Hund bildet keine Ausnahme. Achten Sie auf die vorzügliche Ridgelänge, die hinab bis zur Mitte der Kruppe reicht.
Foto mit freundlicher Erlaubnis des RRCF.

Der ernste Ausdruck des Ridgebacks vermittelt manchmal den (falschen) Eindruck, der Hund starre einen an. Die dunklen Augen, der aufmerksame Ausdruck und der schwarze Fang sind charmant, können aber missverstanden werden. Mata Hari de Teufelsort wurde als französischer Repräsentant ausgewählt.
Foto: Gad.

Besuchern beherrscht. 1991 errang in Nevers der sagenhafte Multi-Champion Vishala Kinghunter Lance seinen ersten Sieg auf französischem Boden. 1993 schrieb der gleiche Hund Ridgeback-Geschichte, gewann den Pokal von Präsident Mitterand als Best in Show auf der internationalen Rassehundeausstellung in Nevers. Der deutsche Rüde Merten, Besitzer Herr Weinmann (vergleiche Deutschland) gewann Longchamps wie Nevers 1997, wobei BOS (Best Opposite Sex) auf beiden Ausstellungen an Djungelkatten's Kinghunter Liaison (vergleiche Schweden) fiel. Der Französische Club ist auch Gastgeber von vier bis fünf Spezialausstellungen jährlich auf internationalen allgemeinen Rassezuchtschauen.

DEUTSCHLAND

Das wieder vereinigte Deutschland mit über 80 Millionen Menschen, einer großen geografischen Ausdehnung mit viel freien Räumen, einem der dominanten europäischen Zuchtvereine (VDH), könnte mit Leichtigkeit auf dem Kontinent eine echte Ridgeback-Hochburg sein.

Hinzu kommt, dass in etwa zehn Ländern Europas deutsch gesprochen wird - in einigen davon allerdings nur als Minoritätensprache, aber auch hieraus ergeben sich weitere Möglichkeiten. Deutsche Ridgebacks stehen in der Qualität international hoch, trotzdem ist weder die Ausstellungsteilnahme noch das Qualitätsniveau auf einer so hohen Ebene, wie man eigentlich erwarten könnte.

Der Hauptgrund hierfür ist eine unglückliche Aufspaltung in vier verschiedene Clubs, wobei über die Clubgrenzen hinaus in der Zucht keine wechselseitige Anerkennung besteht. Die größten deutschen Hundeausstellungen sind deshalb noch immer in den Meldezahlen kleiner als die Clubshows in Schweden oder Holland. Auf der anderen Seite gibt es große Aktivitäten bei Importen und allgemeines Interesse an der Rasse.

Der erste Deutsche Ridgeback Club - der *Rhodesian Ridgeback Club Deutschland* -

wurde 1976 gegründet, von VDH und FCI anerkannt. Das schriftlich niedergelegte Ziel dieses Clubs ist, die Rasse in ihrer Ursprungsform und Gestalt zu wahren. Der Club hat eine eigene ZZP - *Zuchtzulassungsprüfung* - deren Ziel es ist abzusichern, dass ausschließlich sozial gut geprägte Hunde für die Zucht Einsatz finden.

Die Zuchtzulassungsprüfung berücksichtigt den anatomischen Aufbau, hinzu kommen Regeln, die festlegen, dass weder Rüden noch Hündinnen für die Zucht vor einem Alter von 24 Monaten Einsatz finden dürfen. Bis zum Ende des achten Lebensjahres sollte keine Hündin mehr als fünf Würfe ausgetragen haben.

Besondere Aufmerksamkeit widmete der Club der Konzentration auf bestimmte Zuchtrüden, verlangt, dass jeder Zuchtrüde nach vier erfolgreichen Paarungen zumindest eine einjährige Pause haben sollte. Als Spezialdienstleistung für die einzelnen Züchter bietet der Club eine Fünf-Generationen-Ahnentafel-Analyse an, um Inzuchtkoeffizienten und mögliche Erbkrankheiten besser beurteilen zu können

Alle Hunde müssen auf HD wie Ellenbogen- und Schulterstatus vor der Zucht kontrolliert werden. Beispielsweise darf ein Hund mit einer Grenzwert HD (Borderline) nur mit einem anderen mit Status A gepaart werden, leichte HD (Status C) schließt einen Hund von der Zucht aus. Im Zeitraum zwischen 1993 und 1997 wurde eine Gesamtzahl von 95 Ridgebacks geröntgt, siehe Tabelle 1.

Der Ellenbogentest auf Ellenbogendysplasie (ED) war bis 1997 freiwillig, zeigt unter den Einzeltieren folgende Statistik, siehe Tabelle 2.

Eine entsprechende Statistik der OCD-Kontrolle der Schultern von 26 Einzeltieren zeigt Tabelle 3.

Der RRCD hat nahezu 500 Mitglieder, darunter 35 Züchter. Für den Club ist Raum für Information im Magazin *Unser Rassehund* des Verbands für das Deutsche Hundewesen e. V. eingeräumt. Zusätzlich kommuniziert er mit seinen Mitgliedern über Bulletins und durch Spezialveranstaltungen. Um das ganze Land abzudecken wurde der Club in regionale Unterorganisationen aufgeteilt. Das Clubprogramm umfasst auch Dienstleistungen wie *Ausstellungstraining, Welpentreffen, Zuchtinformationen* und trifft mit dem VDH Vereinbarungen sowohl was internationale wie Clubausstellungen angeht.

Tabelle 1:

HD-A (frei)	77
HD-B (Grenzfall)	13
HD-C (leicht)	5
HD-D (mittel)	0
HD-E (schwer)	0

Tabelle 2:

ED-Frei	21
ED-Grad 1	7

Zu den Stars des RRCD gehören: Umvuma Jani, Weltsieger, Europasieger und internationaler Champion; Umvuma Duke und Ruacana Batu (Umvuma Duke - Gonja Tom Etthewide), beide Bundessieger, die deutsche Version von Cruftswinner. Zuritamu Imara gehört zu den Top-Ten *(siehe Kapitel acht: Warum sie herausragen),* ist gleichzeitig Bundessieger, VDH-Europasieger und Internationaler Champion; Zuritamu Ibura ist zweiter unter den Top-Ten, zusätzlich VDH-Europasieger, Bundessieger und vielfacher Clubschaugewinner; und der dritte Wurfbruder Zuritamu Imani hat zweimal die Clubschau gewonnen.

Tabelle 3:

OCD-Frei	24
OCD-Positiv	2

Sie alle sind Nachzuchten des *Top-Ten Winner 1995 des RRCD* Vishala Kinghunter Lance (siehe Australien).

Die drei anderen deutschen Clubs sind *Löwenhund Deutschland Rhodesian Ridgeback e. V. (LDRR), Freunde des Rhodesian Ridgeback e. V. (FDRR)* und *Deutsche Züchtergemeinschaft Rhodesian Ridgeback e. V. (DZRR).* Sie alle sind von VDH und FCI anerkannt.

Die Entstehung von Parallelclubs erfolgte nicht notwendigerweise aufgrund von Aufspaltungen im VDH, vielmehr aufgrund eines Urteils des Bundesgerichtshofs, der im Hundewesen und in anderen Sportarten erlaubte, dass mehrere, in Wettbewerb stehende Clubs zulässig sind. Das Urteil beruht auf der Auslegung des deutschen Grundgesetzes. Alle diese Clubs sind international aktiv, veranstalten ehrgeizige Clubausstellungen und arbeiten auf internationalen Ausstellungen mit dem VDH gut zusammen, verfügen über einige vorzügliche Ausstellungs-Ridgebacks.

Einer der geradezu klassischen Rüden des LDRR ist Makaranga's Famous Chaka (Shane - Lulu a.d. Skaaprevier), Besitzer Frau Rosy Brook-Risse, der häufig aus Europa Siege nach Hause gebracht hat. Er ist sowohl internationaler wie Clubchampion, hatte aber möglicherweise das Pech, zur gleichen Zeit aktiv zu sein wie einige andere Weltklasserüden. Dies verhinderte, dass seine Ausstellungsliste noch länger geriet.

Der Hollandimport von Hans-Jürgen und Sigrid Weinmann *Merten* (Vumba - Jockular Jodi) errang die Stellung eines der Spitzen-Ridgebacks in Deutschland *(siehe Kapitel acht).* Er ist internationaler und Multi-Champion, errang mehrere Clubsiege in Deutschland wie in anderen Ländern.

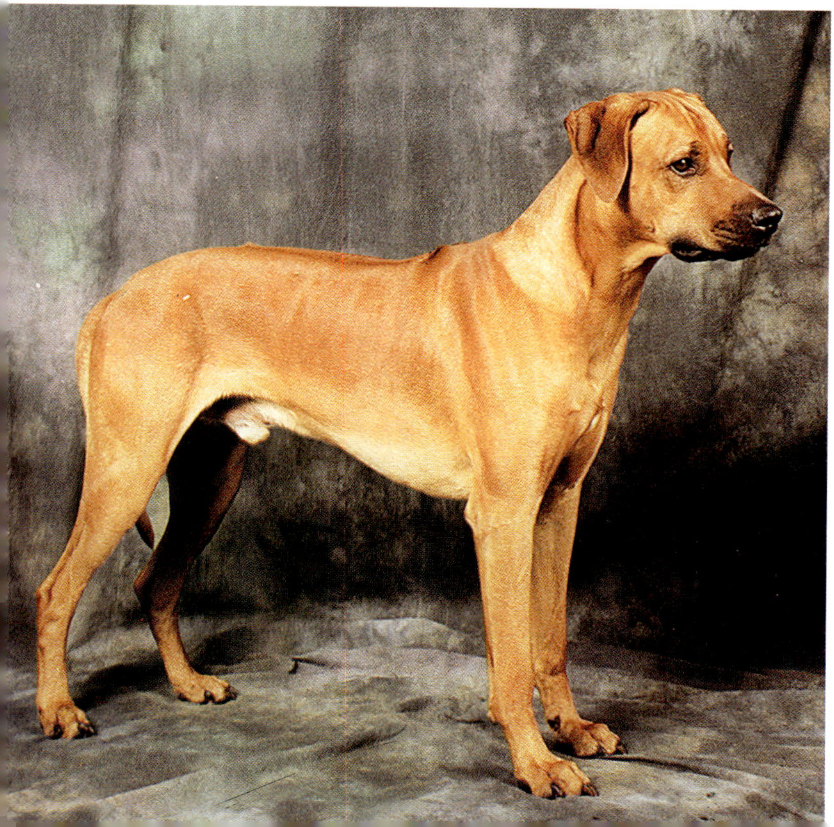

Der äußerst erfolgreiche deutsche Ausstellungsrüde Zuritamu Ibura ist ein Hund, der das Sprichwort »schöne Burschen gewinnen selten« nahezu zu widerlegen scheint. Ibura ist nicht nur ein Hund von außergewöhnlich angenehmem Charakter, er zeigt dies bereits in seinem Ausdruck, nicht immer zu seinem Vorteil im Ausstellungsring, wo es darauf ankommt, sofort aufzufallen. Sein eleganter Hals ist bei einem Rüden eine Seltenheit.

Foto mit freundlicher Erlaubnis Studio Roberto.

Zuritamu Ghajany, eine ausgewogene kräftige Hündin mit guten Knochen, korrektem Kopf und typisch schlanker Muskulatur. Foto: H. Spengler.

Man nimmt allgemein an, Hündinnen wären in den Ridgeback-Familien bessere Jäger gewesen - sind es wahrscheinlich noch immer. Die Hündin ist leicht, aber von superber Muskelkraft bei einem Körper, der beachtliche Lungenkapazität bietet. Diese deutsche Hündin Zuritamu Gwanda zeigt eine große Ausgewogenheit von Feminität mit Kraft. Foto: H. Spengler.

Abschließend erwähnt sei der deutsche Spitzen-Ridgeback im internationalen Ausstellungsring, der in Holland gezüchtete Rüde Rydgeway African Hunter (Besal Fatok - Rydgeway Copper Coin), Besitzer Herr Marek *(vergleiche Kapitel acht).*

Das Team von Herrn Marek und Hunter kletterte nach und nach die Spitzenleiter nach oben, gewann 1996 den enorm populären Weltsiegertitel mit BOB. Hunter gehörte dabei zu den drei Spitzenrüden aller Gruppen, kam aus der FCI-Gruppe 6. Hunter ist sowohl internationaler wie Multichampion. Und noch mehr - in Partnerschaft mit seinem Besitzer und Führer wäre er ein eindeutiger Kandidat für einen Titel *Gentleman in the Ridgeback Ring,* sollte je ein solcher ausgeschrieben werden.

IRLAND

Irlands Bevölkerung beträgt fünf Millionen Einwohner, im Vergleich zum Vereinigten Königreich zählt es zu den kleineren europäischen Nationen. Dies gilt auch für seine Stellung in der Welt des Ridgebacks. Trotzdem gibt es Ehrgeiz und erste Anzeichen für einen Durchbruch.

Die Gründung eines Irischen Clubs, gelenkt von William O'Connor, fand im Juni 1985 bei einem Liebhabertreffen statt. Die Satzungen wurden entworfen und aus England waren Mr. und Mrs. Jack Selby zu einem offenen Symposium eingeladen, was gemeinsam mit der IKC Show am St. Patrick's Day 1986 stattfand.

Im September 1986 fand die erste Championats Ausstellung statt. Seit der Gründung des Irischen Clubs im gleichen Jahr hat der Irish Kennel Club 622 Ridgebacks eingetragen.

Nachdem der Ridgeback 1991 in den *Control of Dogs act* einbezogen wurde, sank die jährliche Eintragungszahl wieder. Das Gesetz verlangt, dass auf öffentlichen Plätzen ein Ridgeback angeleint und mit Maulkorb versehen werden muss. Trotzdem hat die Arbeit des Clubs mit schöpferischen Ideen und vielen Kontakten zu den Mitgliedern dazu geführt, dass die Anzahl der Clubmitglieder weiter anstieg - trotz der gesetzlichen Probleme. Der Club unterhält ein Programm zur Umsetzung von in Not geratener Ridgebacks, ist Teilnehmer des Rettungssystems der United Kingdom Clubs.

Der erste Champion im Besitz eines Clubmitgliedes war Pretty Little Blanche (Gatesjig Lampon - Mary's Pride), Züchter und Besitzer Mrs. Carmel Clery. Der erste Ridgeback mit Doppelchampionat - Irland und England - war Tombezi Gypsy Girl (Rockridge Columbus - Eber of Cloncrean), Besitzer Eddie Patterson. Sie war auch der erste Ridgeback, der auf einer irischen Ausstellung für alle Rassehunde Best in Show (BIS) wurde.

Der erste internationale Durchbruch gelang dem Rüden Bwaga of Kilsinroe (Carsdale Eberhard - Fevata Yoruba), Besitzer Joan und Dennis Boyd, durch Gewinn eines CACIBs der FCI. Der Club gibt zweimal jährlich *newsletter* heraus, hat sich zur Information dem Internet angeschlossen. Ein Ehrenkodex fordert HD-Röntgen für Zuchtrüden und Zuchthündinnen nach dem *British Veterinary Scheme.*

Irland ist ein kleines Land mit einem großen Wettbewerber - England - direkt nebenan. Das hat die Iren nie beunruhigt. Tombezi Gypsy Girl war die erste, die das Eis brach, nämlich sowohl das Championat in Irland wie England errang. Diese ziemlich große, aber elegante Hündin gewann auch in Irland Best in Show. Ihre vorzügliche Körperlänge hat diese Hündin in den Gruppenfinalen zum harten Wettbewerber gemacht. Foto: J. Crawford-Manton.

ITALIEN

Dieses farbenprächtige Land hat ein Klima, das allen Arten des Hundesports entgegenkommt. Eine Bevölkerung von nahezu 60 Millionen bringt Interesse an allen Sportarten und eine Jahrhunderte alte Tradition mit Jagdhunderassen mit. Dies alles sollte für die Ausbreitung einer Rasse wie dem Ridgeback einen fruchtbaren Boden bieten. Trotzdem war der Anfang sehr langsam. Zitieren wir Frau Giovanna Bacchini-Carr - die *iron lady of Italian Ridgebacks* aus ihrem Vortrag beim allerersten Ridgeback World Congress: »Die Geschichte des Rhodesian Ridgeback in Italien ist notwendigerweise kurz.« Ein Beispiel hierfür - während der ersten 15 Jahre nach Einführung der Rasse 1968 wurden vom ENCI - der italienischen Zuchtorganisation - nur 42 Ridgebacks eingetragen. 24 davon stammten aus Würfen in Italien, nur 18 aus Importen.

Andererseits ist zu betonen, die frühen Importe kamen aus den absolut besten Blutführungen, beispielsweise Mushana Starr Jameson und Shangara's Checheni *(vergleiche Südafrika).*

Die Hündin Rhea (Shangara's Checheni - M'Panis Russet) von Frau Bacchini-Carr war eine der zwei Hündinnen, die sie 1981 in ihre *delle Cime Bianche Kennels* importierte. Sie gewann auf der Weltsiegerausstellung Wien 1986 den Weltsiegertitel. Der früheste Import erfolgte 1965, Frau Ricci importierte aus Rhodesien Mwala of Mpani (Mpani Rip of Colemore - Mpani's Flame Lily of Stallis). Der erste italienische Ridgeback, der Championatsstatus errang, war Rosette of Mpani (Glenaholm Strauss of Inkabusi - Mpani's Ilala of Goromonzi), Züchter war die legendäre Mylda Arsenis.

Italien ist unter den Hundeländern Europas eine schlafende Schönheit, es brauchte viel Zeit, ehe die Ridgebacks Fuß fassten. Dennoch und dank der planmäßigen Zuchtarbeit eines einzelnen Zwingers ging 1986 der Weltsiegertitel an die italienische Repräsentantin Rhea. Diese Tochter des großartigen südafrikanischen Shangara's Checheni zeigt wunderschöne Brusttiefe, kräftige Knochen und eine besonders gute Kruppe.

Foto mit freundlicher Erlaubnis des österreichischen RR Clubs.

Italienische Richter haben Ridgebacks in vielen europäischen Ländern wie Frankreich und Schweden, auch die Europasiegerausstellung in Dänemark gerichtet. Ein Buch des prominenten Jagdhundeexperten Di Giuliani beschreibt Ridgebacks, 1997 wurde der *RR Club Italy* gegründet. Trotz der kleinen Hundezahl haben in Italien gezüchtete Hunde, die in andere Länder exportiert wurden, sich außergewöhnlich gut geschlagen.

NIEDERLANDE

Dies ist eine der kleinsten Nationen Europas mit hoher Bevölkerungsdichte und etwas mehr als 15 Millionen Einwohnern auf einer kleinen Landfläche. Und trotzdem ist Holland eines der führenden europäischen Länder in der Ridgeback-Zucht.

Ridgebacks sind hier bis zum Ende des Zweiten Weltkrieges zurück zu verfolgen. Der erste Ridgeback kam über einen weiblichen Piloten 1946 ins Land. Der erste holländische Wurf wurde aus zwei Importen 1949 geboren, die Frau Goedhart-Bakker durchführte. Im Jahre 1954 erhielt der erste nationale Champion Indoena van de Tafelbaai seine Urkunde. Anfang der 70er Jahre war Frau Tresoor-Homan die erste holländische Züchterin mit einem ausgedehnten Zuchtprogramm.

Wenige Jahre später startete einer der weiteren frühen Pioniere - Herr Roy Meersman - seinen Ridgeback-Zwinger, der Ende dieser Dekade eine Reihe von Ausstellungssiegern hervorbrachte. Im Zuchtprogramm sowohl von Frau Tresoor wie Herrn Mersmann spielten die englischen Footpath Blutlinien die Hauptrolle. Im Laufe der 80er Jahre stieg die Zahl der Ridgebacks, ins-

Einer der Spitzen-Ridgebacks aller Zeiten in Italien: Multi Ch. Kaya Delle Cime Bianche (Sa Delle Bianche - Mahara Delle Cime Bianche) mit klarem Profil und entschlossenem Ausdruck.

besondere dank dem RSA Import Avondson Topper von Frau Resang-Groenewegen und dessen Nachkommen.

Zu den frühen Weltsiegerhunden gehören Weltsiegerin 1989 Rydgeway Copper Coin, Besitzer Frau Jones-Schleisser; im selben Jahr war Jock (Glenaholm Gavula - Anouk) im Besitz von Frau Coppens-Janssen Weltsiegerrüde. Weltsieger 1990 wurde der Rüde Foldsworth Thembani, Besitzer Frau Bubbert und Herr Meersman.

Zu den Klassikern unter den europäischen Ridgebacks der 90er Jahre gehört Vumba (Nkunda Nxumalo Vir Die Simba Safari - Glenaholm Roan) *(siehe Kapitel acht: Warum sie herausragen)*. 1988 geboren betrat dieser Rüde als Zweijähriger die Welt der Ausstellungen. 1992 wurde er in Valencia auf der Weltsiegerausstellung BOB. Er war in Holland einer der ersten Gruppensieger auf einer Ausstellung aller Rassen - Holland ist bestimmt ein Land mit sehr hartem Wettbewerb; er wurde zweiter in der Gruppe der *Dutch Dogs of the Year Show.* Dieser Rüde brachte 18 Würfe, darunter eine einmalige Folge siegender Ridgebacks wie Hunter, Milton und Merten (vergleiche Deutschland).

1979 wurde der Rassezuchtverein gegründet, der heute etwa 3.000 Mitglieder und ungefähr 120 aktive Züchter hat. Die offizielle Zuchtpolitik bezüglich HD lautet, dass ausschließlich Hunde mit Auswertungen HD-A und HD-B zur Zucht freigegeben werden. Die holländische Statistik ergibt einen verhältnismäßig niedrigen Grad der Erblichkeit von HD, etwa 25 Prozent. Andererseits zeigen unter den geröntgten Hunden etwa 20 Prozent leichte oder mittlere HD. Dies veranlasste den holländischen Club, dieser Krankheit erhöhte Aufmerksamkeit zu widmen.

SCHWEDEN

Schweden hat eine mehr als hundertjährige Kennel Club Tradition. Dieses Land mit einer Bevölkerung von etwas mehr als acht Millionen ist auch unbestritten führend in der Welt bei der Entwicklung fortlaufender Hüftgelenksradiografie und ihrer Statistik.

Was die Ridgebacks angeht, trotz früher Importe sowohl in den 30er wie in den 50er Jahren beginnt die Ridgeback-Chronik erst 1961 mit dem kenianischen Import von Judy of Endrick (Lanet Everbright - Kim of Endrick) und Golden Glory (Tigiri Pellinore - Suster) im Jahre 1962 durch Flugkapitän Bengt Floren.

Der Schwedische Rhodesian Ridgeback Club (SRRS) wurde 1974 gegründet. Seither arbeitet er unter dem Dach des SSD, der *Utility, Spitz and Toy Dog Clubs.* Dies ist die Zentralorganisation von etwa 80 Hunderassen, die nicht groß genug sind, um eigene Untergliederungen in allen Bereichen aufzubauen. Als der SRRS eine Mitgliedschaft von nahezu Tausend erreichte, entschloss er sich, als eigener Rassezuchtclub unter dem Swedish Kennel Club weiter zu arbeiten.

Die allerersten Blutlinien in Schweden waren eng miteinander verbunden. Der erste in

Drei holländische Ridgebacks, welche die Kontinuität guter Zucht zeigen. Das Foto zeigt von links nach rechts: Rydgeway Touch of Class, Rydgeway African Dawn und den legendären Vater Jock, vierfacher holländischer Sieger und auch deutscher Bundessieger.

Beim Weltkongress in Dänemark 1988 ging das Best of Breed *an Rydgeway African Dawn, ein erstaunliches Beispiel holländischer Zucht in den 80er Jahren. Ein langer, kräftiger Körper, lange, korrekte Muskeln und außergewöhnliche Winkelung machte diese Hündin zum Modell für künftige Generationen.*

Schweden geborene Wurf geht 1963 auf den Züchter Herr Floren zurück. Aus diesem Wurf kam der erste schwedische und International Champion Duke, im Besitz von Herrn Olle Rosenquist. Es kam in diesen frühen Tagen zu weiteren Importen, vorwiegend aus England. In den 70er Jahren begannen eigene Exporte in die Nachbarländer, das entwickelte sich zu einem gesunden wechselseitigen Austausch in den 90er Jahren. Der dänische vielfache Kopenhagen-Sieger Kinghunter's Artus-Lionclaw, der erste finnische Champion LouStigen's Azzam und einige der frühen norwegischen Zuchttiere, sie alle haben ihren Ursprung in Schweden.

Die ersten Ridgebacks, die in die Gruppenfinale vorstießen, häufig auf Ausstellungen in Erscheinung traten, begannen etwa vor 20 Jahren ihre Ausstellungskarriere. Der Rüde LouStigens Douglas aus zwei UK-Importen (Int. Ch. Robbin of Janak - Janak Saara - BOS Hündin Crufts) errang etwa 60 Ausstellungssiege, hatte in reifen Jahren ein Comeback und wurde der erste Ridgeback mit einer Platzierung Best in Show - und dies im Alter von acht Jahren. Seinen letzten Top Winning Ridgeback-Titel in Schweden errang er in dem Jahr, als er zehn Jahre alt wurde.

Dazwischen wurde der Cruftsieger Rooinek Jason of Janak importiert und sehr erfolgreich von Lennart Andersson auf Ausstellungen präsentiert. Er wurde der erste schwedische Ridgeback, der Anfang der 80er Jahre auf einer Ausstellung aller Hunderassen die Gruppe gewann. Interessanterweise war es Jason, der auch den ersten norwegischen Superstar und *Best in Show Ridgeback* zeugte, Mwindaji Wa Simba's Flattering Alfo hatte im Kampf um den Thron der schwedischen und norwegischen Ridgeback-Szene LouStigens Douglas sowohl als Vorgänger wie Nachfolger.

Der erste in Schweden geborene Ridgeback mit internationaler Ausstellungskarriere war die Hündin Kinghunter's Cassiopeia-Lionstar (Gunthwaite Arrogance - Sanjika Nandiswaya of

Hals und Front sind entscheidende Faktoren, um die bei einem Ridgeback erwünschte elegante Ausgewogenheit zu schaffen. Int. Ch. Simbashana's Givenchy ist eine der modernen schwedischen Hündinnen, die kräftige, aber elegante Front und Halslinie vererbte - und einige vorzügliche Nachkommen hatte.

Foto: Helen Engfelt.

Aakemba's King Armani Gi Fumo gewann im Alter von zwei Jahren 1997 die Swedish Top-Ten Competition, *einen der härtesten RR-Wettbewerbe in Europa. Foto: Helen Engfelt.*

Djungelkatten's Kinghunter Liaison. Diese Hündin begann ihre Ausstellungskarriere mit dem Gewinn von Welt- und Europa-Sieger-Titeln. Danach errang sie das internationale Championat und den Titel VDH Europasieger.

Janak), sie wurde dreimal *Top Winning Swedish Ridgeback.* Sie errang auf der norwegischen RR Speciality Siege und Best in Show-Platzierungen sowohl in Schweden wie in Finnland. Gegen Ende ihrer Karriere gewann sie die französische RR Speciality 1993 in Konkurrenz gegen die holländische Legende Vumba, wurde Gruppensieger und erhielt eine Best in Show-Platzierung wenige Jahre später in San Marino.

Der erfolgreichste schwedische und europäische Ridgeback Vishala Kinghunter Lance lebte während seiner siebenjährigen Ausstellungskarriere in Europa, nie auf Dauer in Schweden, war aber in Schweden eingetragen und hatte schwedische Besitzer (siehe Australien).

Der einmalige schwedische Star-Rüde Parih's Ghali M'zungo (Safaris Mwene Mutapa - Kinghunter's Daria Lionlife), Besitzer Carina Pergren - gewann ebenfalls wie Kinghunter's Cassiopeja-Lionstar dreimal hintereinander in Schweden die Spitzen RR-Titel und fügte dem später einen vierten hinzu. Auch in den Nachbarländern erreichte M'zungo beeindruckende Siege.

Beispielsweise ist er der erste Ridgeback, der das Finale einer prestigeträchtigen nordischen Winnershow gewann - diese Ausstellung wird abwechselnd von den nordischen Kennel Clubs veranstaltet - *siehe Kapitel acht.*

Vor ihm gewann der in Norwegen gezüchtete Rüde Mwindaji Wa Simba's Classic Clyde (Gunthwaite Arrogance - Kinghunter's Arnia Lioneye), vorgeführt von Ingela Wredlund, die Gruppe 2 auf der Dezemberausstellung in Stockholm, einem der schwierigsten Wettbewerbe in Europa. Nach Clyde schrieb Veronica Gomes-Hansson 1997 Rhodesian Ridgeback-Geschichte, sie gewann auf der Stockholmer Dezemberausstellung mit ihrem australischen Import Bearstar Diamond Willow (Bearstar Ko - Bearstar Chilian Willow) die Gruppe. Bearstar Diamond Willow wurde auch auf der norwegischen RR Speciality BOB. Die auf intensiven

Importen aufgebaute Djungelkatten Zucht von AnnMarie Hilding fand in Europa reiche Anerkennung - Djungelkatten's Kinghunter Liaison gewann die Jugendtitel der Weltsieger- wie Europasiegerausstellung, plus den *Top Winning French RR Titel im Jahre 1997.* Als Krönung ihres schwedischen Zuchterfolges 1997 wurde die Hündin Kalaharis Bubezi (Savanne's Ruben - Ridgehunters Atene Vinci) von Suzanne Falk in Kopenhagen Europasiegerin.

Seit den frühen 80er Jahren veranstaltet der Club eigene Clubausstellungen, heute mit Vergabe eines Championship Certificate. Zusätzlich zu den Ausstellungen hat der Club Unterordnungswettbewerbe über den parallel veranstalteten Wettbewerb *Top Winning Obedience Ridgeback* untersützt. Um die Mitglieder besser zu betreuen, teilte sich der Club nach und nach in regionale Einheiten auf, veranstaltet örtliche Treffen und führt Ausstellungen durch. Die Clubzeitung *Ridgeback-Nytt* wird viermal jährlich herausgegeben.

Der Club bietet eine eigene Zuchtberatung, informiert ebenso interessierte Welpenkäufer. Die ethischen Prinzipien des Clubs, die den Richtlinien des Swedish Kennel Clubs folgen, basieren auf Erziehung, Information und Lenkung. Anfang der 80er Jahre gab es eine bahnbrechende Entscheidung, als in der Rasse etwa 50 Prozent der geröntgten Hunde HD zeigten. Anstatt obligatorische Röntgensysteme und Zuchtverbote auszusprechen, wagte der Club eine liberale Regulierung, basierend auf Röntgenpflicht plus Information über die Ergebnisse.

Der HD-Anteil fiel von 35 Prozent im Jahre 1975 bis unter fünf Prozent 1983. Dieser Prozentsatz mit einigen weiteren kleinen Abschlägen blieb seither stabil. Wahrscheinlich ist dies das beste Fallbeispiel, das beweist, dass Information gleichwertig, wenn nicht sogar besser ist, um gewisse Ergebnisse zu erreichen - als Zwang.

Der Club hat auch freiwillige Wesenstests eingeleitet und erforscht über diese Tests die Bereiche rassespezifischen Verhaltens und das Wesen.

NORWEGEN

Norwegen war das letzte Land der drei skandinavischen Länder, das mit Ridgebacks begann. Heute - weniger als zwanzig Jahre nach dem Beginn von Zucht und Ausstellungen von Ridgebacks in Norwegen - hat sich dieses Land zu einem gleichwertigen Wettbewerber gegenüber Schweden und Dänemark entwickelt - im freundlichsten Sinn. Norwegen mit ähnlicher Bevölkerung wie Finnland ist eine kleine Nation, hat aber ein riesiges Land. Hohe Gebirge und tiefe Fjorde teilen das Land, machen die Verbindung von Nord und Süd zu einer schwierigen Aufgabe. Ein Sprichwort besagt, Norwegen sei Europas größtes Land - vorausgesetzt, man würde es flach machen. Einige Norweger leben auch in den einsamen Regionen des Nordens.

Die erste Entwicklung der Rasse in Norwegen basierte auf englischen Hunden. Viele Jahre vor der Gründung eines Rasseclubs brachten einige Missionare aus Afrika Hunde mit nach Hause, worüber es aber keine Aufzeichnungen gibt. Ebenso wenig führten die ersten Janak Importe Anfang der 70er Jahre zu irgendeiner Zucht.

Der Titel eines Pioniers der Rasse gebührt deshalb Stephanie und Sigmund Bringslid, Kennel Maridadi, die Penda Sana of Janak (Ch. Janak Piedt - Suzeraine of Janak) nach Hause brachten. Penda wurde die Mutter des ersten norwegischen Wurfs im Jahre 1982, gleichzeitig der erste norwegische Champion in norwegischem Besitz.

Später machten sich die Bringslids daran, den erfolgreichsten Ausstellungshund 1980 aus England zu importieren, die Hündin Nordustufial Liza of Janak (Ch. Mkishi Nallim Mhlekazi - Ch. Rhoda of Janak). Beide Hündinnen spielten beim Aufbau der Ridgeback-Zucht in Norwegen eine entscheidende Rolle.

Eine weitere Stammmutter war der Import von Tor Erik und Unni Pedersen - Kinghunter's Arnia Lioneye (Int. Ch. LouStigens Douglas - Int. Ch. Sanjika Nandiswaya of Janak), die 1980 ins Land kam und ihren Zwinger mit Mwindaji Wa Simba teilte. Arnia wurde internationaler und nordischer Champion, war die Mutter des ersten nordischen Best in Show Winners Mwindaji Wa Simba's Flattering Alfo, dessen Vater der Crufts Winner Rüde Ch. Rooinek Jason of Janak war.

Danach folgte ein weiterer Rüdenimport der Pedersen Familie Ch. Gunthwaithe Arrogance (Ch. Rejan Mandingo - Gunthwaite Kasuli). Er war von großer Bedeutung sowohl für Norwegen wie Schweden, wo er die wohl erfolgreichste Hündin aller Zeiten zeugte. Der klassische Gunthwaite Kopf wird in dieser Region unverändert nachgefragt.

1983 wurde ein Club gegründet und ich hatte die Freude, zu dem enthusiastischen Team zu gehören, dass diese Arbeit begann. Der RR Club arbeitete als Teil des KSS, des Clubs für *Large Utility Dogs.* Nachdem er aber ungefähr zweihundert Mitglieder erreicht hatte, wurde 1998 ein unabhängiger Club aufgebaut. Über viele Jahre veranstaltet dieser Verein eine eigene Clubausstellung während des Whitsun (Mai) Wochenendes, eine Ausstellung, die heute Teilnehmer zu hunderten anzieht.

Norwegen, das spektakuläre Land im Norden, ist für viele Sportarten geradezu ideal. Trotz des kalten Wetters haben die Ridgebacks hier ihren eigenen Platz gefunden, die Freiheit, die sie brauchen, in einer wunderbaren Umwelt.

Foto mit freundlicher Erlaubnis von Susan Clayborough.

Der Club hatte das Glück Mitglieder zu finden, die von Anfang an stark am Import interessiert waren. Im Jahre 1990 übernahm der *Norwegian Kennel Club* die Samenbank, die seit 1972 bestand. Heute gehört Norwegen in der Nutzung von tiefgefrorenem Samen zu den führenden Ländern der Welt, viele Züchter haben daraus Vorteile gezogen. Sowohl australische, holländische wie US-Linien wurden dadurch in Norwegen eingesetzt. Im internationalen Vergleich ist es interessant festzustellen, dass der größte Ridgeback-Wurf aus künstlicher Besamung immerhin 16 Welpen brachte.

Weitere Hunde wurden aus Schweden importiert, das als Exporteur gegenüber England, Dänemark und Australien dominiert. Selektive und vernünftige Zucht, verbunden mit einem ehrgeizigen Erziehungsprogramm des Clubs haben die Rasse in einem vernünftigen Verhältnis zu einer gesunden Nachfrage gehalten. Durchschnittlich werden jährlich 70 Welpen geboren, das liegt deutlich niedriger als die Nachfrage insgesamt.

In Norwegen hat die große Mehrheit der Bevölkerung direkt vor der eigenen Haustür Zugang zur Natur. In vielen Teilen des Landes dauert der Winter länger als der Sommer, dadurch haben die Ridgebacks viel Gelegenheit, sich an frischer Winterlandschaft zu erfreuen. Es gibt eine Fülle von Hinweisen, dass Ridgebacks nur wenigen klimatischen Einschränkungen unterliegen. Viele

Dieser junge, schön ausgewogene Ridgeback Rüde zeigt eine gut aufgezogene Brustpartie, ausgewogene Kruppe und sehr viel Maskulinität. Exgate Faruk Boss ist einer der vielen Beispiele norwegischer Zuchtqualität, die sich über die letzten 20 Jahre entwickelt hat.

Foto: K. Kristiansen.

Besitzer setzen ihre Ridgebacks zum Schlitten ziehen und *leash-skiing* ein. Beim letzteren steht der Besitzer auf den Skiern und wird vom Hund auf Skiloipen gezogen. Einige nutzen ihre Ridgebacks auf der Jagd, aber über die Ausbildung ist wenig bekannt.

In der Stadt Trondheim wird der Ridgeback Oppigardens Hilda Handfast nach seiner Ausbildung in Norwegen als Blindenführhund eingesetzt. Wenn man dies alles betrachtet, hat diese südafrikanische Hunderasse eine eindrucksvolle Vielseitigkeit und Anpassungsfähigkeit bewiesen, eignet sich für alle Konditionen im hohen Norden bis hinauf zum Polarkreis. Versuche in Agility und Fährtenarbeit wurden unternommen, und in jüngerer Zeit treten Ridgeback-Teams in *Obedience* zum Wettbewerb an.

Mwindaji Wa Simba's Flattering Alfo. Dieser klassische norwegische Rüde war der erste, der das Eis auf großen Ausstellungen brach und Best in Show wurde.

In Norwegen müssen die Hunde für die Zuchtzulassung nach einem Alter von 18 Monaten geröntgt werden. Der HD-Grad ist in der Regel niedrig. Auf freiwilliger Basis werden die Mitglieder gebeten, auch die Ellenbogen röntgen zu lassen.

Dank der entspannten Quarantäneregeln hofft Norwegen auf kontinentale Teilnahme auf seinen jährlichen Ausstellungen. Norwegische Hunde haben den Wettbewerb außerhalb des nördlichen Skandinaviens erfolgreich angetreten.

Die in Norwegen gezüchtete Hündin Kamba Anatulinda's Azizi, Besitzer John-Sigve Berg, war der erste norwegische Ridgeback, der seit 1993 Internationaler Champion wurde, wo ihre Mutter Ridgefaret's Cleopatra den selben Titel errang.

Spitzenereignis der norwegischen Ridgebackausstellungen war die Weltsiegerausstellung in Helsinki, wo Best of Breed und Weltsiegertitel an den Rüden Krismidt's

Exgate's Fantastic Gipsys Fully (links) und Jespah Alekzandr of Janak gewannen die Spitzenpreise auf der norwegischen RR Speciality 1996. Sie sind zwei der bedeutenden norwegischen Ausstellungshunde.

Foto: T. Benjaminsen.

Elgeyo Bantu (Bowbridge Ndoto Mukundi - Exgate's Exantippe Ridgie) ging, Besitzer Anders Markeset, Züchter Reidun Kristiansen.

SPANIEN

Spanien ist eine große europäische Nation mit mehr als 40 Millionen Einwohnern. Die spanische Hundewelt hat eine Reihe internationaler Veranstaltungen über die letzten Jahrzehnte abgehalten, tritt aber noch nicht so deutlich auf dem Kontinent auf wie andere südeuropäische Nationen. Meldungen spanischer Hunde werden auf großen internationalen Veranstaltungen zum Normalfall. 1992 fand die Weltsiegerausstellung in Valencia statt.

Auf der Weltsiegerausstellung 1994 in Bern traten einige spanische Ridgebacks an - ebenso auf einigen größeren deutschen Clubshows. Zurzeit leben einige Importe aus Deutschland und Schweden in Spanien. Dabei sollte angemerkt werden, dass seine Majestät der König von Spanien ein Ridgeback-Besitzer ist.

PORTUGAL

Dieses - das kleinere der zwei Länder auf der iberischen Halbinsel, mit einer Bevölkerung von zehn Millionen - war im Start mit Ridgebacks schneller. Portugal hat in jüngeren Jahren in der Hundewelt einige excellente Leistungen vollbracht.

Die Europasiegerausstellung in Estoril - außerhalb von Lissabon - im Jahre 1993 stärkt das Ansehen quer über den Kontinent. In Portugal gibt es aber noch keinen Ridgeback Club. Cesar M. de Castro Martins importierte 1966 den ersten Ridgeback aus Mosambik. Anfang der 80er Jahre schätzte man die Gesamtzahl von Ridgebacks auf etwa 20, diese Schätzung ist 1998 auf 200 angewachsen. Neben der eigenen Zucht in Portugal gibt es auch Importe einschließlich Glenaholm Zuchtmaterial aus Südafrika. Ein Spitzen-Ridgeback aus Portugal war Tyrone de Quinta de Ferdias, Besitzer Cesar Martins, ein Verwandter der Familie, die viele Jahre in Afrika verbrachte, auch er selbst lebte in Ostafrika. Er erzählt: »Ich liebe die Großwildjagd, und ich bevorzuge Hunde, die sich für diese Arbeit besser eignen, sie dürfen nicht zu groß, müssen aber sehr stark, muskulös und beweglich sein.« Seine augenblicklichen Rüden variieren zwischen 66 und 68 cm Schulterhöhe bei einem Gewicht von 40 bis 45 Kilogramm.

Zum Abschluss möchte ich den international erfolgreichsten Ridgeback aus Portugal vorstellen. The Guardsman Bruce Lee (Glenaholm Moshesh - Tezela de Chingola), Besitzer Pedro Costa Macedo, gewann Championtitel in Brasilien, Spanien, Gibraltar, Portugal und letztendlich auch den Titel Internationaler Champion. In seiner Karriere erreichte er insgesamt 51 mal »Best of Breed«.

Die Wurzeln von Portugal als Nation reichen auch in das Ursprungsland der Rasse zurück (siehe Kapitel eins). Die Europasiegerausstellung 1993 wurde in Portugal durchgeführt, gab den Liebhabern Gelegenheit, portugiesische Ridgebacks kennen zu lernen. Dies ist ein recht erfolgreicher Rüde Ende der 90er Jahre - Tyrone Da Quinta De Ferdias - ein kraftvoller Hund.

Foto mit freundlicher Erlaubnis von Herrn Martins.

SCHOTTLAND

Dies ist eine kleine, aber starke Nation mit etwa fünf Millionen Einwohnern. Die schottische Hundewelt ist recht abhängig von der Zusammenarbeit mit der englischen Hundewelt. Der Schottische Ridgeback Club ist ziemlich klein, zählt etwa 160 Mitglieder.

Dieser Club hat das Glück, den bekannten Richter Dr. Arthur Sneeden als Vorsitzenden zu besitzen. Der Club ist sehr aktiv, hält jährlich zwei Open Shows ab, organisiert gemeinsame Spaziergänge mit Ridgebacks und veröffentlicht Club Nachrichten, um sowohl Ausstellungsfreunde wie nicht Ausstellungsliebhaber aktiv zu fördern.

Ein Spitzenausstellungs-Ridgeback aus Schottland war Ch. Mursil Huntsmaster of Barca (Ch. Rejan Qualitaire - Shona of Burnockholm), Besitzer Jonathan und Anna Ringer. Diesem Siegerrüden folgte sein Teamgefährte Ch. Flametrees Ruby Tuesday (Ch. Sansilver Samuru - Shona of Burnockholm), zusammen mit der im Nelson-Besitz stehenden Hündin Zougani Zapella (Ch. Jespah of Janak - Zougani Aristata).

Gute Proportionen und körperliche Verfassung: Zougani Zapella bietet ein gutes Beispiel der Verbesserung der schottischen Ridgeback-Zucht.

Foto: David Dalton.

SLOWAKEI
Die slowakische Republik ist der kleinere der beiden Teile, die bis vor einigen Jahren die Tschechoslowakei bildeten. In diesem Land, das so nahe bei Österreich und Wien liegt, leben etwa 5,5 Millionen Einwohner. Der Slowakische Ridgeback Club bestand bereits 1994, was das Interesse und die Hingabe dieser jungen Nation an der Rasse zeigt. Heute gibt es 55 Clubmitglieder bei einer geschätzten Ridgeback-Gesamtpopulation von 65 Hunden. Die Zucht begann mit dem Holland-Import Rhody (Maharajah of Bo Kama - Boikokobetso), Besitzer Herr Micuch und mit Simba of Bo Kama im Besitz der Familie Victorinovci.

Die heutigen Blutlinien stammen vorwiegend aus europäischer Zucht, beispielsweise von Rydgeway Africana, Besal Fatoka und Mennystones Shingy. Der erste internationale Champion des Landes war Assio Zahoranka, er wurde auch zweimal Club Show Sieger.

Die Slowakische Club Show wird in Zusammenarbeit mit dem tschechischen Club abgehalten, dadurch erreicht man eine maximale Teilnahme, und die eingeladenen Richter haben hohes internationales Ansehen.

Ch. Ador Bukama war der erfolgreichste slowakische Ridgeback 1997, er gewann sowohl die ungarischen wie die slowakischen Specialities. Ein maskuliner Rüde mit guten Knochen, einem kraftvollen, aber nicht zu schweren Kopf. Weiße Brustflecke lösten vor etwa 15 Jahren große Debatten aus, sind aber erlaubt, verleihen dem Hund zusätzliche Attraktion.
Foto mit freundlicher Erlaubnis des SKCHR.

POLEN
Polen, das größte der neuen Länder Zentraleuropas mit freier Wirtschaft, hat nahezu 40 Millionen Einwohner, viel Raum und enge Nachbarschaft zu Deutschland, um in wenigen Jahren zu einem erwähnenswerten Ridgeback-Land zu werden. Nach mündlichen Informationen gibt es zumindest sieben Züchter in Polen, aber der polnische Kennel Club hat bis-

Der Hollandimport Rhody (links) war Ausgangspunkt der slowakischen Zucht. Asanta Pacifik (rechts) ist in »New Europe« ebenfalls erfolgreich, errang internationale, polnische und slowakische Championate.

Foto: J. Micuch.

her noch nicht über eine Existenz eines formellen Clubs berichtet.

SCHWEIZ

Die Schweiz, ein kleines Alpenland mit sieben Millionen Einwohnern ist Europas reichste Nation. Obwohl sehr national, ist die Schweiz das Herz von Zentraleuropa, steht in engem Kontakt mit ihren Nachbarländern.

Der Schweizer Ridgeback Club begann 1980. Die Ausstellungsaktivitäten sind etwas durch die Tatsache beeinflusst, dass es in der Schweiz nur sehr wenige offizielle Hundeausstellungen gibt. Auf der anderen Seite sind die Entfernungen zu Ausstellungen der Nachbarländer kurz, und schweizer Ridgebacks waren häufig Gäste der farbigen Blumenküstenwoche von San Remo, Nizza und Monte Carlo, sowie auch auf Ausstellungen im Norden, Westen oder Osten.

Die ersten Ridgebacks in den schweizer Annalen waren der Rüde Valavran Chuck, 1956 aus England importiert, und die Hündin Sandy in Südafrika geboren. Über diese beiden Hunde hatte die Pionierin der Rasse, Frau Favre, die Chance, 1957 den ersten in der Schweiz gezüchteten Wurf anzubieten. Ein weiterer Wurf folgt, dann gibt es in den Eintragungen bis 1967 eine Lücke, bis zwei weitere Ridgebacks aus England ihren Weg in die Schweiz fanden.

Das erste Rhodesian Ridgeback-Treffen fand 1980, im Gründungsjahr des Clubs, in Winterthur statt. Nicht weniger als 47 Mitglieder beteiligten sich daran.

Aber der internationale Durchbruch der schweizer Ridgebacks erfolgte noch vor der Clubgründung. Die Hündin von Hans Müller Campolongo's Aranja gewann 1979 und 1980 jeweils den Titel Weltsieger. Und Aranja brachte den bekanntesten schweizer Ridgeback, den großartigen Champion Kianga's Chivaz (Mtubatuba's Ambul - Campolongo's Aranja), Besitzer und Aussteller Yvonne Schoenholtzer. Chivaz gewann für die Schweiz zwei weitere Weltsiegertitel.

Der Schweizer Club symbolisiert bei-

Durch den Präsidenten der Fédération Cynologique International (FCI) - Herrn Hans Müller - wurde der erste große schweizer Star zu zwei Weltsiegertiteln geführt; Campolongo's Aranja war eine schlanke, gut ausbalancierte, äußerst feminine Hündin mit eleganten, schlanken Muskeln und einer großartigen Körperlänge.

Foto mit freundlicher Erlaubnis von Hans Müller.

Merigal's Chipili, international erfolgreich, war ein sehr wertvoller Deckrüde. Ein mittelgroßer, gut ausbalancierter Hund mit schönem Rippenkorb, kräftigen Knochen, guter Brust und korrekter Winkelung.

Foto mit freundlicher Erlaubnis von H. Henriz.

Ch. Kianga's Chivaz.

spielsweise im Gegensatz zu Australien, Schweden und Finnland starke zentrale Lenkung, die Zucht wird nahezu mit eiserner Faust kontrolliert. Wahrscheinlich aufgrund der kleinen Anzahl in der Zucht eingesetzter Hunde, teilweise aber auch als Ergebnis dieser Regeln - hat die Weiterentwicklung der Rasse nicht im erwarteten Umfang stattgefunden. Der allgemeine Aktivitätslevel des Clubs liegt hoch. Mitglieder-Bulletins, Zuchtberichte in den Magazinen des Schweizer Kennel Clubs und spezielle Familientreffen werden den Mitgliedern angeboten. Der alljährliche Sommer-Ridgeback-Spaziergang in spektakulärem Umfeld bietet alles, von der Grillparty bis zu Tests der Hunde für das Hunderennen.

ANDERE EUROPÄISCHE LÄNDER

Andorra, ein sehr kleines Land, veranstaltet zwar Hundeausstellungen, hat aber keine Ridgebacks in seinen Registern. Die Kennel Clubs in *Estland* und *Litauen* berichten, dass zurzeit keine Zucht besteht. *Gibraltar* hat ein paar Champion Ridgebacks gekrönt, diese leben aber in Portugal. *Ungarn* hat einige Importe durchgeführt, aber bisher kam es noch zu keiner organisierten Zucht. Ungarische Richter haben einiges Interesse an der Rasse gezeigt und Dr. Zuzanna Balogh sogar in Australien gerichtet. Der Kennel Club in *Island* wurde nach einigen schrecklichen Dekaden mit Antihundegesetzen neu aufgebaut und berichtet, dass es keine Ridgebacks gäbe, dass das Klima nicht gerade ideal für eine afrikanische Hunderasse sei.

Der Kennel Club *Luxembourg* hat in seinem Zuchtbuch keine Ridgeback-Eintragungen, ebenso wenig *Malta, Monaco* oder *Rumänien.* In *Russland* gibt es Ridgebacks, aber der KC verfügt über keine eingetragenen Züchter. Nach Informationen auf Crufts 1998 richten einige Ausstellungskreise in Russland ein Auge auf unsere Rasse, und Ridgebacks aus Russland nahmen an der Weltsiegerausstellung 1998 teil.

Der *Ukrainische* KC berichtet, dass es zwei Ridgebacks gab, deren Besitzer aber nach Litauen ausgewandert seien. Keine Information erhielten wir aus *Slowenien, Jugoslawien, Zypern, Kroatien, Bulgarien* oder der *Türkei.*

ISRAEL

Dieses alte Land ist die Heimat von etwa 5 Millionen Menschen, nimmt als Demokratie westlichen Stils eine einmalige Stellung im Mittleren Osten ein. Wie in vielen anderen Sportarten können wir der Einfachheit halber Israel als *erweitertes Europa* sehen. Israelische Richter haben sich außerhalb Israels einen guten Namen aufgebaut, und der Ridgeback-Liebhaber Orit Nevo ist autorisierter Ridgeback Richter, hat beispielsweise auch in England gerichtet. Israelische Ridgebacks wurden im zweiten Teil der 90er Jahre auf vielen europäischen Ausstellungen vorgestellt - mit beträchtlichen Erfolgen. In Israel gezüchtete Ridgebacks gibt es beispielsweise heutzutage in Holland und Frankreich.

Israelischer Ch. Dafni die Zweite ist ein gutes Beispiel der jungen israelischen Ridgeback-Zucht. Achten Sie auf die lange, gesunde und kräftie Schultermuskulatur.

Foto mit freundlicher Erlaubnis von Y. Pardo.

Österreischischer und ungarischer Ch. Ctoret Beni's Ridge, ein erfolgreicher israelischer Export. Die klassischen, gleichen Proportionen zwischen Fanglänge und Oberkopf sind bei ihm nahezu perfekt.

Foto: U. Lichtenauer.

In den frühen 1970er Jahren kamen die ersten Ridgebacks nach Israel. Die im Zuchtbuch als erste eingetragenen zwei Ridgebacks waren Shirory's Umzikulu und Shirory's Ndambi, aus Südafrika importiert. Die heutige Zucht im Land nahm ihren Anfang als Brigitte und Uri Liberman, die viele Jahre in Afrika gelebt hatten, nach Israel zurückkehrten. Der Ridgeback Rüde Simba hat sogar Uri Liberman auf Elefantenjagden begleitet. Neben diesen afrikanischen Linien gehen andere ältere Linien auf Holland zurück, einige wurden von der Familie Degani importiert. Zwei Zwinger bauten ihre Zucht über *Ridgebar* und *Eli Rosh Pina* auf.

Der Durchbruch auf heimischem Boden erfolgte 1987 als Simba Ridgebar, von Haim Bar auf den Golan Hügeln gezüchtet, einen Weltsiegertitel und gleichzeitig die Gruppe gewann.

Ein anderer israelischer Hund Wisky Eli Rosh Pina, von Eli Sloves gezüchtet, wurde 1987 in Tel Aviv Weltsieger und Best Opposite Sex. Der enthusiastische Züchter und erfahrene Vorführer Beni Kiesler hat die internationale Ausstellungswelt durchreist. Er begann mit seiner Zucht schon 1987, fand seinen Durchbruch mit dem Rüden Johokwe Golo Zeus (Makaranga Famous Chaka - Juba Delle Cime Bianche). Von Zeus gibt es eine lange Erfolgsliste.

In seinen ersten zehn Jahren als Züchter hatte Beni Kiesler 23 Würfe. Zu den weiteren Züchtern in Israel gehören Michal Masad und Orit Nevo, die unter dem Zwingernamen *Rich-Rach* züchtet.

Der Club wurde 1980 gegründet, schloss sich dem israelischen *Club for Bigger Breeds* an. Die Initiative zu einer eigenen RR Winter Show folgte 1988, wurde von mir als nicht offizieller Ausstellungsrichter beurteilt. Und bereits 1990 hatten die israelischen Anhänger Sammy Wallace vom *Parent Club* ermutigt, hier zu richten. Die Israelis haben gut gearbeitet, es gibt viele

Ridgebacks kamen langsam nach Zentral- und Ost-Europa - *zur gleichen Zeit wie nach vielen Jahrzehnten der Dunkelheit die Hundezucht in diese Länder zurückkehrte. Viele dieser Ridgebacks sind Importe oder wurden von Geschäftsleuten mitgebracht. Dieser Rüde Paul symbolisiert die vielen bekannten wie unbekannten Ridgebacks, die dazu beitragen, die Rasse in* New Europe *aufzubauen. Er hat viele Länder - von der Ukraine im Osten bis Litauen im Westen - besucht.*

Berichte, welche die westliche Welt in Erstaunen versetzen. Trotz des extremen Klimas und feindlicher Nachbarn entwickelt sich die Hundezucht immer weiter nach oben. Als Beispiel für die Herausforderungen, denen sich die Rasse gegenüber sieht, berichtet der Züchter Gilaad Liveni aus der Wüste Aarava, dass einer seiner Rüden von einer kobraähnlichen Schlange gebissen wurde - und überlebte.

DER FERNE OSTEN

Die Nationen im Fernen Osten berichten, dass es hier bisher wenig Aktivitäten im Hinblick auf Rhodesian Ridgebacks gibt. Beispielsweise erwähnt Japan, dass Ridgebacks trotz einiger Importe noch nicht wirklich Fuß gefasst haben. Ergänzt wird, dass die japanische Hundewelt möglicherweise für die Rasse nicht ideal sei, was durchaus wahr ist, wenn ich daran denke, wie enorm knapp dort freies Gelände ist. In Korea gibt es keine eingetragene organisierte Ridgeback-Zucht.

Es gibt Informationen über einige Importe (beispielsweise aus England) einzelner Ridgebacks nach Sri Lanka. Die Organisationen in Singapur und Hong Kong haben bisher keine Ridgebacks eingetragen, obgleich einige Hunde in diese Länder importiert wurden. Wir verfügen über keine Informationen über Malaysia (Ridgebacks wurden von Australien nach Malaysia exportiert), Indonesien, Indien und Thailand. Letzteres hat eine Anzahl von Züchtern so genannter *Thai Ridgebacks* - einige davon züchten in ziemlich großem Stil. Es muss aber hier wiederholt werden, dass diese Hunderasse überhaupt nichts mit dem Rhodesian Ridgeback gemeinsam hat, mit Ausnahme der ziemlich unklaren Haarbildung auf dem Rücken. Dieses Buch hat aber nicht die Aufgabe, irgendwelche Parallelen zu so völlig verschiedenen Rassen herauszuarbeiten.

AUSTRALIEN

Dies ist das einzige Land, das einen ganzen Kontinent mit einer Oberfläche von etwa 7,2 Millionen Quadratkilometern umfasst - seine Entfernungen sind enorm. Alles zusammen gerechnet leben in diesem weiten Land weniger als 20 Millionen Menschen. Enthusiasten aus dem Westen Australiens brauchten beispielsweise zwei bis drei Tage Reisezeit, um den World Congress und die Jubiläumsausstellung in Melbourne 1996 zu besuchen. Und jene, die nach australischer Redensart nur *um die Ecke* wohnen, haben eine achtstündige Rückfahrt nach Sydney vor sich. Die Folge davon ist, dass sich unabhängige und gut aufgebaute Clubs im ganzen Land entwickelt haben.

Die Quarantänegesetze gehören zu den schärfsten der Welt, dadurch haben nur wenige Züchter die Chance, importierte Blutlinien in solchem Umfang zu nutzen, wie es beispielsweise in den USA oder auf dem Kontinent in Europa möglich ist. Die Exporte übersteigen die Importe. Und eindrucksvolle Tatsache ist, dass sich die australischen Ridgebacks als außergewöhnlich

Ein schlanker, aber gut bemuskelter Rüde in Spitzenkondition. Ch. Vishala Sikoto gewann gegen nahezu 250 Ridgebacks auf der Speciality *in Verbindung mit dem Weltkongress in Melbourne 1996 und wurde Best of Breed.*

Ein guter und langer Hals ist nicht nur für die Eleganz von Hündinnen wichtig. Dieser Rüde Ch. Skiska Solitaire Jest besitzt einen maskulinen Schädel mit langem, kraftvollem Hals und starken Knochen. Foto: S. Stasytis.

erfolgreich in anderen Ländern erwiesen haben, sowohl im Ausstellungsring wie in der Zucht. Wir finden auch, dass die *RR-circles* in Australien - ähnlich jenen in Kanada und den USA - vielseitiger sind, ihre Ridgebacks in viel umfassender Hinsicht testen als nur zu Hause auf dem Sofa oder im Ausstellungsring.

Es existiert ein Bild von Krankenschwestern, die vor nahezu einem Jahrhundert aus dem Burenkrieg zurückkehren und von einem Hund namens Buller begleitet werden. Der Burenkrieg wurde nahezu zwei Jahrzehnte früher ausgefochten als die Ridgeback Rasse als solche offiziell begründet wurde. Aber der Hund auf diesem Bild ähnelt den heutigen Ridgebacks genügend, um ihn hervorzuheben und als frühen Vorfahre unserer Rasse anzuerkennen.

Es wäre recht schwierig die Behauptung zu widerlegen, dass Buller der erste seiner Art war, der seine Pfoten auf australischen Boden setzte.

Aus den 1930er Jahren wird berichtet, dass ein Mr. Kostner, vermutlich Ehrenmitglied des Rhodesian *Parent Club* (heutiges Zimbabwe), während seiner Weltumsegelungstour die Reise in Queensland unterbrach. Hier tauschte er seinen Ridgeback gegen einen Australian Cattle Dog ein. Mancher Ridgeback-Liebhaber hätte darin einen guten Grund gesehen, diese Ehrenmitgliedschaft aufzukündigen! Hierfür gibt es keine Dokumente, aber die Witwe von Mr. Kostner bestätigte, dass tatsächlich zwei Ridgebacks in Queensland zurückgelassen wurden und dass ihr verstorbener Ehemann über viele Jahre mit den neuen Besitzern in Kontakt stand.

Etwa 1964 kaufte ein Ehepaar von Dr. und Mrs. McKenzie aus den Mancross Kennels in England eine Ridgeback Hündin und nahmen sie mit nach Hause, entweder nach Queensland oder New South Wales. Sie forderten keine Export-Ahnentafel an, glaubte dass ihr Hund der einzige Ridgeback in Australien sei. Später hörten sie von einem Rüden in

Westaustralien, nahmen an, es habe sich um M'Bile gehandelt - aber der Weg war ihnen viel zu weit, um ihn als Partner in Betracht zu ziehen. Und das ist bereits das Ende der Beschreibung der frühen Jahre, wie sie von den drei Damen Sadler, Hanks und Carson erforscht wurde.

Im Jahre 1966 emigrierten Mr. und Mrs. W. M. Adams aus Ostafrika nach Westaustralien, brachten den oben erwähnten M'Bile mit, der aus Tansania importiert war. Dies war der erste offiziell eingetragene Ridgeback. Bedauerlicherweise starb dieser Rüde kurz nach dem Ende seiner Quarantäne, ohne dass es zu einer Zucht mit ihm gekommen war. 1967 importierten dann Mr. und Mrs. Adams Rüde und Hündin, die zum Grundstein der Serengeti lines in Australien werden sollten. Dies waren Serengeti Meru und Serengeti Chala, beide in England gezüchtet. Sie waren Halbbruder und Halbschwester, wurden die ersten Ridgebacks auf Ausstellungen. Dieser historische Schritt geschah in Perth auf der Royal Show 1967. Aus diesem Paar überlebte nur ein Rüde. Mrs. Connie Churchill, Besitzerin auch von zwei englischen Ridgebacks, die über einige Jahre die Sikota Kennels leitete, war seine Besitzerin.

Der erste Ridgeback, der zur australischen Ostküste reiste, war Serengeti Sanya aus dem zweiten Serengeti Wurf, geboren 1968. Mr. und Mrs. Morris aus Kellywille waren Besitzer der Hündin, sie wurde der erste australische Champion. Auch der erste Ridgeback, der nach Victoria kam, stammte aus dem zweiten Serengeti Wurf. Serengeti Mara stand im Besitz von Ms. Janet Murray (der bekannten Ridgeback Autorin, früher in Südafrika aktiv, wo sie unter dem Ulundi Zwingernamen züchtete) und Serengeti Sambu im Besitz von Mrs. Nina Bieberitz, die unter dem Bulawayo Zwingernamen züchtete. Sambu wurde später der zweite australische Champion. Janet Murray importierte Owlsmoor und Aldonnels Ridgebacks aus England, und Debassa of Owlsmoor wurde der erste importierte Ridgeback, der den Championtitel errang.

Zwischen 1969 und 1972 gab es ein völliges Verbot, lebende Tiere von anderen Ländern außer Neuseeland nach Australien zu importieren. Über diese Periode wuchs die australische Ridgeback-Population auf etwa dreihundert an, sie alle stammten von sechs importierten Einzeltieren.

Ch. und LCC Makimba Taima Indodakazi, sowohl Spitzen Lure Coursing RR wie Best Headed RR *auf der Speciality. Achten Sie auf die Kraft des Fanges, die dunklen Augen und den korrekten Ohrenansatz.*

Foto mit freundlicher Erlaubnis des RRCQ.

Natürliche Umgebung für einen gesunden Ridgeback - Aust. Ch. Malachi Mitonda - bei der Ausübung seines Wächteramtes. Achten Sie auf den hohen Rutenansatz, der Hund zeigt höchste Aufmerksamkeit, ebenso signalisiert er wie ein Vorstehhund, mit erhobener rechter Vorderpfote, mögliches Wild.

Foto mit freundlicher Erlaubnis des RRCQ.

Nach 1972 kam es zu erwähnenswerten Aktivitäten im Import, wenn man sich alle die Beschwerlichkeiten vor Augen hält, die Importeure wie Hunde durchstehen mussten. Zu den vorzuhebenden Ridgebacks, die in mehr als einem Land Championtitel gewannen, gehören US und Australian Champion Calico Ridged Commander Cody, Besitzer Mr. R. Leys; dazu South African und Australian Champion Komkhulu Nkazimlo, Besitzer Mrs. Temmlett. Diese großartigen Hunde leben heute nicht mehr, aber beide haben außerordentlich viel zum heutigen australischen Ridgeback beigetragen.

Über den Einsatz künstlicher Besamung gab es große Fortschritte. In jüngeren Jahren wurde aus den USA importierter Samen erfolgreich in mehreren Staaten Australiens eingesetzt. Heute ist Australien gemeinsam mit Norwegen eines der erfahrensten Länder der Welt im erfolgreichen Einsatz künstlicher Besamung.

Wie schon erwähnt sind beträchtliche Exporte erfolgt, darunter in Länder wie Neuseeland, Hawaii, USA, Kanada, RSA, Simbabwe, Malaysia, Singapur, Neu Guinea, Japan, Hong Kong und Europa, insbesondere Schweden. Australien hat auch zwei Ridgebacks gezüchtet, die internationale Champions wurden, einer wurde aus dem Westen, der andere aus dem Osten des Landes exportiert.

Die australischen Züchter betonen, dass Erfolge von Ridgebacks in Australien unterschiedlich sind. Ein Problem, in vielen jüngeren Ridgeback Ländern nicht unbekannt, wozu wir aber Australien nicht zählen - ist, dass Richter häufig mit der Rasse nicht vertraut sind und dem zu Folge qualitativ hochwertige Ridgebacks in den Gruppenbewertungen nahezu unbemerkt untergehen. Heute werden laufend immer größere Zahlen von Ridgebacks ausgestellt, und im Verlauf der Zeit haben so auch immer mehr Repräsentanten der Rasse Gruppensiege oder Best in Show erzielt.

Der Ridgeback hat heute endgültig die australische Ausstellungsszene erobert und wird darin bleiben. Serengeti Meru gewann bereits 1968 eine erste Platzierung in der Gruppe. Die erste Platzierung bei BOB gewann die braunnasige Hündin Sikoto True im gleichen Jahr - beide Erfolge lagen in Westaustralien. Der erste *Best of Group Winner* war in Darwin 1974 Mandingo Mandouma, und später im gleichen Jahr wurde dieser Rüde *runner-up Best in Show.* Dann wurde 1980 erstmals einem Ridgeback das begehrte *Best in Show* zugesprochen. Dieser Durchbruch erfolgte in Victoria, als der Englandimport des Etosha Kennels Asayala M'Toto of Chima diese Spitzenauszeichnung errang.

Spezialclubs für Rhodesian Ridgebacks wurden in New South Wales (1973), Western Australia (1981), Victoria (1985) und South Australia (1988) gegründet. Die Vereinigung für das Australian Capital Territory (ACT) erneuerte sich 1993, sie war zuvor eine Untergruppierung des

Diese Ridgeback Hündin gleicht dem Standbild des berühmten Symbols des südafrikanischen Kennel Clubs. Sie steht mit angehobener Front, mit intensivem Blick die Umgebung beobachtend. Ch. Vishala Inkosi war eine Hündin von außergewöhnlicher Kraft, dabei absoluter Eleganz. Ihre Front ist ein Musterbeispiel dafür, wie ein Ridgeback aufgebaut sein sollte.

Hound Clubs. Es gibt noch einen weiteren Club in Victoria (1992). Alle Clubs sind recht aktiv, bieten unter anderem mit Punkten ausgestattete Wettbewerbe in Rennen, Lure Coursing, Obedience, Agility und außerdem gesellschaftliche Programmen. Der Hound Club des ACT hat regelmäßig Spezialrichter für Ridgebacks auf den April Championatsausstellungen verpflichtet. Die Clubs von NSW und Victoria veranstalten schon seit einigen Jahren Championatsausstellungen. Der Western Australian Club führte 1992 seine erste Championatsausstellung durch und die Ausstellungen in South Australia und Queensland begannen 1994.

Die Gründung des *National Rhodesian Ridgeback Council* umfasst Victoria, Queensland, South Australia, Western Australia und die ACT Clubs, ebnete 1989 den Weg für die *National RR Specialty Shows.* Die erste wurde 1992 vom NSW Club ausgerichtet. Sie zog mehr als zweihundert Hunde an, der historisch wichtige Erstgewinner war Aust. Ch. Marsabit Mfumo, Züchter Pauline Sadler und Pat Clancy-Worrell *(siehe Kapitel acht).*

Keine Schilderung der australischen Zuchterfolge wäre vollkommen ohne Erwähnung des erfolgreichsten Exports. Wir haben ihn schon früher erwähnt - Vishala Kinghunter Lance (Sansilver Mandambo - Ch. Vishala Inkosi), Züchter Deidre Bacon und Katie Hawkins in New South Wales. Dieser 1990 geborene Rüde wurde 1991 Europa-Jugendsieger, erreichte nahezu genau im Alter von 15 Monaten, also im Mindestalter sein erstes CACIB.

Sein Durchbruch erfolgte 1991 auf der Französischen Club Show, wo er Best of Breed wurde. Dann folgte 1992 der Weltsiegervizetitel, 1993 der Europasiegertitel, 1994 Weltsieger- und Europasieger, 1995 Vizeweltsieger und der dritte Europasiegertitel. Hinzu kam das internationale Championat und nicht weniger als zwölf nationale Championate. Er war der erste Ridgeback, der auf einer französischen internationalen Hundeausstellung Best in Show wurde. Er errang zahlreiche Gruppensiege in mehreren Ländern, eine lange Liste von Gruppenplatzierungen und CACIBs aus fünfzehn verschiedenen Ländern. Seinen Siegeszug setzte er noch fort, als er im Alter von acht Jahren in der Veteranenklasse ausgestellt wurde. Er erreichte alle seine Siege unter der blaugelben schwedischen Nationalflagge, obwohl die Mehrzahl seiner Siege aus der Zeit seines Wohnsitzes in der Schweiz stammen.

OBEDIENCE TITEL

In Australien sind in Obedience erfolgreiche Ridgebacks keine Seltenheit. Der Obedience Titel CD (Companion Dog) wird Ridgebacks häufig verliehen. Eine Anzahl von Ridgebacks haben auch CDX (Companion Dog Excellence) erreicht, ein paar wenige sogar den Status UD (Utility Dog). Champion Glenrowan Alana, Besitzer und Ausbilder Mr. und Mrs. M. Price, war 1974 der erste CD Ridgeback. Ch. Laughing Willows Kalarooi erreichte als erster CDX. Und der Rüde Zion, Besitzer Mr. John Connell, war der erste, der die Höhen des UD erreichte. Jedda, im Besitz von Mr. Connell, erreichte gleichzeitig ein UD und als dritte hat Malcema Korina, Besitzer Brian und Rosie Coppin aus South Australia, eine solche Auszeichnung erreicht. Korina ist auch ein TD, der erste Ridgeback mit diesem Suchhundetitel. Baeimooi Caller Mel, Züchter Nanette Rothman aus Queensland, Besitzer und Ausbilder Kath und Les Spicer, ist australischer Obedience Champion (AOC).

Eine ganze Reihe australischer Ridgebacks haben die Ausdauerprüfung bestanden, der erste war Ch. Trezridge Tembu, Besitzer Rob und Di Jolly in South Australia. Der erste mit AD Titel (Agility Dog) war Ch. Chamwari Impi, Besitzer Austin und Sandra Taylor aus West Australien.

AUSTRALISCHE ZUCHTGRUNDSÄTZE

Innerhalb der *Hound Group* sind Ridgebacks die am schnellsten wachsende Rasse, selbst wenn man die sechs Dachshundschläge zusammenzählt. Naturgemäß bildet dies für die australischen Ridgeback Clubs eine neue Herausforderung. Ziel ist, über sorgfältige Käuferauswahl, Nachfrage und Zucht auszubalancieren, eine enorm schwierige Aufgabe, wie wir dies im Zusammenhang mit Norwegen schon früher erwähnten.

Als Musterbeispiel von Zuchtethik ist das Zuchtprogramm des RR Club von Western Australia zu sehen. Es fordert von einem Züchter, der Mitglied des Clubs ist, dass er nur mit eingetragenen Ridgebacks züchtet, die dem Rassestandard entsprechen, seine Hunde auf HD röntgen lässt und sicher sein kann, dass sie frei von wichtigen Erbschäden sind, seelisch und körperlich gesund, keinesfalls unter akuter Nervosität oder Aggressivität leiden.

Man fordert, dass Hündinnen nicht vor einem Alter von zwei Jahren zur Zucht eingesetzt werden, dass man nie zwei Hitzen hintereinander nutzt oder die Hündin länger als bis zum siebten Lebensjahr einsetzt. Keiner Hündin sollten mehr als vier Würfe oder vierzig Welpen insgesamt zugemutet werden. Hält der Züchter es für notwendig, diese Grenzen zu überschreiten, erwartet man, dass zunächst ein tierärztliches Gutachten eingeholt wird. Alle Welpen werden wenige Tage nach der Geburt sorgfältig auf Dermoid Sinus untersucht, danach noch zweimal, ehe sie in ihr neues Zuhause abgegeben werden. Jeder Welpe, bei dem man vor dem Verlassen des Wurfes DS entdeckt, sollte schmerzlos eingeschläfert werden. Hierzu sei erwähnt, dass nicht alle Tierärzte in allen Ländern hierin übereinstimmen, sondern dass sie vielmehr eine Operation empfehlen *(siehe Kapitel zehn).*

Ich habe diese Prinzipien herausgestellt, da sie nahezu eine ideale Ausgewogenheit bringen

Die Abbildung zeigt von links nach rechts: Heronhill's Yuranga und Heronhill's Wind Wakker, beide Champions, die ihre Ausdauer durch Teilnahme am Canadian Iron Dog Triathlon bewiesen, sich dabei vorzüglich hielten. Der Hund zur Rechten verdient seinen umfangreichen Titel. Dieser umfasst UCD, UCH, DC Ddnali's Jomo Wa Krinyaga, CD, MC, LCMZ, SGRC, SRM, TT, CDC und VC - ein Weltrekord an Titeln?

Foto mit freundlicher Erlaubnis des RRC.

zwischen Verantwortung und Respekt gegenüber der Integrität der Mitglieder und der Bereitstellung vernünftiger Lösungen für ethische Fragen, denen sich die Züchter gegenüber sehen.

KANADA

Dieses weite Land mit riesigen Bereichen unberührten Terrains ist in dieser Hinsicht ein Traumland für Hundeliebhaber. Die Bevölkerung Kanadas erreicht kaum 30 Millionen Einwohner. Demgegenüber steht eine Fläche von 9,2 Millionen Quadratkilometern, hierdurch wird Kanada zum zweitgrößten Land der Welt nach der Russischen Föderation, die 17 Millionen Quadratkilometer mit 150 Millionen Menschen umfasst.

In den verschiedenen Teilen dieses riesigen Landes ist die Popularität des Rhodesian Ridgeback, die nach dem Zweiten Weltkrieg recht hoch war, gestiegen oder gefallen. Der erste Ridgeback Club wurde Anfang der 1970er Jahre im Westen gegründet und deckte ganz Kanada ab. Aufgrund der Probleme mit Mitgliederversammlungen und erwünschter Nähe zu den Mitgliedern konnte dieser Club aber nicht besonders gut gedeihen.

Später, im gleichen Jahrzehnt, wurden drei Clubs gegründet, der RR Club of Western Canada, die Canadian RR Association und der RR Club of Eastern Canada. Die Eastern und die Western Clubs sind unverändert aktiv, hinzu kommt dass sich die Verbindungen zu den großen amerikanischen Clubs südlich der Grenze laufend vertiefen.

1997 feierte der Eastern Club sein 20-jähriges Jubiläum, er hat über einhundert Familienmitgliedschaften. Aufgrund des breiten Interesses an der Ridgebackhaltung in Kanada entschloss sich der Club, seine Jubiläumsfeier mit einem Familienpicknick zu verbinden, einschließlich Lure Coursing, Agility und verschiedene Sportarten, ausgerichtet auf den Liebhaberbesitzer, weniger auf die Ausstellungsfans.

Mehr als 50 Hunde kamen zu der Veranstaltung und der Club konnte feststellen, dass das Wesen der Hunde recht gut war. Inzwischen entschied man sich, dies zu einem jährlichen Ereignis umzuformen, wobei ein erfahrener Richter alle anwesenden Hunde bespricht.

Der Eastern Club veröffentlicht viermal jährlich ein Rundschreiben *The Ridgeback Roster*. Er berichtet über alle Ereignisse, HD-Ergebnisse, Fachartikel, Illustrationen, nimmt auch Anzeigen auf. Er unterhält auch einen Rettungsservice für in Not geratene Ridgebacks und Tiere, die einen neuen Besitzer suchen.

Wenn man die Anzahl Ridgebacks, die in Kanada ausgestellt werden, betrachtet, lässt sich leicht daraus schließen, dass sich die Rasse in einem Aufwärtstrend befindet. Im Jahre 1997

Ch. Rindurr's Kmili Kweli Rafiki, präsentiert stolz seine großartige Front, seinen eleganten Hals und seine kräftigen Pfoten. Ein perfekt ausgewogener Ridgeback.

Foto mit freundlicher Erlaubnis des RRC.

Therapiehund Ch. Heronhill's Skukuza - ein Ridgeback, der vielen Menschen Trost und Hilfe brachte

Foto mit freundlicher Erlaubnis des RRC.

Fährtenarbeit ist eine Lieblingsbeschäftigung von Ridgebacks. Heronhill's Kumba ROM auf der Fährte bietet ein gutes Beispiel, wie die Aktivitäten der Rasse in Kanada immer breiter werden.

Foto mit freundlicher Erlaubnis des Canadian RR Club.

haben viele Ridgebacks Platzierungen in der Gruppe erzielt. Trotz des tragischen und viel zu frühen Todes von Am. Can. Champion Crosswick's Integrity erscheint dieser Hund zum Jahresende immer noch an der Spitze der Erfolgsliste. Die Natur ist manchmal gleichzeitig unfair wie fair. Sein Sohn Ch. Rindurr's Kmili Kweli, schon als Junghund Best in Show, wurde mit siebeneinhalb Monaten Champion.

In Kanada wächst das Interesse an Hunderennen unaufhörlich, Lure Coursing, Agility, Obedience und Tracking. Selbst wenn die extremen Wetterverhältnisse Aktivitäten im Freien beeinträchtigen, arbeiten die Kanadier immer häufiger mit dieser vielseitigen Rasse. Zwei Ridgebacks, Champions Heronhill's Wind Wakker und Heronhill's Yuranga, haben bei dem *Iron Dog Triathlon* mitgemacht. Dies ist eine dreitägige Veranstaltung, bietet Rennen auf der geraden Bahn, Oval-Rennen und Lure Coursing. Obwohl beide erwähnten Hündinnen erstmals in diesem Schwierigkeitsgrad in Wettbewerb traten, schlossen sie mit Spitzenplätzen ab.

Verschiedene Ridgebacks finden auch als Therapiehunde Einsatz. Heute besitzen zwei Hunde Zertifikate als Therapiehunde der St. John Ambulance Therapy. Ridgebacks bewähren sich aufgrund ihres ruhigen Wesens und der Akzeptanz von vielem Streicheln und Liebkosen überraschend gut als Therapiehunde. Die Kranken blicken ungeduldig ihrem wöchentlichen Besuch entgegen, sind besonders von den *Ridges* fasziniert. Der Hund wiederum freut sich auf diese Besuche bei Freunden, die ihn für gutes Verhalten mit Leckerbissen belohnen. Und was tut ein Ridgeback nicht, um durch bestes Verhalten die Chance auf einen kleinen Leckerbissen zu erringen? Die Rasse ist sicherlich wie das alte Sprichwort besagt *bestechlich, aber nicht korrupt.*

Jeder Hundeliebhaber, nicht zuletzt aber die Ridgeback-Freunde, sollten das kanadische Beispiel hundlicher und menschlicher Gemeinschaft beachten. In einer Welt, wo die wahren Rechte von Hunden und Hundebesitzern immer mehr bedroht werden, bietet eine mutige und systematische Präsentation der vielseitigen Vorteile, Hunde in unserer Gesellschaft zu halten und einzusetzen, die einzige Chance, im dritten Jahrtausend unseren Hunden ein artgerechtes Umfeld zu bieten. Das Beispiel einer erfolgreichen Kampagne für Hunde zeigt eine schwedische Kennel Club Einsatzgruppe, an der ich mich beteilige. Sie hat eine regelmäßige Anzeigenkampagne eingeleitet, um die wohltuenden Wirkungen von Hunden in unserer Gesellschaft zu unterstreichen. Zweifelsohne kann aber jedermann von Kanada eine ganze Menge lernen!

USA

Die größte Population der westlichen Welt mit 260 Millionen Einwohnern, sowie die dynamischste Wirtschaft - die Vereinigten Staaten nehmen in allen Aspekten der Gesellschaft eine ganz eigene Stellung ein. Dabei sind die Hundewelt und die Ridgebackwelt keine Ausnahme. Der American Kennel Club ist kein Mitglied der FCI, hat amerikanische Versionen aller Rassestandards. Nach meiner Meinung ist es außerordentlich wichtig, dass der amerikanische Ridgeback unter dem globalen Schirm bleibt - möglicherweise einen *American World Congress* einlädt - und dass das US-Hundewesen den alten Traditionen folgt, ebenso den Standards, der nun einmal beim Ridgeback Afrika als Ursprungsland hat.

HUNDEAUSSTELLUNGEN IN DER ZUKUNFT

Hundeausstellungen sind genau wie alles andere in den USA überwältigend, groß und außergewöhnlich hart vom Wettbewerb bestimmt. Die kommerziellen Aspekte des Hundesports in den USA führen zu Auswirkungen, die sich der europäische Kontinent kaum vorzustellen vermag. Deshalb ist es für nicht amerikanische Ridgeback-Besitzer notwendig - ebenso für andere Hundefreunde - das amerikanische Szenarium zu studieren, dabei alle die guten Dinge zu bewundern und daraus zu lernen. Wir müssen das US-System mit offenen Augen betrachten, dann urteilen, was wir zu kopieren wünschen und was wir meiden sollten.

Beispielsweise kann man in den USA für das Championat Punkte auf tausenden von Ausstellungen sammeln, alle verteilt über dieses riesige Land. Deshalb ist die Ausstellungsintensität ein entscheidender Faktor - und konsequenterweise spielt Geld dabei wieder eine Hauptrolle. Professionelle Vorführer (Handler) dominieren die amerikanischen Hundeausstellungen. Wir können bereits zwei Typen von Ergebnislisten sehen - diejenigen der Spitzensieger-

Zwei klassische Ridgeback-Köpfe: Shangara's Mukuru of Samara (oben) und Shangara's Mugori of Samara, beide Ausstellungschampions.

Foto mit freundlicher Erlaubnis von P. Rosman.

American Ridgebacks sind manchmal - aber nicht immer - schlanker und im Hals länger als ihre südafrikanischen, australischen oder europäischen Brüder und Schwestern. Diese junge Hündin Samara's Ruvanda ist lang im Körper, feminin, mit fester Muskulatur und zeigt gute Knochen.

Foto mit freundlicher Erlaubnis von P. Rosman.

Einer der klassischen US Ridgebacks, der seine Führungsrolle in der Welt der Vielseitigkeit bewiesen hat - Ch. Latifu of Shadyridge - ein vorzüglicher Obedience Hund, *der sich auch im US- wie kanadischen Ausstellungsring bewährt hat. Dies ist ein Rüde von großer allgemeiner Ausgewogenheit und vorzüglicher Winkelung.*

Foto mit freundlicher Erlaubnis von U. B. Ekengren.

hunde und eine andere für Hunde, die von ihren Züchtern/Besitzern selbst vorgestellt wurden. Die Richter werden häufig nach der Anzahl der Meldungen bezahlt, entsprechend hat umstrittenes oder strenges Richten auf diesen Ausstellungen wenig Raum.

Auf der anderen Seite können sich wenige Ausstellungen in der Welt in Organisationsqualität oder Besucherkomfort mit US-Ausstellungen vergleichen. Riesige Zelte in allen Farben bieten sowohl Schatten als auch Schutz gegen Regen. Selbst das Ritual des Fotografierens, allein des Siegers, ist bis zur Perfektion verfeinert. Finale auf Ausstellungen für alle Rassen könnten sich manchmal etwas langsamer abwickeln als Europäer es gewöhnt sind. Alle jene hunderte und hunderte von Besuchern, die Schlange gestanden sind, um Eintrittskarten für das Finale Best in Group und Best in Show für Westminster zu erhalten, drücken beispielsweise häufig ihr Erstaunen über die zeremonielle Langsamkeit dieser Ausstellungen aus.

Viele Organisationen - nicht zuletzt die FCI - halten Ausschau nach neuen, medienfreundlichen und spektakulären Möglichkeiten, klassische Hundeausstellungen aufzuziehen. Vorstellungen über Kameras, die während des Finales umhergehen, der Einsatz von riesen TV-Wänden und Übermittlung der Kommentare der Richter direkt an die Öffentlichkeit wurden diskutiert, teilweise getestet, beispielsweise auf der Jahrhundertschau in der Globen Hockey Hall in Schweden im Jahre 1989.

Wenn die heutige Art von Hundeausstellungen das digitale Fernsehzeitalter überleben soll, müssen sich unsere Ausstellungen verändern. Ich möchte vorschlagen, dass wir wiederum die USA beobachten und von ihnen lernen. Die Amerikaner haben sich bisher noch nicht in diese Richtung bewegt, aber sie werden es tun!

ÜBERBLICK USA

Ich habe mich entschlossen, die US-Szene durch Illustrationen und längere Abschnitte gründlicher zu dokumentieren. Hinzu kommen einige »Frescos« von Fakten wie auch Anekdoten *(siehe Kapitel sechs),* alle für unsere Rasse im Allgemeinen von Bedeutung.

Erstmals wurden in den USA Rhodesian Ridgebacks in Boston ausgestellt, als der AKC die Rasse anerkannt hatte. Das war im Jahre 1956.

Einer der begeisterten Zuschauer war eine in Schweden geborene Dame - Ulla-Britt Ekengren (siehe Finnland), die 1966 ihren ersten Ridgeback kaufte. Dieser Junghund, der später Ch. Banu of Tawny Ridge wurde, war Stammhündin der Shadyridge Kennels. Seither hat sich Shadyridge in den USA zu einem bekannten Namen entwickelt, ist zumindest in zwei Bereichen überragend. Der Zwinger hat erfolgreich das Interesse an allen Hundesportarten vom Ausstellungsring zu Obedience und Fährtensuche verbreitet und wurde zum Bindeglied der Ridgeback Clubs und den Ereignissen in der »alten Welt«.

Zu seinen Erfolgen gehören Ch. Mgogo of Shadyridge, der erste US Ridgeback, der sowohl das Ausstellungschampionat wie einen Utiliy Titel (UD) errang. 1979 wurde ein anderer von Mrs. Ekengren's Welpen - Asali - der erste Ridgeback, der auf einer allgemeinen Hundeausstellung in Kanada *Best Puppy* wurde, danach auch der erste war, der in den USA wie Kanada Fährtenhundprüfungen (TD) erfolgreich ablegte.

Zwei Jahre nach diesem Junghund-Erfolg wurde Ch. Latifu of Shadyridge (US Terminologie mit vollem Titel: Am. CD, Can. CD, Am. TD, Can. TD) der erste Ridgebackrüde, der in beiden Ländern - USA und Kanada - Fährtenhundprüfungen aufweisen konnte. 1981 errang er auch den Titel *Top Obedience RR.*

Dieses Aufreihen erster Erfolge hat den klaren Zweck zu demonstrieren, dass Ridgebacks in den USA für vielerlei Aufgaben erfolgreich eingesetzt wurden. Vielleicht sollte ich noch hinzusetzen, dass Ridgebacks in den USA auch

Ein amerikanischer Champion der späten 90er Jahre - Samara's Poshi - ein Musterbeispiel fantastischer Kraft im Brustbereich, gleich ob man auf das Prosternum oder die Tiefe des Rippenkorbs schaut. Entsprechende Knochenstärke und tiefgestelltes Sprunggelenk.
Foto mit freundlicher Erlaubnis von P. Rosman.

Ch. Centennial Mt Sun Hunter ist ein US Spitzen-Ridgeback jüngster Zeit. Schulterwinkelung, langer Hals und substanzvolle Front führen zu einem superb aufgewölbten Rippenkorb.
Foto mit freundlicher Erlaubnis von C. Heathcock.

Kwetu's Dude of LeCreme, ein Champion, der in den USA wie Kanada Best in Show wurde. Die Erfolgserlebnisse der amerikanischen Ridgebacks gegenüber allen Hunderassen haben ihren Kollegen in Übersee hohe Maßstäbe gesetzt.

Foto mit freundlicher Erlaubnis von B. Sawyer.

erfolgreich auf der Pumajagd eingesetzt wurden.

Leider weiß man darüber wenig, dies könnte eine weitere Herausforderung an die US-Clubs zum Aufbau einer eigenen Ridgeback-Identität sein. Sportarten wie Lure Coursing (US-Typ mit langer Bahn) sind in den USA Weltspitze. Nicht allein dass Ridgebacks diesen Sport lieben, er ist sowohl für ihr körperliches wie geistiges Wohlbefinden sehr gut. Analysiert man diesen Sport genauer, bietet dies interessante Einblicke in das rassespezifische Verhaltensmuster des Ridgebacks.

Ein weniger ernsthafter und mehr für Jugendliche geeigneter Hundesport - Flyball - wurde gleichfalls mit American Ridgebacks getestet. Diese Sportart zeigt besonders für Jüngere einen besonderen Reiz, macht viel Spaß und ist für die Zuschauer aufregend. Ein weiteres Feld, wo man erwarten kann, dass die amerikanische Geschicklichkeit in der Entwicklung attraktiver Massenmedienprodukte zu einer neuen, viel beachteten Hundesportart führen kann.

Die Entwicklung des American Ridgeback ist in vielfacher Art eng mit Südafrika verbunden. Major Hawley war im Laufe seiner Karriere Kommandant des *South African Police Dog Depot* in Quaggapoort, Südafrika. Gleichzeitig hinterließ er als wichtiger Autor über Ridgebacks, in den USA tiefen Eindruck.

Sein erfolgreicher »Hobby Kennel« Samara - wie sein Besitzer ihn im Allgemeinen nannte, begann mit aus Südafrika von Mrs. Liz Megginson importierten Zuchttieren. Mrs. Megginson war deshalb nicht nur für die Gründung des *RR World Congresses* ausschlaggebend, sondern sie schickte auch Zuchtmaterial in ein Land, das bestimmt war, zum größten Ridgeback-Zuchtgebiet der Welt zu werden. Die Begründerin des Samara Zwingers Dr. Pamela Rosman stellte die Hündin Greenthwaite Tawara of Shangara aus, sie wurde der erste südafrikanische und amerikanische RR-Champion. Misty, wie sie gerufen wurde - hat Shangara's Checheni zum Vater, einen Spitzen-Ausstellungs-Ridgeback aus Südafrika.

Ein weiterer Rüde mit Verbindung zu Südafrika, an den hier erinnert werden soll, ist Bruiser. Wie in der Hundewelt üblich, ist sein formeller Name beeindruckend: Am. RSA. Zim. Ch. Camelots Technical Knockout (Calico Ridge The Warlord - Deer Ridge Morganna). Bruiser war der erste erfolgreiche Ausstellungshund von Mr. Clayton Heathcock, zählte über nicht weniger als drei aufeinander folgende Jahre 1992, 1993 und 1994 zu den drei Spitzen-Ridgebacks der USA. Dies war aber nicht einmal der spektakulärste Teil seiner großartigen Ausstellungskarriere.

Nach Beendigung seiner amerikanischen Karriere reiste er nach Südafrika, wurde dort von

Die Entscheidung Ch. Camelot's Technical Knockout in dieses Buch aufzunehmen fiel leicht, aber ihn unter die richtige Überschrift zu bringen etwas schwerer. Er ist US, South African und Zimbabwe Champion. Clayton Heathcock und Cheryl Hadley erreichten den Traum jedes Ridgeback-Besitzers, die Qualität der Hunde in den Heimatländern der Rasse unter Beweis zu stellen.

Foto mit freundlicher Erlaubnis von Barbara Sawyer-Brown.

Ch. Kwetu Ruffian's Dark Mirage ist eine Hündin, die große Energien mit Muskelkraft vereint. Trotzdem ist ihre weibliche Eleganz uneingeschränkt. Sie ist in vielerlei Art eine Siegerin, obgleich man in der Vergangenheit die Größe des weißen Flecks auf ihrer Brust sicher debattiert hätte. Tatsache ist, dass weiße Flecken in beschränktem Umfang die Beurteilung eines Spitzen-Ridgebacks nicht beeinträchtigen sollten.
Foto mit freundlicher Erlaubnis von Barbara Sawyer-Brown.

Kwetu's Luke Blackburn, Besitzer Mike Szabo, ist einer der großartigen Sieger im US Ridgeback-Ring, Gewinner von neun Best in Show-Titeln auf allgemeinen Ausstellungen. Fast 200 Siege in der Rasse machen ihn zum erfolgsreichsten Ridgeback aller Zeiten auf der Welt. Ein kurzer und vereinfachter Kommentar: Maskuline Kraft in perfekter Harmonie.

Alverson Photographers.

Ein Ridgebackrüde ist merklich stärker und kraftvoller als eine Hündin. Dieser amerikanische Rüde Ch. Rusteau of Kwetu ist hierfür ein gutes Beispiel. Man muss extreme Hunde schätzen und herausstellen, wenn alle diese Extreme positiv sind. »Rusty« zeigt kräftige Knochen, schöne Körperlänge und einen wunderbaren Kopf, alle Teile stehen in perfekter Harmonie zueinander.
Foto mit freundlicher Erlaubnis von Barbara Sawyer-Brown.

Mrs. Janet Wang vorgestellt. Im Herbst 1995 errang er zwischen dem 28. Oktober und 05. November alle fünf geforderten Challenge Certificates auf fünf aufeinander folgenden Ausstellungen. Das Jahr danach wurde Bruiser der Spitzen-Ridgeback in Südafrika, im Jahr 1997 auch ein Zimbabwean Champion. Der absolute Höhepunkt seiner Karriere in den Heimatländern der Rasse war 1996 auf der *All Breed Championship Show East London,* wo er die Hound Group gewann und als Reserve Best in Show herausragte.

Nach Hause in die USA zurückgekehrt, setzte er seiner langen Erfolgsliste noch zwei weitere Titel hinzu.

EIN WORT DES DANKES

Als Letztes und um wirklich ein detailliertes und zusammenhängendes Bild der Ridgeback-Szene der USA zu geben, muss ich Amerikas Ridgeback Diplomatin Mrs. Barbara Sawyer-Brown erwähnen. Sie ist Züchterin, Exporteurin, Sprecherin, weltweit anerkannte Richterin und eine Persönlichkeit, deren ganzes Ridgeback-Leben begleitet war von einem warmen Ridgeback-Herzen.

Wenn ich von US Ridgeback-Diplomaten spreche, sollte man auch Mrs. Ulla-Britt Ekengren diesen Titel verleihen, Mrs. Ekengren ist aber von Geburt an Schwedin. Wir alle sollten auch eine andere echte Amerikanerin ehren, Mrs. Barbara Rupert, eine weitere jener bewundernswerten fliegenden Diplomaten mit großem Wissen über den Ridgeback in den USA.

Mrs. Sawyer-Brown züchtete Ch. Kwetu Koya's Ruffian (Tripper of Gera - Kwetu's Koya), 1974 geboren, 1977 Best of Opposite Sex auf der National Specialty. Auf einer Ausstellung war Kwetu Mutter der Best of Breed, Best of Winners, Best of Opposite Sex und Best Puppy, alle vier Spitzenplatzierungen auf einer Ausstellung. Einen Schritt zurück in ihre Blutführung - Ch. Kwetu's Koya war der erste selbstgezüchtete Champion von Mrs. Sawyer-Brown. Im Jahre 1971 wurde sie zweite in der Hound Group, für einen Ridgeback in jenen Tagen ein sehr seltener Erfolg.

Ch. Rusteau of Kwetu (Bowfield of Kwetu - Kwetu Ruffian's Wayward Lass) - alias Rusty - war in den USA 1991 nach allen Zählsystemen der *No. 1 Ridgeback.* Ch. Kwetu's Luke (Kwetu's Pocket Full of Promise - Kwetu Ruffian's Dark Mirage) erreichte einen Rekord durch Best in Show-Siege auf neun amerikanischen Ausstellungen für alle Rassen, dazu 192 Best of Breed-Siege - wahrscheinlich ein Weltrekord für alle Zeiten.

Zum Ende dieses Flickwerks von Bildern und Fakten aus den Vereinigten Staaten hier noch einige Tatsachen: Ch. Centennial Mt. Sun Hunter, gezüchtet von Cathrine und Kevin Harvey, war vor kurzem ein *Top Fifty Winner.* Die Nummer zwei war Ch. Filmmaker's Never Surrender of FM, Züchter Kate Graham und Cindy Lane; auf den dritten Platz kam Ch. Tahoe's Red October, Züchter Sandy Sail, Frank Dipole und Ken Slinks. Ch. Masai's African Genesis, Züchter John F. Rodgers wurde Best of Breed auf einer RRCUS National Specialty Show. Filmmaker's Never Surrender FM war der Anführer auf der *US Show list.*

Führender Hund in der Obedience Competition war Ch. Wheatridge's O B Joyful O'Kahlu (P. Brunstetter/ K. Stein).

Unsere volle Hochachtung für diese absoluten Sieger. Tatsache ist, dass das Aufgenommenwerden auf einer der US-Listen im Allgemeinen eine ganze Menge bedeutet, wenn man die Größe der Rideback-Population in Betracht zieht. Man sollte auch alle jene grüßen, die hier nicht erwähnt wurden, sich aber trotzdem auszeichneten. Dem interessierten Leser kann ich nur hinsichtlich der USA raten - interessieren Sie sich für dieses Land, werden Sie Clubmitglied und sehen Sie sich selbst um. Als Alternative können Sie die superben Internetdienste des US-Ridgeback Clubs nutzen.

Diese drei Ridebacks zeigen, wie gute Zuchtrüden sein sollten: Kwetu's Luke Blackburn (links) mit einem seiner Best in Show gewinnenden Söhne Kwetu's Dude of LeCreme und einem weiteren Sohn mit Gruppenplatzierungen Veedaven's Sir Lancelot.

Ashbey Fotografie.

MEXIKO, ZENTRAL- UND SÜDAFRIKA

Wir wissen genau, dass es in Mexiko schon seit vielen Jahren Ridgebacks gibt. Die Nachbarschaft zu Amerika macht Käufe leicht. Es gab sogar schwedische Exporte nach Mexiko. Die nationalen Kennel Clubs bestätigen, dass in Argentinien, Brasilien und Kolumbien einige Ridgebacks leben. Aber noch kein Versuch, örtliche Züchter anzusprechen, war bisher erfolgreich.

SÜDLICHES AFRIKA

Die Frühgeschichte des Rhodesian Ridgeback und die Fakten, die zur Aufstellung des Rassestandards führten, sprechen alle dafür, das südliche Afrika als Einheit zu betrachten.

Bei der Gründungsversammlung des ersten Clubs für moderne Rhodesian Ridgebacks Anfang der 20er Jahre entwarf Francis Richard Barnes zur Beschreibung der Rasse eine Vorlage, basierend auf den besten Eigenschaften aller vorgestellten Hunde und nach den Aufzeichnungen, die zu dieser Zeit ein Mr. B. W. Durham machte. In der Zeitung *The Farmers' Weekly* vom 21. September 1927 finden wir eine »offizielle Beschreibung des Rhodesian Ridgebacks (Lion Dog)«.

Etwa acht Jahre später druckte die *Hutchinson's Dog Encyclopaedia* den gleichen Standard ab. Diese ursprüngliche Rassebeschreibung - Standard - scheint bis in die Mit-fünfziger Jahre überlebt zu haben. Ein im Transvaal 1946 gegründeter Ridgeback Club übernahm den Standard mit einigen geringfügigen Abweichungen gegenüber dem Original.

Im Jahre 1949 veränderte sich die kynologische Zuordnung der Rasse von der ursprünglichen

Dieser herausragende Rüde hat die Ehre, den mexikanischen Ridgeback zu präsentieren. Ch. Rob Norm's Diamond Jim Brady (Kwetu's Pocket Full of Promise - Rob Norm's Sophia Loren), Besitzer Mr. & Mrs. Joe Berger, ist ein erstklassiger amerikanischer wie auch mexikanischer Champion. Die mexikanische Szene wird weitgehend durch Importe dominiert, vor allen Dingen durch amerikanische Hunde, die »ihnen die Show stehlen«. Achten Sie auf die großartige Front und Hinterhandwinkelung.

Foto mit freundlicher Erlaubnis von Mr. Berger.

Gun Dog Group zur *Hound Group*. Später - Ende der 50er Jahre entstand eine Debatte über Größe und Gewicht. Alle diese Fakten führen uns zu dem Wissen, dass es nie eine absolute Wahrheit hinsichtlich des detailgenauen Aufbaus eines Ridgebacks gab, dass es immer mehr als einen gab, der die Diskussion und Entwicklung der Rasse voran trieb.

Der Rhodesian Ridgeback Club im heutigen Harare führt seine Geschichte auf 1922 zurück, als das erste Treffen der Ridgeback Enthusiasten stattfand. Die Kennel Union of Southern Africa datiert die formelle Gründung dieses Clubs mit dem Jahre 1924. Ursprünglich hatte der Club in Bulawayo seinen Sitz, zog aber 1931 nach Salisbury - dem heutigen Harare - um. Nach der Unabhängigkeit veränderte sich dieser Ländername von Rhodesian in Simbabwe. Und im April 1980 wurde dieses Land, Heimatland des ältesten Clubs, zum Mutterland des Rhodesian Ridgebacks. Der Club in Harare wird heute als *Parent Club* gesehen, bildet einen zentralen Brennpunkt des internationalen Interesses am Ridgeback. Die ganze Ridgeback-Welt ist Sammy und Margaret Wallace zu Dank verpflichtet, die über Jahrzehnte jeden Club, jeden Ridgeback-Besitzer und jeden Enthusiasten mit ihrem enormen Wissen geleitet und beraten haben.

Im Jahre 1946 gründete der damalige Kommandeur des South African Police Dog Depot in Quaggapoort Captain (später Major) T. C. Hawley einen Rhodesian Ridgeback Club in Transvaal. Er ist auch Autor eines Ridgeback Buchs, das 1957 veröffentlicht wurde. Im Januar 1946 berichtete die Kennel Union in South Africa (SAKU) in einer Veröffentlichung, dass man gehört habe, dass in Johannesburg ein Ridgeback Club gegründet wurde. Die historischen Archive des Kennel Clubs in Kapstadt, Bewahrer südafrikanischer Tradition und Fakten über Ridgebacks insbesondere und die hundliche Entwicklung im Allgemeinen, notieren, dass 1951 in Kenia ein Ridgeback Club gegründet wurde. Obgleich geografisch gesehen Kenia

Einer der großartigen Hunde solider südafrikanischer Zucht - Ch. Cartouche Unyana (Shangara Sabhuku - Cartouche Samantha) als Reserve Best of Breed *unter der US-Spitzenrichterin Mrs. Barbara Rupert. Beachten Sie die außergewöhnliche Eleganz des Halses, dadurch wirkt die Hündin nicht nur elegant, sondern möglicherweise auch größer als sie wirklich ist.*

Ein Rüde an den oberen Größengrenzen des Standards kann manchmal zu schwer sein. Dieser Rüde Cartouche 'Amish beweist, dass ein großer Rüde außergewöhnlich elegant sein kann. Die langen schlanken Muskeln und eine superbe Halslinie vermitteln den Eindruck, dass dieser Rüde eine hohe Schnelligkeit besitzt.

ein Teil von Ostafrika, nicht Südafrika ist, gibt es keinen Zweifel, dass ihre Wildreservate und alten Jagdhütten - wenn sie nur sprechen könnten - eine ganze Menge zum Verständnis unserer Hunde mit Ridge beitragen könnten.

Die Kennel Union of Southern Africa trägt in ihrem Wahrzeichen einen Ridgeback. Dieses Symbol - als *The Dog on the Rock* bekannt - wurde durch eine Zeichnung von zwei Ridgebacks der Künstlerin Mrs. Sheila Scott Langley inspiriert, veröffentlicht in *Hutchinson's Dog Encyclopaedia,* dritter Band. Diese Zeichnung wurde viele Jahre später als offizielles und geschütztes Symbol der Hundezuchtaktivitäten in Südafrika eingetragen. In heraldischer Terminologie wird dieses Symbol 1984 beschrieben als »On a circular background Azure, upon a rock, a dog standant gardant Argent«.

Am heutigen Standard gemessen, erscheinen die ersten fünf Jahre vom formellen Startbeginn des Zuchtvereines, sei es 1922 oder 1924, als recht eindrucksvoll. Die ersten Ridgebacks wurden interessanterweise als *Steekbaards* eingetragen, diese wurden auf einer Ausstellung in Bulawayo 1925 mit nicht weniger als 24 Meldungen vorgestellt. Mancher Club, der heute beginnt, hat weniger Meldungen. Während des Zeitraums 1924 bis 1930 wurden in Southern Africa mehr als 170 Ridgebacks eingetragen.

Während der 1990er Jahre beträgt die jährliche Eintragungszahl in der Republik Südafrika zwischen etwa 450 bis über 800 Welpen jährlich. In Südafrika steht der Ridgeback auf Platz zehn unter den populärsten Hunderassen. Interessanterweise ist der Ridgeback die am zweithäufigste exportierte Rasse des Landes, ein klarer Hinweis auf die Qualität, die in den Heimatländern der Rasse vorherrscht. In Simbabwe steht der Ridgeback regelmäßig etwa auf Nummer drei von allen Rassen. Als Vergleich dazu - in England, USA und Schweden, drei wichtigen Ridgeback-Ländern, liegt die Rangordnung irgendwo zwischen dem 40. und 50. Platz, in Australien etwa 20 Positionen höher.

Die südafrikanische Szene hat auch eine große Anzahl von Ausstellungsrichtern hervorgebracht, die hoch geschätzt werden, wo immer sie eingeladen sind. Namen wie Liz Megginson, Sam Wallace und Richard van Aken sind allen Ridgeback-Freunden in der Welt vertraut.

SIMBABWE

Für den Rhodesian Ridgeback Club, den *Parent Club,* gab es schwierige Zeiten. Das gilt besonders für die Zeit des Zweiten Weltkriegs und in jüngerer Zeit die Periode vor und nach der Unabhängigkeit von Simbabwe. In dieser Zeit sanken Mitgliederschaft und Interesse am Club und seinen Angelegenheiten, trotzdem bewahrte der Club seine Existenz. Heute befindet er sich wieder in einem sehr gesunden Stadium, verfügt über zahlreiche Mitglieder in Simbabwe und auch Mitglieder aus Übersee.

Das Ausstellungsprogramm in Simbabwe ist klein, es gibt jährlich zehn Championship Shows, dazu eine Reihe von *Open Shows* und *Match Meetings.* Der *Parent Club* veranstaltet keine Championship Shows auf regelmäßiger Basis, dafür in Zusammenarbeit mit den Sporting Dogs (Hound Group) jährlich im Mai eine Championship Show. Hier haben die Ridgebacks eine wunderbare Tradition, im Erzielen von Spitzenauszeichnungen auf dieser Ausstellung. Trotzdem veranstaltete der Club erstmals 1997 eine eigene Championship Show, um das 75. Jubiläum der Clubgründung zu feiern.

Diese Veranstaltung erfolgte im August, sie war der Höhepunkt des 75. Jubiläumsjahrs, und die Ausstellung zog eine Rekordmeldezahl von 72 Hunden an. Richter war Mr. Jack Selby aus England. Die Ridgebacks kamen aus allen Teilen von Simbabwe, und eine ganze Anzahl von ihnen reiste selbst aus Südafrika an, um daran teilzunehmen. Es gab zahlreiche Ausstellungsbesucher aus Übersee, sie repräsentierten Australien, Israel, Amerika und mehrere europäische

Dieses interessante Foto aus den Archiven des Parent Club *zeigt Ch. Rhodesia Maestro Mozart of Inkabusi im Jahre 1963. Auf den ersten Blick könnte man den letzten Schliff vermissen, man sieht aber - die Front ist außergewöhnlich kraftvoll, die Knochen passen dazu und der Kopf ist ebenfalls sehr kräftig.*

Eine außergewöhnlich elegante Hündin mit einer Halslinie, wie man sie selbst bei Spitzensiegern selten trifft. Superbe Winkelung, verbunden mit einer vorzüglichen Front lässt diese erst elf Monate alte Hündin schon wie ein echter Champion wirken.
Foto: K. Hawkins.

Länder, und sie alle konnten sich die ausgestellten Hunde genau ansehen.

Außerdem gab es auf der Ausstellung eine Parade von 15 Veteranen-Hunden, abgehalten zu Ehren der Rüden und Hündinnen, die einen wesentlichen Beitrag zu der heutigen Stärke der Rasse in ihrem Heimatland leisteten. Eine große und sehr aufgeschlossene Menschenmenge genoss die Tagesereignisse. Der Tag begann mit einem Champagnerfrühstück und endete mit einem Dinner nach der Ausstellung.

Wenige Tage später wurde eine kleine Besuchergruppe auf einem historischen Vier-Tage-Trip hinunter nach Matabeleland begleitet, um die Frühgeschichte der Rasse zu studieren. Interessante Plätze wurden besucht wie: Hope Fountain Mission, wohin Reverend Charles Helm, Pionier der Mission, etwa 1875 seine Hunde brachte; Weltevreden in Mangwe und Van Rooyen's Rest in Plumtree - zwei Farmen, die Cornelius van Rooyen gehörten, dem berühmten Großwildjäger, der den Ruf der Rasse begründete und stärkte; Eskdale Farm in Figtree, wo Francis Barnes, der Gründer des *Parent Club* lebte und seine Ridgebacks züchtete. Auch das Peard Haus in Bulawayo, wo das erste Treffen des Ridgeback Clubs 1922 stattfand, wurde besucht.

Nicht nur, dass dieses Land das Privileg genießt, den ältesten Ridgeback Club der Welt zu haben, in diesem Land gibt es auch den ersten Best in Show Winner auf einer Championship Show für alle Hunderassen. Am 27. März 1956 gewann Copper of Ballyboden auf der *Matabeleland Canine Association allbreeds Championship Show* unter der Richterin Mrs. Will Judy aus den USA das *Best in Show.* Dieser Rüde wurde am 08. April 1953 geboren, Vater Glenwood Leo, Mutter Grandridge Judy. Dieser Rüde stand im Besitz von Mr. M. F. Lane-Joynt - *Ballyboden*, Matapos, Züchter war Mrs. O. C. Milne of Bulawayo. Mr. Lane-Joynt hat den Archiven des Parent Club Kopien des hier verliehenen Championship Certificate an Copper überlassen, die Quittung für den Kaufpreis, Presseausschnitte des bedeutenden Tages und ein Foto. Copper kostete 8 Guineas, das

Simbabwe Ch. Mushana Panduka, ein ziemlich tiefgestellter und kräftiger Ridgeback mit guter Winkelung und vorzüglichem Knochenaufbau.

Foto: L. Costa.

war in jenen Tagen ein hoher Preis für einen Hund. Aber Ridgebacks waren immer sehr gesucht, die Züchter hatten keinerlei Schwierigkeiten, ihre Welpen zu verkaufen. Ch. Copper of Ballyboden zog später mit seiner Familie nach Chipinge im *low veldt* um, starb 1961 im Busch so tapfer, wie er immer gelebt hatte.

KLASSISCHE SIMBABWEAN RIDGEBACKS

Die heutigen Hunde gehen auf einige wunderschöne Vorfahren zurück, die eine einmalige Grundlage bildeten, um darauf die Stärke der Rasse in Simbabwe aufzubauen.

Viele Spitzenvererber wurden nie ausgestellt. Es war eigentlich immer ein Glück für die Rasse in diesem Land, dass Ausstellungsergebnisse für die Auswahl des Zuchtmaterials nicht besonders viel zählten. Viele Züchter gehörten zu den Menschen, die in erster Linie die Vorzüge in Charakter und Stärke genauso hoch werteten wie körperliche Merkmale.

Wir sind jenen Züchtern zu Dank verpflichtet, die uns in ihrer Weisheit so wunderbares genetisches Material bereitstellten, mit dem wir heute arbeiten können. Sicher ist, dass dadurch auch unsere Pflicht ihnen und unserer Rasse gegenüber besteht, ihre erfolgreichen Bemühungen fortzusetzen.

Das Buch *The Rhodesian Ridgeback 1924 - 1974* von Janet Murray bietet ein außerordentlich umfassendes Manual, wenn es darum geht, Bilder zu sehen, die Ahnenreihen auf einige frühe Hunde zurückzuverfolgen, welche das heutige Zuchtmaterial geschaffen haben.

Ein paar weitere Hunde möchten wir einbeziehen, die wesentliche Beiträge zum Wohl der Rasse seither leisteten, und die in der vorausgegangenen Literatur nicht enthalten sind.

Ch. Maestro Mozart of Inkabusi stand im Besitz seiner Züchterin Mrs. Irene Kingcome, Inkabusi. Gepaart mit Mpani's Ilala of Goromonzi entstand Ch. Mpani's Rip of Colemore. Dieser wiederum ist Vater von Ch. Mpani's Tsiga of Inkabusi, Chipinga of Mpani und Ch. Etosha of Mpani und noch vielen weiteren sehr guten Hunden. Tsiga brachte Ch. (SA) Mpani's Chimombe, Grundlage für die Pronkberg-Linie von Dr. Steph Potgieter.

Auch Ch. Mindemoya's Tendella of Inkabusi stand im Besitz von Mrs. Irene Kingcome, Züchterin Mrs. Prichard, Mindemoya. Gepaart mit Ch. Maestro Mozart of Inkabusi entstand Golden Pandora of Inkabusi, die ihrerseits Ch. Mushana's Fiona brachte, die Stammhündin der Mushana Linie.

Mrs. Kingcome züchtete eine ganze Anzahl anderer schöner Ridgebacks, erwähnenswert Ch. Celetebe of Inkabusi, Hell's Angel of Inkabusi und Ch. Cleopatra of Inkabusi, sie alle waren Grundlage vieler herausragender Linien einschließlich des Mpani Zwingers der Züchterin und Autorin Mrs. M. Arsenis.

Mrs. Kingcome scheint ihr meistes Zuchtmaterial vom Zwinger Leo Kop von Miss M. Welling erhalten zu haben. Einer der Stammrüden von Inkabusi war Ch. Inkabusi's Malo of Leop

Eine kraftvolle Hündin mit Front, Knochen, Hals und Muskulatur in voller Harmonie.
Ch. Mushana Touchwood repräsentiert die erfolgreiche Simbabwean Zucht Ende der 80er Jahre. Ihr Vollbruder »Woody« wurde nach Dänemark exportiert.

Foto mit freundlicher Erlaubnis des Parent Club.

Kop. Der Ehemann von Mrs. Kingcome war Tierarzt, er schrieb eine der ersten wissenschaftlichen Abhandlungen über den *Dermoid Sinus.* Dieses Dokument befindet sich in den Nationalarchiven von Simbabwe.

Es ist etwas überraschend, dass in der Vergangenheit die züchterische Arbeit von Mrs. Kingcome und ihrer Inkabusi Ridgebacks wenig Beachtung gefunden zu haben scheint, es besteht aber kein Zweifel, dass sie große Verdienste erworben hat.

Zu den weiteren Hunden, die wesentlich zu der Entwicklung der Rasse beigetragen haben, gehören Ch. Mushana's Fiona, Ch. Glenaholm Lady Muck of Mushana, Ch. Lord Sam, Ch. Mushana Starr Jameson und Ch. Mutongi.

Bis zum Jahre 1986 erfolgten alle Eintragungen der Rhodesian, später auch der Simbabwean Ridgebacks durch den KUSA (Kennel Union of Southern Africa), danach durch den neu gebildeten Simbabwe Kennel Club. Manchmal ist es schwierig, Eigentümer oder Züchter bestimmter Hunde zurückzuverfolgen, denn die Zwingernamen und Prefixes wurden bis zu den Mitt-siebziger Jahren ohne Wahrung des gleichen Systems eingesetzt - zum Beispiel Mushana's Fiona, Besitzer Mrs. Margaret Wallace (Mushana), Züchter war Mrs. McCosh, sie hatte aber keinen eingetragenen Zwingernamen. Heute wäre die Hündin bekannt als Fiona of Mushana. Ähnlich der bekannte Rüde Mpani's Rip of Colemore, Züchterin Mrs. Coleman (Colemore), Besitzer Mrs. Mylda Arsenis (Mpani). Korrekt nach der heutigen Regelung trägt die Hündin den Namen Colemore Rip of Mpani.

Kapitel 12

RIDGEBACKS IM DRITTEN JAHRTAUSEND

Die geografische Verteilung unserer Rasse ist, wie die Forschungen dieses Buches ergeben haben, noch ziemlich ungleichmäßig. Wir finden die Rasse im Embryostatus in Südamerika und dem Fernen Osten, hier liegt ein *enormes Potenzial.* Natürlich könnten wir uns auch auf den Standpunkt stellen, dass die Ridgebacks sich selbst ihren Weg suchen sollten, über Besitzer, die den Anforderungen der Rasse entsprechen, vorausgesetzt Umfeld und Gesellschaft sind in Ordnung und wenn der Wissensstand über Hunde angemessen ist.

Lateinamerika ist ein weiter Lebensraum, in dem man beginnt, die echten Werte nahezu aller Aspekte der Gesellschaft zu erkennen. Es gibt keinen Grund, warum die Ridgebacks nicht ein Teil der Entwicklung in Lateinamerika sein sollten. Allerdings wünschte ich mir, dass beim Aufbau von Ridgeback Aktivitäten in den lateinamerikanischen Ländern alles seinen natürlichen und sicheren Weg geht, als Arbeit einer kleinen Gruppe der Rasse ergebener und begeisterter Einzelpersonen. Nach und nach müssen Clubs aufgebaut werden, wenn Hingabe und Wissen über den Ursprung der Rasse genügend gefestigt sind. Zu Recht beunruhigen sich die Züchter, wenn von neuen Ländern *Ausstellungshunde en masse* gekauft werden, nur um damit Geschäfte mit Hunden aufzubauen. Dies passiert heute beispielsweise im Osten Europas. Um Schritt für Schritt vorwärts zu gehen, müssen wir auch hoffen, dass die europäischen Ridgeback Clubs, nicht zuletzt die Vereine in Portugal und die sich gründenden spanischen Clubs sich daran machen, eigene Verbindungen nach Lateinamerika aufzubauen. Dabei besteht die Notwendigkeit, sich besonders auf eine rassetypische züchterische Ausbildung zu konzentrieren, sowohl kulturelle wie sprachliche Verbindungen sind hierfür die wichtigsten Voraussetzungen.

Den Fernen Osten sollte man mit Vorsicht betrachten. Großes Geld ist in Ländern wie Japan vorhanden, entsprechend ist die Versuchung für westliche Züchter, diese Märkte zu erschließen, manchmal recht groß. Aber Ridgebacks sind keine Ausstellungsmaschinen, taugen nicht als Teil des Hundegeschäfts. Überhaupt - die allgemeine Behandlung von Hunden als *Geschäft* steht völlig im Gegensatz zu der echten Konzeption unserer Beziehung Mensch/Hund. Der große Reiz an Hunden liegt in ihrem vielschichtigen Wesen und ihrer Nähe zum gemeinsamen Ursprung. Ich möchte keine negative Haltung gegenüber den fernöstlichen Gesellschaften aufbauen, muss aber trotzdem dringend Züchtern zur Vorsicht raten, die möglicherweise Anfragen erhalten, wobei es meist um den Ankauf erfolgreicher Ausstellungshunde, manchmal auch um den Kauf ganzer Würfe erfolgreicher Elterntiere geht.

Die überwältigende Mehrheit der moslemischen Länder, sowohl im mittleren Osten wie in Afrika, haben unterschiedliche soziale Strukturen, unterschiedlichen sozialen Entwicklungsstand und im Vergleich zur westlichen Welt andere Werteskalen. Hunde als Familienbestandteil und

Gefährten - wie wir dies kennen - gibt es nur sehr selten. Ich vermag im mittleren Osten keine verantwortungsbewusste Zucht einer Hunderasse wie den Ridgeback zu sehen, die so viel Respekt und Zuneigung und Beteiligung am menschlichen Lebensstil fordert, zumindest nicht im ersten Jahrhundert des dritten Jahrtausends. So ist höchst wahrscheinlich, dass Israel Richtung Osten die letzte Bastion der Ridgebacks bleiben wird. Möglicherweise - aber nur möglicherweise - kann es in der westlichen Türkei zu einigen positiven Veränderungen kommen.

In dieser geografischen Betrachtung werfen wir einen Blick auf neu aufgetauchte marktwirtschaftliche Länder in *Central* und *Eastern Europe*. Auf der einen Seite haben wir einen sehr schnellen und verantwortungsbewussten Start der Ridgebackzucht in Ländern wie der Tschechischen Republik erlebt. Alte Jagdhundetradition gibt es über ganz *Central Europe,* von Polen bis hinunter nach Ungarn. Die Kehrseite der Medaille liegt in Ländern, die gerade aus Jahren politischer Unterdrückung auftauchen, wo die Durchschnittseinkommen noch sehr niedrig liegen, auch bestimmte Risiken bestehen. Beispielsweise waren manche Aussteller auf der Weltsiegerausstellung in Ungarn 1996 schockiert, einen offenen Welpenmarkt vorzufinden, der direkt in Autos, rings um das Ausstellungsgelände geparkt, stattfand. Möglicherweise geben uns die jungen Clubs in den zentraleuropäischen Ländern, in der tschechischen Republik und Slowakien einige Hoffnung. Aber die Entwicklung auf dem Balkan sollte zurückhaltend gesehen werden - einschließlich Griechenland.

Hundehandel selbst in seinen schlimmsten Formen gibt es, um fair zu sein, selbst noch in Europa, nicht nur in Zentral- und Osteuropa. Belgien, der Sitz der FCI, bietet *Dienstleistungen* riesiger Tiersupermärkte an. Alle, die von solchen neuen Märkten Zuchtmaterial importieren, seien daran erinnert, dass die dort erhältlichen Ahnentafeln möglicherweise nicht immer echt sind.

Die Botschaft lautet, es gibt Potenzial, es gibt züchterisches Geschick, aber äußerste Vorsicht ist angezeigt. Die nationalen Kennel Clubs in ganz Zentraleuropa bis in die Ukraine sind solide aufgebaut und hilfreich. Jedermann sollte aber mit ihnen ein Gespräch führen, ehe er irgendeinen Hund exportiert oder importiert.

ETHISCHER KODE

Der Westen muss sicherstellen, dass ein allgemein anerkannter ethischer Kode jedes einzelne Zuchtgebiet erreicht. Das könnte der *Australian Code* sein, er enthält eine ideale und überraschende Ausgewogenheit zwischen notwendigen Regulierungen und Freiheit; auch der britisch ethische Kode oder die skandinavischen oder finnischen Prinzipien sind akzeptabel, kleinere Abweichungen spielen wirklich keine besondere Rolle. Das wichtigste ist, dass die neuen Länder sich westlicher Denkweise und Lebensweise entsprechend dieser Prinzipien anschließen. Wir im Westen müssen verstehen und daran denken - wenn auch nicht akzeptieren - dass in den neuen europäischen Ländern die Haltung hierzu recht unterschiedlich sein kann.

Zum Beispiel könnte ein Wurf von zehn Ridgeback Welpen, alle erfolgreich nach Deutschland oder in die Schweiz zu dort üblichen Preisen exportiert, für den Verkäufer ein Einkommen gleich seinen Einkünften aus aktiver Arbeit eines ganzen Jahres bringen. Diese Realitäten und Versuchungen verändern nachhaltig menschliches Verhalten. Diese Forderung zur Vorsicht gilt besonders für Russland und die früheren sowjetischen Staaten.

Wir sollten die Tatsache respektieren, dass Russland in alter Zeit vor der Revolution ein recht fortgeschrittenes Land war, soweit dies die Hundehaltung angeht. Wissen und verstehen müssen wir aber auch die Situation im heutigen Russland. Schnelles und großes Geld gibt es, und die Schnelligkeit, in der sich in Russland der Hundesport ausdehnt, erfordert gewisse Fragen. Es gibt einen riesigen Anstieg des Auftretens russischer Hunde auf Ausstellungen. Als Tatsache ist uns bekannt, dass russische Züchter durchaus ein Auge auf Ridgebacks haben. Dabei müssen wir darauf vertrauen, dass die Züchter in den bisherigen Zuchtgebieten besondere Aufmerksamkeit möglichen Verkäufen nach Russland widmen, sich der sich hier abzeichnenden Schwierigkeiten bewusst sind.

Die Antwort liegt immer im Aufbau persönlicher Kontakte, ausführlicher Gespräche mit Kaufinteressenten, Kontrolle durch Kollegen, die möglicherweise bereits Kontakte und Erfahrungen haben. Die Problemlösung liegt bei den erfahrenen Ridgeback-Ländern. Die russische Bevölkerung hat ein warmes Herz, die allgemeine Liebe zu Haustieren ist großartig. Ich habe häufig beobachtet, wie in grauen Morgenstunden in den Parks rund um den Kreml Moskauer aus den Untergrundbahnen strömen. Sie werden häufig von heimatlosen Hunden aller Arten begrüßt. Dabei ist es mehr die Regel als die Ausnahme, dass diese Menschen ihr mageres Mittagessen mit diesen Hunden teilen. Zu den ersten Büchern, die von privaten Druckereien gedruckt und an allen Straßenkiosks Anfang der 90er Jahre verkauft wurden, gehörten Hundebücher. Unsere Hilfe kann nur wirksam werden, wenn wir die Verhältnisse verstehen, die noch über einige Zeiten vorherrschen werden. Wir müssen dabei vor allem unsere Ridgebacks schützen.

RIDGEBACK ZUCHTZAHLEN UND NACHFRAGE

Die Probleme rings um die Popularität einer Hunderasse sind eine Herausforderung, der sich gerade die australischen wie norwegischen Clubs gegenüber sehen. Der Ridgeback ist kein Anfängerhund, nicht jedermanns richtige Wahl. Der Aufbau wirksamer Hilfsysteme wie in den USA oder England ist bewundernswert. Dabei sind die Bemühungen dieser Organisation nur Arbeiten an den Folgen der Probleme, beseitigen können sie diese nicht. Protektiver Schutz muss vor den Fehlentwicklungen einsetzen, das mindert in keiner Weise die großartige Arbeit der Rettungsorganisationen. Es geht darum, sich in erster Linie auf das Vorbeugen zu konzentrieren.

Es gab viele Vorschläge, wie man die Kommerzialisierung unserer Rasse vermeiden könnte. Im Grundsatz ist dies eine edle Haltung. Das Problem ist aber, niemand hat herausgefunden, wie man das nun eigentlich machen soll. Eines ist klar, man erreicht es nicht, indem man schweigt und nicht untereinander kommuniziert. Auch Schweigen ist eine Art Kommunikation, es handelt sich aber um eine unspezifische und unkontrollierte Kommunikation. Die beste Lösung liegt darin, das wirkliche Wesen und die Anforderungen der Rasse deutlich zu machen. Aufklärende Artikel in Hundefachzeitschriften und Magazinen breiter Auflage sollten ehrlich und korrekt die Rasse spiegeln, nicht *verkaufen.* Es muss Literatur geben, welche die einzigartigen Vorzüge des Ridgebacks richtig erklärt. Dabei versteht es sich von selbst, dass Clubbulletins eine Pilotaufgabe haben. Ziele sind Qualität des Inhalts und Häufigkeit der Publikationen, weniger die glänzende Aufmachung. Und das allerwichtigste, immer wenn mehrere Ridgebacks gemeinsam auf Hundeausstellungen auftreten, sollte solches Informationsmaterial verfügbar sein. In vielen Ländern tun dies die Liebhaber bereits, und mit gutem Erfolg. Aber diese Aktivitäten müssen fortgesetzt werden. Dabei bedarf es gar keiner großen Geldsummen. Es bedarf des persönlichen Einsatzes, immer wieder und Jahr für Jahr. Musterbeispiele veröffentlichter guter Beiträge - mit sehr eingegrenzten Budgets - kommen beispielsweise aus Frankreich. In vielen Ländern - beispielsweise in Deutschland - können Sie auf den Ausstellungen kleine Handzettel über die Rasse erhalten, und das führt mich zum nächsten Punkt.

GLOBALE KOOPERATION

Der laufende Austausch von Ideen und Informationsmaterial ist ein Muss. Hundevereine zu unterhalten ist ein lohnendes, aber sehr zeitaufwendiges Hobby. Je mehr jeder Club in der Welt die Einschaltung *zu vieler Köche* vermeiden kann, je mehr gutes Informationsmaterial und großartiger Ideen ausgetauscht werden, umso besser können die Clubs ihre Zeit einteilen. Die rasche Fortentwicklung der neuen interaktiven Medien - beispielsweise Internet - gibt technische Chancen, Material auszutauschen, wie das noch nie möglich war. Wir müssen jedoch wissen, dass nicht alle Länder für das *Internet* gut erschlossen sind. In einigen Fällen erreicht diese Technologie *die Elite,* aber nicht die einfachen Menschen. Aus diesem Grund sollte diese wundervolle neue Technik, die den Verbraucher zum Entscheidungsträger macht, genutzt, aber nicht als die einzige und richtige Lösung betrachtet werden. Mit der Zeit werden wir herausfinden, wer im Internet ernsthaft und professionell auftritt. Im Augenblick finden wir zwei Extreme: Auf der einen Seite die Weltmeister an Informationen über eine bestimmte Frage, und auf der anderen Seite wirklich Verrückte.

In einer Ausgabe aus den 1980er Jahren träumten Ridgeback-Enthusiasten davon, ein globales *Ridgeback Kapitel* zu schaffen. Die dänischen Ridgeback Züchter Pia und Allan Schrattenholtz opferten über Jahre enorme Zeit, um in ihren Bulletinneuigkeiten ein Weltkapitel anzubieten. Der Arbeitsaufwand dieses Unterfangens erwies sich letztendlich als zu groß, um ihn fortzusetzen. Heute, bei dem professionellen Stand, den viele Ridgeback Clubs erreicht haben, sehen wir darin eine natürliche Aufgabe, die jedem Land übertragen werden kann, das sich daran macht, die Weltkongresse aufzuziehen. Sie sollten ein *Global RR Chapter* organisieren, Informationsaustausch und Datenbank über das Internet anbieten. Dies könnte immer auf vier Jahre geschehen, bis das nächste Gastgeberland des World Congress dies übernimmt.

DER RASSESTANDARD

Dieser wurde in jüngster Zeit durch ein Team in Südafrika modifiziert und von der FCI übernommen. Der Inhalt hat sich nicht verändert, aber die Chance, alles richtig zu verstehen. In einigen Details gibt es immer noch einigen Mangel an Klarheit, trotzdem bildet der Standard die beste Rassebeschreibung. Im Allgemeinen werden die Rassestandards aller Rassen jeweils von Hundefans und Experten niedergeschrieben, nur in den seltensten Fällen von *Professionals,* welche klar formulieren. Wir müssen hoffen und unterstreichen, dass zum globalen Verständnis einer Rasse es nur einen - nur einen einzigen Standard geben kann. Jedem Versuch, den Inhalt des Rhodesian Ridgeback Standards neu zu schreiben, sollte man mit allen Mitteln entgegentreten.

ERZIEHUNG UND RESPEKT

Alle erfolgreichen Gesellschaften, alle erfolgreichen Kooperationen und alle erfolgreichen Sportarten sind auf diesen zwei Grundprinzipien aufgebaut. Ob wir dabei das Hundehobby, die Partnerschaft mit Hunden als Teil der Gesellschaft oder als Bestandteil des Sports sehen, ist Sache jedes Hundebesitzers. Meine Meinung ist, wir sollten die soziale Rolle des Hundes als beste und wichtigste Funktion sehen, die sportlichen Aspekte sind demgegenüber nur der Zuckerguss des Kuchens. Wir können uns nicht genug auf die Notwendigkeit konzentrieren, die Rechte des Hundes in unserer Gesellschaft zu verteidigen. Und wieder - Gesellschaften verändern sich, jedes Land muss seine eigenen Möglichkeiten gegen die jeweiligen Bedrohungen ausschöpfen.

Von äußerster moralischer Wichtigkeit ist, wie die Ridgebackbesitzer - ja alle Hundeliebhaber - sich selbst organisieren. Hier liegt die Verantwortung der Älteren und Erfahreneren, sie müssen die Jüngeren heranziehen. Dies ist auch ein Teil unserer Verpflichtung gegenüber dem Ridgeback als Hunderasse.

Jede Organisation im Hundewesen, die eigene Aktivitäten durchführt, sei es Hundesport, soziale Ereignisse, Ausbildung, Zuchtbuchführung oder Statistik, sie alle unterliegen der Verpflichtung, unter den Hundebesitzern eine optimale Begeisterung und Motivation aufzubauen. Dies setzt voraus, dass sich kein Verein zu einer elitären gesellschaftlichen Vereinigung fortentwickeln sollte. Rückgrat der Rasse, die Garantie, dass es genügend gute Plätze für unsere heutigen und künftigen Ridgebacks gibt, ist immer der einzelne Hundeliebhaber. Er ist genauso viel wert wie manch ein Super-Aussteller und Vorführer, wenn es um die Fürsorge unserer Rasse geht.

Positive Entwicklung, die Aufgabe, gute Hunde mit korrektem Wesen zu züchten, die dem Rassestandard entsprechen, liegen beim Züchter, er muss richtig ausgebildet und motiviert werden. Der Erfolg kommt immer von Einzelnen, ihrem Ehrgeiz und ihren Träumen. Und solche Träume entstehen nur in einem Umfeld gegenseitigen Respekts. Wir wollen hoffen, dass es nie eine Ridgeback-Welt gibt, in der Funktionäre und strengste Regulierungen gegenüber der Wichtigkeit der einzelnen Hundeliebhaber in den Vordergrund treten.

ECHTES RIDGEBACK-WESEN

Dies ist die Gütemarke der Rasse, genauso wichtig wie anatomischer Aufbau und der Ridge auf dem Rücken des Hundes. Wir haben kein Recht, diese Merkmale zu verändern, weder weil dies »besser in die heutige Gesellschaft passt« noch, weil »man dadurch den Hund leichter ausstellen kann« oder auch »weil so nun einmal die Mehrheit der Ridgebacks heute ist«. Für den Ridgeback als Rasse gibt es nur eine Straße in eine gesunde Zukunft, das ist der Weg zurück zum Ursprung dieses Hundes. Richtiges Verständnis der alten Rasseziele ist wichtig für die Vergangenheit wie die Zukunft. Nach meiner Meinung werden wir nie genügend Menschen finden, welche die Fähigkeit haben, Zeit, Energien, Geld und den größten Teil ihrer persönlichen Ambitionen dazu einzusetzen, um die Verbindungen zu Südafrika zu festigen, gerade dann, wenn Ridgebacks zu populär werden. Kompromisse einzugehen, damit sich die Rasse schneller entwickelt, bedeutet Verrat. Stattdessen müssen wir erkennen, dass dies ein ganz eigener Hund für besondere Menschen ist. Oder - um die Schlussworte von Rosy Brook-Risse auf dem UK World Congress zu zitieren: »Hoffentlich wird der Rhodesian Ridgeback nie zu einem Modehund. Er sollte immer ein ganz besonderer Hundetyp für Menschen sein, die den ganz eigenen Charakter unseres Ridgebacks bewahren, als faszinierendes Mitglied der Familie.«